지구를 구할 여자들

지구를 구할 여자들

유쾌한 페미니스트의 과학기술사 뒤집어 보기

카트리네 마르살 지음

김하현 옮김

Mother of Invention

부·키

지은이 카트리네 마르살 Katrine Marçal

웁살라대학교를 졸업하고 스웨덴의 유력 일간지《아프톤블라데트Aftonbladet》의 편집 주간을 지냈다. 현재는《다겐스 뉘헤테르Dagens Nyheter》에서 금융 저널리스트로 활동하고 있다. 국제 금융·정치와 페미니즘에 대한 기사를 주로 다룬다. 경제학과 가부장제의 관계를 논한 저서《잠깐 애덤 스미스 씨, 저녁은 누가 차려줬어요?》는 20개 이상의 언어로 번역 출간되었으며, 마거릿 애트우드Margaret Atwood는 이 책을 "여성, 경제, 돈에 관한 영리하고 재미있고 읽기 쉬운 책"이라고 평했다.《지구를 구할 여자들》은 기술 발전의 역사에서 여성과 여성성에 대한 편견과 차별이 어떻게 수많은 아이디어를 배제하고, 결과적으로 미래를 향한 혁신을 방해하는지를 풍부한 사례와 재치 있는 언어로 증명한다.

옮긴이 김하현

서강대학교 신문방송학과를 졸업하고 출판사에서 편집자로 일한 뒤 지금은 번역가로 활동하고 있다. 옮긴 책으로《여성의 수치심》(공역)《타인이라는 가능성》《소크라테스 익스프레스》《식사에 대한 생각》《우리가 사랑할 때 이야기하지 않는 것들》《결혼 시장》《이등 시민》《팩트의 감각》《미루기의 천재들》《분노와 애정》《화장실의 심리학》《여성 셰프 분투기》 등이 있다.

지구를 구할 여자들

초판 1쇄 발행 2022년 9월 22일

지은이 카트리네 마르살 | **옮긴이** 김하현 | **발행인** 박윤우 | **편집** 김동준, 김유진, 김송은, 성한경, 여임동, 장미숙, 최진우 | **마케팅** 박서연, 이건희, 이영섭 | **디자인** 서혜진, 이세연 | **저작권** 김준수, 백은영, 유은지 | **경영지원** 이지영, 주진호 | **발행처** 부키(주) | **출판신고** 2012년 9월 27일 | **주소** 서울 서대문구 신촌로3길 15 산성빌딩 5-6층 | **전화** 02-325-0846 | **팩스** 02-3141-4066 | **이메일** webmaster@bookie.co.kr | **ISBN** 978-89-6051-936-7   03500

만든 사람들 편집 김유진 | **디자인** 형태와내용사이 | **조판** 김지희

남자들에게

차례

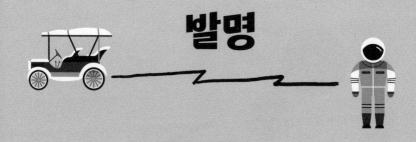

발명

1장

가방에
바퀴를 다는 데
왜 5000년이 걸렸을까

버나드 새도우Bernard Sadow는 매사추세츠에서 가족과 함께 살며 가방 산업에 종사하는 남자였다. 날이면 날마다 책상 앞에 앉아 가방 사업에 대해 생각하는 일로 돈을 벌었다는 말이다.[1] 40대였던 그는 US 러기지US Luggage의 부사장이었으며 능력도 나쁘지 않았다.

때는 1970년이었고, 새도우는 아내와 자녀와 함께 아루바에서 휴가를 보내고 집으로 돌아오는 길이었다. 카리브해에 있는 이 네덜란드령 섬은 겨울이면 따뜻한 날씨를 찾아온 부유한 미국인들로 북적였다.

새도우는 작은 공항에 도착해 차에서 내린 뒤 가족들의 여행 가방을 꺼냈다. 70센티미터 길이의 여행 가방은 짐을 약 200리터까지 담을 수 있었고 무게가 거의 25킬로그램이나 나갔다. 그래서 그는 양손에 가방을 하나씩 들고 가까스로 균형을 잡은 채 탑승 수속대까지 뒤뚱뒤뚱 걸어갔다.

당시에는 이륙하기 20분 전에만 터미널에 도착해도 괜찮았다. 미국에서 매년 30건가량 비행기 납치 시도가 있었지만[2] 아직 금속 탐지기는 도입되지 않았고, 뒷주머니에 권총을 넣은 승객이 비행기에 탑승하지 못하게 막는 직원도 없었다.

이와 달리 새도우가 귀국길에서 직면한 문제는 전 세계 주요 공항이 전담 인력을 배치해 해결하고자 애쓰던 것이었다. 승객들은 땀을 뻘뻘 흘리고 짜증을 내며 출국장과 계속 확장 중인 터미널에서 직접 짐을 날라야 했다.

도움을 받을 수는 있었다. 약간의 돈만 내면 짐꾼들이 가방을 옮겨 주었고, 그렇지 않으면 복잡한 시스템으로 연결된 카트가 있었다. 그러나 짐꾼은 흔치 않았고, 카트를 사용하려면 우선 그게 어디에 있는지부터 알아내야 했다. 그래서 새도우도 대부분의 사람들처럼 했다. 즉 그는 가족들의 여행 가방을 직접 들고 옮기기 시작했다.

그러나 왜?

이것이 바로 그날 새도우가 스스로에게 던진 질문이었고, 이 질문이 가방 산업을 영원히 바꾸어 놓았다.

세관 앞에 줄을 서 있던 새도우는 공항 직원으로 보이는 한 남자를 눈여겨보았다.[3] 그 남자는 바퀴 달린 팰릿을 이용해 무거운 기계를 옮기고 있었다. 남자가 빠른 속도로 주위를 오가는 동안 새도우는 공항 바닥 위를 구르는 네 개의 바퀴에 주목했다. 그러다 여행 가방을 움켜쥐느라 마디마디가 하얗게 된 자기 손을 내려다보고는 불현듯 아내에게 말했다. "가방에 뭐가 필요한지 알았어. 바로 바퀴야!"

매사추세츠에 있는 집에 도착한 새도우는 옷장에 달린 바퀴 네 개를 떼어 내 여행 가방에 고정했다. 그리고 가방에 줄을 달아 의기양양하게 집 안을 끌고 다녔다. 이것이 바로 미래였다.[4] 그가 그 미래를 발명한 것이었다.

이 모든 일이 일어난 것은 나사가 역사상 가장 커다란 로켓에 우주 비행사 세 명을 태워 우주로 보내고 막 1년이 지났을 때였다. 석유와 액체 산소, 액체 수소 수백만 리터를 연료로 쓴 아폴로 11호는 지구의 중력을 넘어 우주로 날아갔다. 우주 비행사들은 시속 3만 2000킬로미터로 돌진해 달의 약한 궤도로 진입했고, 바람 한 점 없는 어둠 속을 통과해 다 쓴 폭죽 냄새가 나는 달의 미세한 먼지 위에 인류의 첫 발자국을 남겼다.

그러나 지구로 귀환한 닐 암스트롱Neil Armstrong과 버즈 올드린Buzz Aldrin, 마이클 콜린스Michael Collins는 현대식 여행 가방이 탄생한 19세기 중반부터 쭉 그래 왔듯 가방에 달린 손잡이를 사용해 짐을 옮겼다. 그렇다면 문제는 왜 새도우가 여행 가방에 바퀴를 달겠다고 생각했는지가 아니라 왜 그전에는 아무도 그런 생각을 하지 못했는가다.

노벨 경제학상 수상자도
풀지 못한 수수께끼

바퀴는 인류의 가장 중요한 발명품 중 하나로 여겨진다. 바퀴가 없었다면 수레도, 자동차도, 기차도, 수력 발전에 사용할 물레방아도, 물을 담을 항아리를 빚을 돌림판도 없었을 것이다. 바퀴가 없었다면 톱니바퀴와 제트 엔진, 원심 분리기도 없었을 것이고, 유모차와 자전거, 컨베이어벨트도 없었을 것이다. 그러나 바퀴가 있기 전에 인류에게는 원이 있었다.

세계 최초의 원은 아마 막대기로 모래 위에 그려졌을 것이다. 어쩌면 누가 달이나 해를 보고 그 모양을 따라 그려야겠다고 생각했을지 모른다. 꽃의 줄기를 꺾으면 원이 보인다. 나무를 베면 나이테를 만난다. 호수에 돌을 던지면 물 위로 동심원이 퍼져 나간다. 세포와 박테리아, 눈동자에서 천체에 이르기까지, 원은 자연에서 거듭 나타나는 형태다. 그리고 우리는 이 모든 원의 바깥에서 언제나 또 다른 원을 그릴 수 있다. 원은 그 자체로 우주의 가장 큰 신비다.

그러나 인간의 신체에서 원은 자연스럽지 않다.[5] 치위생사가 작은 원을 그리며 이를 닦으라고 말해도 우리는 그렇게 하지 않는다. 우리의 근육이 자리한 방식, 근육을 뼈와 연결하는 힘줄 및 연결부의 시스템 때문이다. 신체의 그 어떤 부위도

360도 회전하지 못한다. 손목도, 발목도, 팔도 안 된다. 우리는 우리의 신체가 못 하는 것을 해내기 위해 바퀴를 발명했다.

역사학자들은 오랫동안 세계 최초의 바퀴가 메소포타미아에서 제작되었을 거라고 생각했다. 그 바퀴는 그릇을 빚을 때 쓰는 동그란 돌림판이었는데, 다시 말해 운송의 목적으로 만들어진 것은 아니었다는 뜻이다. 오늘날 일부 학자들은 메소포타미아인이 돌림판 위에서 항아리를 만들기 시작하기 한참 전에 동부 유럽의 카르파티아산맥에 있는 터널에서 광부들이 수레로 구리광을 운반했다고 생각한다.[6] 현재 남아 있는 가장 오래된 바퀴는 5000년 전에 만들어진 것으로, 슬로베니아 류블랴나에서 남쪽으로 20킬로미터 떨어진 곳에서 발굴되었다.[7] 즉 버나드 새도우가 여행 가방 문제에 적용할 수 있겠다고 생각한 기술은 최소 5000년 된 기술이었다는 뜻이다.

새도우가 이 발명에 특허를 낸 것은 그로부터 2년 후인 1972년이었다. 특허 신청서에 그는 이렇게 썼다. "이제 짐은 말 그대로 미끄러지듯 굴러갑니다…… 체구와 힘, 나이와 상관없이 모든 사람이 힘과 수고를 들이지 않고 짐을 손쉽게 끌 수 있습니다."[8]

사실 바퀴 달린 여행 가방에 대한 유사한 특허가 이미 존재했지만, 처음 이 아이디어를 떠올렸을 때 새도우는 그 사실을 알지 못했다. 그는 이 아이디어를 상품화해서 상업적 성공을 거둔 최초의 인물이었고, 그러므로 바퀴 달린 여행 가방의 아버지로 여겨진다.[9] 그러나 이렇게 되기까지 왜 5000년의 세월이 필요했는지는 설명하기 어렵다.

바퀴 달린 가방은 발명이 얼마나 느리게 진행될 수 있는지를 보여 주는 전형적인 사례가 되었다. '너무나도 명백한' 것이 코앞에서 우리를 빤히 쳐다보고 있는데도, 그걸로 뭔가를 해 봐야겠다는 생각은 영겁의 시간이 지난 후에야 우리 머릿속에 떠오를 수 있다.

노벨 경제학상 수상자인 로버트 쉴러Robert Shiller[10]는 많은 발명품이 유행하기까지 오랜 시간이 걸리는 이유가 좋은 아이디어만으로는 충분치 않기 때문이라고 말했다. 사회 전체가 그 아이디어의 유용함을 인식해야 한다. 무엇이 가장 이득인지를 시장이 늘 아는 것은 아니며, 이 사례의 경우 사람들은 가방에 바퀴를 달아야 할 이유를 이해하지 못했다. 새도우는 미국의 거의 모든 주요 백화점에서 자기 제품을 바이어에게 소개했지만 처음에는 전부 거절당했다.[11]

바이어들이 바퀴 달린 여행 가방 아이디어를 구리다고 생각한 것은 아니었다. 그들은 그저 아무도 그 상품을 안 살 거라고 생각했다.[12] 여행 가방은 들고 다니는 것이지, 바퀴로 끌고 다니는 것이 아니었다.

"내가 찾아간 사람 모두가 나를 돌려보냈다." 새도우는 이렇게 후술했다. "그들은 내가 미쳤다고 생각했다."**13**

결국 이 신제품은 백화점 체인 메이시스Macy's의 부사장이었던 제리 레비Jerry Levy의 눈에 띄었다. 그는 자기 사무실에서 가방을 끌어 본 뒤, 처음에 이 제품을 거절한 바이어를 불러 구매를 지시했다.**14** 이는 현명한 처사였던 것으로 드러났다. 곧 메이시스는 새도우가 특허 신청서에 쓴 바로 그 표현을 이용해 새 여행 가방을 광고하기 시작했다. '미끄러지듯 굴러가는 짐 가방'. 그리고 이제는 바퀴 없는 여행 가방을 상상하는 것이 불가능한 세상이 되었다.

쉴러는 다 지난 후에 이 일을 논하기는 쉽다고 말하며, 사실은 존 앨런 메이John Allan May가 새도우보다 약 40년 앞서서 바퀴 달린 여행 가방을 판매하려 했음을 지적한다. 메이는 역사가 흐르면서 인류가 점차 다양한 물체에 바퀴를 달아 왔음을 깨달았다. 대포와 수레, 바퀴 하나짜리 손수레 등 본질적으로 무겁다고 분류되는 모든 것에 바퀴를 달 수 있었다. 바퀴 달린 여행 가방은 이 논리의 자연스러운 연장선일 뿐이었다. "바퀴를 **더 충분히** 활용하면 왜 안 됩니까?" 100군데가 넘는 무리 앞에서 자기 아이디어를 소개하면서 메이는 이렇게 물었다. 그러나 누구도 그의 말에 귀 기울이지 않았다. 오히려 그의 면전에서 웃음을 터뜨렸다. 바퀴를 더 충분히 활용한다고? 아예 사람한테 바퀴를 달지 그래? 그럼 **우리가** 굴러다닐 수 있잖아! 실용적이지 않아?**15**

　　메이는 여행 가방을 한 개도 팔지 못했다.

　　경제학자들은 대개 인간이 이성적으로 행동한다고 전제한다. 그러나 현실에서 우리는 자신을 과대평가하고, 훌륭한 발명품은 이미 나올 만큼 나왔다고 생각한다. 더 나아가 너무 '단순'하거나 '명백'해 보이는 아이디어를 거부하는 경향이 있다. 우리는 당장 이용할 수 있는 기술이 현재 가능한 최선이라고 생각하는데, 일상생활에서 이는 타당한 가정이다. 냉장고 문이 앞에서 열리고 자동차가 핸들로 조작되는 건 그럴 만한 이유가 있어서다. 그러나 바로 이러한 생각이 여행 가방에 바퀴를 다는 것 같은 명백한 문제를 놓치게 만든다.

　　쉴러는 이 사안을 그냥 넘기지 못하는 것이 분명하다. 이 문제가 그의 글에서 몇 번이고 다시 등장하기 때문이다. 이 저명한 경제학자는 자신의 저서 《내러티브 경제학》에서 구르는 여행 가방에 대한 거부감을 집단 압력으로 설명할 수 있으며, 이 집단 압력이 종종 최신 아이디어를 둘러싼 회의적 태도를 조성하는 데 일조한다고 말한다.**16** 우리는 어떤 행동을 하는 사람이 한 명도 없다면(특히 우리가 성공했다고 여기는 사람 중에 한 명도 없다면) 그 행동을 하지 말아야 할 뿌리 깊고 합리적인 이유가 분명히 있을 거라고 기꺼이 결론 내린다. 그 행동이 해롭다면, 심지어 위험하다면 어쩔 것인가? 즉, 모르는 악마보다 아는 악마가 낫다. 자기 가방을 굴리는 사람이 한 명도 없다면 그 문제는 더 이상 논할 필요가 없다. 이러한 사고방식은 우리를 방해할 수 있다. 그러나 쉴러는 이 설명에 완전히 만족하지 않았다. 바퀴 달린 여행 가방 문제는 까다롭다. 바퀴를 다는 게 훨씬 유용한데, 왜 우리는 자기 짐을 힘들게 나르겠다고 고집한 것일까?

나심 니콜라스 탈레브Nassim Nicholas Taleb는 구르는 여행 가방의 미스터리를 파고든 또 한 명의 세계적 사상가다. 그는 오랜 세월 공항과 기차차역에서 무거운 가방을 들고 다녔고, 자신이 그 상황에 아무 의문도 제기하지 않았다는 사실에 큰 충격을 받았다. 그래서 자신의 저서 《안티프래질》에서 이 현상을 조사하기 시작했다.[17]

탈레브는 우리가 가방에 바퀴를 달지 못했다는 사실을 가장 간편한 해결책을 무시하는 인간 경향을 보여 주는 일화로 여긴다. 인간으로서 우리는 어렵고, 거창하고, 복잡한 것에 매달린다. 여행 가방에 바퀴를 다는 기술은 지나고 나면 명백해 보일 수 있지만, 그렇다고 그전에도 명백해 보였다는 뜻은 아니다.

마찬가지로, 신기술이 개발되었다고 해서 꼭 그 기술이 사용되리란 보장도 없다. 어쨌거나 우리가 여행 가방에 바퀴를 다는 데는 5000년의 세월이 걸렸다. 맥락상 이상할 만큼 긴 시간이다. 그러나 일례로 의학 분야에서는 새로운 발견이 신제품 출시로 이어지기까지 수십 년이 걸리는 일이 매우 흔하다.[18] 신기술의 잠재력을 발견하려면 적시 적소에 있는 적임자가 그 어떤 요인보다도 가장 필요하다. 많은 경우 개발자 본인조차 자신이 개발한 것의 영향력을 온전히 인지하지 못한다. 보통은 찾아와서 살펴보고 그 기술을 어떻게 적용할지 파악해 줄 사람, 신기술을 어떻게 제품화할 수 있을지를 본능적으로 이해하는 사람이 필요하다.

이런 능력자가 나타나지 않는다면 대개 발명은 아무런 결과도 낳지 못한다. 탈레브는 여러 위대한 발견이 수 세기 동안 '반만 개발된' 상태로 남아 있을 수 있다고 말한다. 아이디어가 있어도, 우리는 그걸 어떻게 해야 할지 모른다.

"이걸로 왜 뭐든 해 보지 않는 거죠? 정말 대단한 거라고요!" 컴퓨터 화면 위를 움직이는 포인터를 처음 본 스물네 살의 스티브 잡스Steve Jobs가 외쳤다.[19] 1970년대에 세계 최고의 데이터 엔지니어와 프로그래머가 모여 있던 캘리포니아의 상업 연구소, 제록스 팰로앨토연구소Xerox PARC에서 있었던 일이다. 잡스는 담당자를 설득해 애플 주식 10만 주를 1백만 달러에 매수할 기회를 주는 대가로 가히 전설적이었던 팰로앨토연구소를 돌아보기로 했다. 이 협상은 밑지는 거래였던 것으로 드러났다. 제록스에게.

잡스를 기쁘게 한 건 '마우스'라는 이름의 플라스틱 도구였다. 제록스의 엔지니어 중 한 명이 이 '마우스'를 이용해 컴퓨터 화면 위의 포인터를 움직이고 있었다. 화면에는 '창'들을 열고 닫는 '아이콘'들이 있었다. 결정적으로 그 엔지니어는 명령어 입력이 아니라 클릭을 통해 컴퓨터를 작동했다. 즉 제록스는 마우스뿐만 아니라 현대적인 그래픽 사용자 인터페이스를 발명한 것이다.[20] 다만 자신들이 무엇을 발명한 것인지 이해하지 못하고 있었다는 것이 유일한 문제였다.

그러나 잡스는 이해했다.

잡스는 마우스와 그래픽 사용자 인터페이스 아이디어를 애플로 가져왔고, 애플은 1984년 1월 24일에 매킨토시를 출시했다. 매킨토시는 현재 우리가 말하는 '개인용 컴퓨터PC'를 정의하게 되었다.

단순한 마우스 클릭을 통해 아이콘의 형태로 화면에 떠 있는 '파일'에 이런저런 것들을 넣어 둘 수 있었다. 애플의 매킨토시는 대당 2495달러였고, 이 장치가 세상을 뒤바꾸었다. 잡스는 제록스에서 본 마우스가 줄 달린 버튼 이상임을 간파했다. 바로 이 장치를 이용해 평범한 사람들도 컴퓨터를 사용하게 할 수 있었다. 잡스가 그날 제록스를 방문하지 않았다면 현대적 PC가 등장하기까지 5000년을 더 기다려야 했을지도 모른다. 이것이 바로 탈레브의 주장이다. 발명은 결코 훗날 돌아봤

을 때만큼 명백해 보이지 않는다. 어쨌거나 잡스는 매우 특출
난 인물이었다. 잡스처럼 신기술을 어떻게 제품화할지 꿰뚫어
볼 수 있는 사람은 많지 않다.

이와 유사하게, 우리는 바퀴의 발명이 곧바로 세상에 혁명
을 일으켰다고 생각하는 경향이 있다. 물론 바퀴는 천재적인
발명품이다. 사람들은 바퀴를 이용해 마찰을 줄이고, 도르래
의 힘을 만들어 내고, 전에는 움직일 수 없던 것을 옮길 수 있
었다.

우리는 수천 년 전에 누군가가 급작스러운 유레카의 순간
을 경험한 뒤 곧장 자기가 사는 마을로 달려가 숲속을 굴러가
는 나무 둥치를 보고 떠올린 묘안을 신이 나서 마을 주민들에
게 알려 줬을 거라고 상상한다. 그가 자기 아이디어를 설명하
는 동안 마을 사람들은 충격받고 감탄하며 그를 바라보았을
것이고, 바로 그 순간부터 이제 자신들의 삶은 결코 전과 같지
않을 것임을 알았을 것이다. 이제는 모든 것에 바퀴가 달릴 것
이다.

스포일러 경고: 상황은 그렇게 흘러가지 않았다. 사실 아주
오랫동안 바퀴는 종이 위에서는 훌륭하지만 실생활에서는 그
리 훌륭하지 못한 여러 기발한 아이디어 중 하나였다.

올이 풀리지 않는 스타킹과 약간 비슷하다.

로마제국의 전성기에 방패를 들고 깃털 달린 투구를 쓴 로

마 군단은 로마에서 브린디시까지, 알바니아에서 이스탄불까지 행군하며 돌길로 이어진 제국을 횡단했다. 로마의 도로는 사람이 샌들을 신고 걸어 다니기 적합한 길이었지, 바퀴 달린 운송 수단에는 그리 적합하지 않았다.

로마인이 이 길을 낼 때 먼저 작은 돌을 깔고 그 위에 콘크리트를 여러 겹 부은 뒤 커다랗고 납작한 석판을 놓았기 때문이다. 말이 끄는 마차가 그 위를 지나가면 황제가 값비싼 돈을 들여 깔아 놓은 석판에 쇠바퀴 자국이 남았고, 황제는 이를 무척 유감스러워했다. 그래서 권력자들은 그런 상황에서 자신들이 주로 하는 행동을 했다. 즉 이동을 규제했다. 황제는 바퀴 달린 마차의 적재 중량을 제한했고, 그 기준은 결코 너그럽지 않았다.[21]

로마의 도로 건설 체제는 수 세기에 걸쳐 점차 거꾸로 변했다. 이제는 먼저 커다란 석판을 깔고, 그 위에 작고 동그란 돌을 깔았다. 바퀴 달린 운송 수단이 도로를 훼손하지 않고도 훨씬 큰 무게를 실을 수 있다는 뜻이었다. 그러나 이 체제에도 나름의 문제가 있었다. 마차 바퀴가 도로 위를 지나가면 작은 돌들이 길 가장자리로 밀려났다. 결국 도로를 끊임없이 보수하는 값비싸고 골치 아픈 작업이 필요해졌다. 길이 제 역할을 하기 위해 갑자기 새로운 보수 체제가 시급해진 것이다. 그러나 누가 책임지고 보수를 완료한단 말인가?

　　스코틀랜드의 발명가 존 매캐덤John McAdam이 각진 자갈을 사용해야 한다는 사실을 깨달은 것은 18세기의 일이었다. 그 제야 바퀴는 유럽에서 돌파구를 찾았다. 수레바퀴가 지나가면 바깥으로 밀려나는 동그란 돌과 달리, 각진 돌들은 서로 밀착되었다. 즉 매캐덤이 건설한 길은 늘 평평한 상태를 유지했다.

　　그러나 여기에도 문제는 있었다. 이 체제에서 작은 돌들은 정확히 일정한 크기여야만 서로 밀착되었다. 그 결과 노동자들이 길의 양옆에 배치되어 돌을 일정한 크기로 부수는 임무를 맡았다. 노동자 대부분이 여성과 아이 들이었다. 바퀴가 세상에 혁명을 일으키기 위해서는 먼저 세상이 바퀴에 적응해야 했다. 여기에는 시간이 걸렸다. 매우 고된 노동이 들어간 것은 말할 것도 없고.

　　때로는 애초에 시도할 가치가 없기도 했다. 중동에서는 오랫동안 운송 수단으로 바퀴보다 낙타를 선호했다. 여기에는 경제적 이유가 있었다. 낙타는 유지비가 훨씬 저렴했다. 등에 250킬로그램을 지고 매일 묵묵히 걸었고, 까칠까칠한 나뭇가지와 메마른 나뭇잎 한 움큼이면 몇 시간이고 씹으며 다른 먹이를 먹지 않았다. 낙타가 다니는 길은 작은 돌을 정확한 각도로 부숴서 깔 필요가 없었는데, 낙타는 모래 위에서도 편하게 움직였기 때문이다. 혁신은 종종 이런 상황에 처한다. 신기술이 정말 **위대할지는** 몰라도, 늘 경제적인 것은 아니다. 그러나

1972년이 되어서야 여행 가방에 바퀴가 달린 이유를 이처럼
경제적으로 설명할 수 있으리라고는 상상하기 어렵다.[22]

아이디어는 이미
준비되어 있었다

오랫동안 여행은 대개 부자들만 누릴 수 있는 취미였다. 젊
은 귀족들은 인격적 성장을 위해 옷장만큼 커다란 트렁크 가
방에 가진 것을 전부 싸서 파리와 비엔나, 베네치아로 여행을
떠나곤 했다. 소지품을 전부 날라 주는 하인이 있으면 당연히
바퀴 달린 가방은 그리 필요치 않았다.

여행 자체도 지금과는 꽤 달랐다. 더 나은 삶을 찾아 미국
으로 떠난 가난한 스웨덴 가족의 이야기를 다룬 빌헬름 모베
르그Vilhelm Moberg의 고전 소설 시리즈 《이민자들The Emigrants》에
서 주인공들은 금속과 나무, 가죽으로 된 엄청나게 거대한 상
자에 재산과 옷가지, 목공 도구를 가득 채워 넣는다. 스웨덴에
서 '미국 트렁크'라는 이름으로 알려진 이 상자의 목적은 편리
한 운송이 아니라 배를 타고 이동하는 긴 여정을 버텨 내는 것
이었다. 게다가 스웨덴으로 돌아올 계획이 없을 때 바퀴는 거
의 필요치 않았다.

　　사실 우리가 현재 '캐리어suitcase'라고 부르는 것은 현대적인 대중 관광이 시작된 19세기 말에야 처음 등장했다. 사람들은 기차와 증기선의 경적을 따라 관광을 떠나기 시작했고, 새로운 종류의 가방을 들었다. 이 가방의 혁신적 기술은 모두가 볼 수 있게 맨 위에 달려 있었는데, 바로 손잡이였다. 현대식 여행 가방을 과거의 여행 가방과 구분해 준 것은 바로 이 손잡이, 이제 가방을 한 손으로 들 수 있다는 사실이었다.

　　처음으로 여행이 유행하던 때, 유럽의 주요 기차역은 승객의 가방을 대신 들어주는 짐꾼으로 미어터졌다. 그러나 20세기 중반이 되자 짐꾼의 수가 점점 줄었고, 이에 따라 점점 더 많은 승객이 짐을 직접 옮기거나 카트를 이용하게 되었다.[23]

　　1961년, 영국 잡지 《태틀러Tatler》에 이 문제를 다룬 기사가 실렸다. 기사 내용처럼 당시 시장에 나와 있는 상품들은 새로운 시대의 목적에 부합하지 못했고, 수화물 산업은 무언가 새로운 것을 생각해 내야 했다. 어쨌거나 당시는 점점 더 많은 사람이 (심지어 이 잡지의 독자들도) 자기 짐을 힘들게 옮겨야만 하는 시대이자 경제 환경이었다. 《태틀러》는 사람들이 마드리드의 세관에 도착하기도 전에 돼지처럼 땀을 뻘뻘 흘리게 될 거라고 단언했다.[24] 무슨 조치든 취해야 했다.

　　판매 중인 여러 여행 가방에 고급 가죽으로 만든 손잡이가 달려 있었지만, 《태틀러》에 따르면 이 가죽 손잡이들은 손

바닥에 '기찻길'을 남겼다. 스페인 국경에서 기차를 갈아타려고 200미터쯤 걷고 나면 반쯤 포기하고 싶은 마음이 들었다. 이는 새로운 세대의 세계 여행자들에게 크나큰 문제였다. 그래서 《태틀러》는 소매를 걷어붙이고 제 본분을 다했다. 새로 출시된 여행 가방을 시험해 보고, 들고 다니기 얼마나 편한지 확인한 것이다.

《태틀러》는 그냥 해러즈Harrods에서 가방을 사면 된다고 했다. 그러면 여행이 간편해졌다. 《태틀러》에 따르면 이 걸출한 영국 백화점은 시장에 나와 있는 것 중 가장 편안한 손잡이가 달린 고급 여행 가방을 갖추고 있었다. 그러나 모두가 알듯이 고급 취향은 저렴하지 않다. 그러므로 《태틀러》는 가방 산업이 디자인 혁신에 주력할 것을 촉구했다. 첨단 소재를 사용한 새로운 손잡이가 이들의 희망이었다. '첨단尖端'이 꼭 말 그대로 손바닥을 날카롭게 찍어 누를 필요는 없다는 게 그리 지나친 요구는 아니지 않나?

그러나 바퀴는 《태틀러》의 레이더에 잡히지 않았다. 같은 해였던 1961년에 소련의 우주 비행사 유리 가가린Yuri Gagarin은 최초로 우주에 나간 인간이 되었다. 우리는 인류를 지구의 궤도로 쏘아 올릴 수는 있었지만, 보아하니 여행 가방에 바퀴를 달 생각은 못 한 모양이었다. 바로 여기서 상황이 정말 당혹스러워지기 시작한다.

사실 1940년대 영국 신문에서 이미 바퀴라는 기술을 여행 가방에 적용한 제품의 광고를 찾아볼 수 있다. 정확히 말하면 바퀴 달린 여행 가방은 아니었고, '휴대용 짐꾼portable porter'이라는 이름의 도구였다. 바퀴가 달린 이 장치를 끈으로 여행 가방에 매달면 가방을 굴릴 수 있었다. 즉, 바퀴 달린 여행 가방을 직접 만들 수 있는 상품이 시장에 존재했다. 그런데 왜 이 아이디어는 유행하지 않았을까?

바퀴에 끈이 달린 이 새로운 도구는 1948년에 코번트리에 있는 기차역에서 처음 선을 보였다.**25** 지역 신문이 떠들썩하게 이 도구를 보도했다. 기사에 따르면 한 짐꾼이 승강장으로 뛰어 내려가 '아름답고 왜소한 갈색 머리 여성'의 커다랗고 무거운 여행 가방을 들어 주려 했다. "괜찮아요. 내가 직접 들 수 있어요." 여자가 말했다. 그리고 허리를 굽혀 카키색 끈을 손에 쥐더니 바퀴 달린 여행 가방을 의기양양하게 끌고 대기 중인 기차를 향해 걸어갔다. 기사는 기차 안에 있는 사람들이 창문으로 여자를 힐끔힐끔 쳐다봤다고 전한다. 그 옆에는 문제의 여성이 수상쩍을 만큼 훌륭한 구도로 승강장에 서 있는 사진이 실렸다.

오늘날의 독자가 볼 때 이 기사는 전형적인 간접 광고의 특징을 두루 갖추었다. 이 제품의 특허를 낸 회사는 마침 코번트리에 있었고,**26** 두 개발자의 발언이 기사에 인용되었다. 두 사람은 자신들의 혁신적인 아이디어가 특히 '인력난에 시달리는 요즘' 밝은 미래를 맞이할 것으로 보았다.

이제 우리는 미스터리의 첫 번째 단서를 얻었다. 자기 여행 가방을 끌고 미끄러지듯 역 승강장을 걸어가는 여성을 다룬 이 신문 기사는 완벽하게 영국적인 요리 팁("곱게 갈거나 다진 생채소를 마가린과 섞으면…… 훌륭한 샌드위치 스프레드가 됩니다")과 함께 《코번트리 이브닝 텔레그래프The Coventry Evening Telegraph》의 '여성과 가정' 섹션에 실렸다. 여기에 암시된 뜻은 오로지 여성만이 여행 가방을 굴릴 필요가 있다는 것이다. 반면 남성은 가방을 직접 드는 편이 더 나았다. 평균적으로 남성은 상체 근력이 여성보다 40~60퍼센트 세며, 여행 가방을 들 때 힘이 가장 많이 들어가는 신체 부위는 팔과 등, 어깨다. 늘 그런 것은 아니지만 이 사실 때문에 여성은 짐을 들기가 더 힘들다.

코번트리의 두 개발자에게 자신들의 제품이 주로 숙녀를 위한 것이라는 사실은 굳이 언급할 필요조차 없었다. 두 사람은 소비자가 직접 가방에 바퀴를 매달 수 있다면, 처음부터 회사가 가방에 바퀴를 달 수도 있다는 그리 기이하지 않은 결론을 끌어내며 실제로 바퀴 달린 여행 가방을 만드는 데까지 나아갔다. 둘은 실제로 버나드 새도우보다 훨씬 이전에 바퀴 달린 여행 가방을 제작했다. 그러나 이 제품은 영국 여성을 위한 저렴한 틈새 상품이었고 인기를 끌지 못했다.[27] 여성을 위한 상품이 남성의 삶을 더 편리하게 만들고 전 세계의 가방 시장을 뒤바꿀 수 있다는 생각은, 1960년대의 세상이 품기엔 아직 이른 것이었다.

1967년, 레스터셔의 한 여성이 지역 신문의 편집자에게 날카로운 편지를 보냈다. 그는 약 20년 전에 코번트리의 개발자들이 만든 것처럼 끈으로 바퀴를 매단 가방을 갖고 있었다. 그러나 1967년에 이 가방을 들고 지역 버스에 타려 하자, 차장이 "바퀴 달린 것은 무엇이든 유모차로 분류된다"라고 주장하며 가방용 표를 하나 더 사라고 강요했다. 여성 승객은 납득하지 못하고 이렇게 물었다. "만약 제가 롤러스케이트를 신고 버스에 타면, 저는 승객입니까 유모차입니까?"[28]

진정한 남자는
가방을 굴리지 않는다?

여성과 짐의 문제를 깊이 고민할 이유가 충분한 사람이 있었으니, 바로 1930년대에 미국 식료품 체인을 소유했던 실번 골드먼Sylvan Goldman[29]이었다.

모든 유능한 사업가와 마찬가지로 골드먼 역시 사업 이윤을 극대화하고자 했다. 그는 자기 가게에서 식료품을 구매하는 사람이 대부분 여성이라는 점에 주목했고, 그 고객들이 가게 장바구니에 담기는 만큼만 상품을 구매한다는 사실을 알아챘다. 일반적으로 회사를 키우는 방법에는 두 가지가 있다. 하나는 고객을 더 많이 유치하는 것이고, 다른 하나는 기존 고객에게 상품을 더 많이 판매하는 것이다. 골드먼의 문제는 후자의 전략이 여성이 들 수 있는 무게 이내로 제한되는 듯 보인다는 점이었다.

골드먼은 어떻게 하면 여성이 계산대로 식료품을 더 많이 들고 올 수 있을지 고민하기 시작했다. 기왕이면 선반에서 물건을 더 많이 꺼낼 수 있도록 한 손은 자유롭게 하는 것이 좋았다. 그가 (버나드 새도우보다 40년 앞서서) 바퀴를 떠올린 것이 그때였다. 골드먼은 세계 최초의 쇼핑 카트를 개발하고 자기 가게에 도입했다.

그래서 어떻게 되었냐고?

아무도 그 카트를 쓰려 하지 않았다. 사람들은 카트를 거부했다. 결국 골드먼은 이 개념을 익숙하게 만들기 위해 가게 안에서 카트를 끌고 다니는 모델을 고용해야 했다. 많은 남성이 카트를 개인적 모욕으로 받아들였다. 남자들은 소리쳤다. "내 팔이 이렇게 크고 두꺼운데 빌어먹을 저 작은 바구니 하나 못 들 것 같아?"**30** 즉 골드먼의 발명품이 그를 억만장자로 만들어주기 전에, 그는 먼저 카트를 미는 것이 남자답지 못하다는 생각과 싸워야 했다. 이 생각에는 무게감이 있었다.

그리고 무엇보다, 긴 역사가 있었다.

12세기에 시인 크레티앵 드트루아Chrétien de Troyes는 기네비어 왕비와 사랑에 빠져 절친한 친구인 아서 왕을 배신한 뒤 성배를 찾는 데 실패한 비극의 기사 랜슬롯의 이야기를 썼다.[31] 드트루아의 시 속에서 기네비어 왕비가 납치되고, 랜슬롯은 사랑하는 왕비를 찾아 여기저기를 헤맨다. 말을 잃어버린 랜슬롯은 온몸에 갑옷을 두른 채 철컹거리며 시골길을 걷고 있다. 그때 한 난쟁이가 작은 카트를 타고 그를 따라잡는다.

"그대여! 왕비가 지나가는 것을 본 적 있는가?" 랜슬롯이 외친다.

난쟁이는 가타부타 답이 없다. 그 대신 불행한 운명의 기사에게 제안을 하나 한다.

"당신이 내 카트를 탄다면 내일 왕비에게 무슨 일이 벌어졌는지 알려드리리다." 난쟁이가 말한다.

지금 보면 모두에게 이로운 상황처럼 보일 수 있다. 랜슬롯은 카트를 얻어 탈 수 있을 뿐만 아니라 원하는 정보도 얻게 된다. 그러나 사실 난쟁이는 기사에게 알려진 가장 모욕적인 행동을 요구한 것이었으니, 그건 바로 바퀴 달린 탈것에 올라타는 것이었다. 12세기 독자들은 여기에 내포된 의미를 이해했을 테지만 오늘날에는 그 의미가 전혀 와닿지 않는다. 도대체 무엇 때문에 바퀴를 남자답지 못하다고 하는 것일까?

고대에 전사와 왕은 전차를 타고 전장을 통과했고, 말들이 뒤에 야만인 포로를 매단 채 우레와 같은 소리를 내며 끄는 마차를 타고 테베레강을 건넜다. 이 전차에는 분명 바퀴가 달려 있었다. 그러나 기병의 군사적·전략적 중요성이 커지면서 마차(와 바퀴)는 인기를 잃었다. 바퀴를 타고 달리는 것은 더 이상 남자다운 기사도 정신에 부합하지 않았다. 이것이 바로 랜슬롯이 직면한 딜레마의 핵심이자, 난쟁이의 제안이 그토록 사악한 이유다.[32]

이 시의 요점은 고귀한 랜슬롯이 기네비어 왕비와의 사랑을 위해 얼마만큼 자신을 내려놓을 수 있는지를 보여 주는 것이었다. 곧 드러나듯이, 랜슬롯은 자신을 한껏 낮출 준비가 되어 있다. 그는 카트에 올라탄다. 이제 바퀴는 이 대서사시의 비극적 결말을 향해 굴러가기 시작한다.

이제 다시 버나드 새도우와 바퀴 달린 여행 가방이라는 그의 획기적인 발명품으로 돌아가자. 많지 않은 인터뷰 중 하나에서 새도우는 미국의 백화점 체인이 자기 아이디어를 받아들이게 하는 것이 얼마나 힘들었는지 토로했다.

"당시에는 그런 마초적인 생각이 있었습니다. 남자들은 보통 아내를 위해 대신 짐을 들어 줬죠. 아마 그것이…… 자연스러운 행동이었을 겁니다."

즉 여행 가방이 시장의 저항에 부딪힌 것은 젠더와 밀접한 관련이 있었다. 이 작은 요소 하나가 바로 여행 가방에 바퀴를 달기까지 왜 그리 오랜 시간이 걸렸는지 한참 고심한 경제학자들이 놓친 것이었다.

사람들이 바퀴 달린 여행 가방의 진가를 알아보지 못한 이유는 그 가방이 남성성에 관한 지배적 견해에 들어맞지 않았기 때문이다. 지금 돌아보면 명백히 괴상한 일이다. '진정한 남자는 가방을 직접 든다'라는 무척이나 자의적인 개념이 이제는 누가 봐도 명백한 혁신을 방해할 만큼 강력했다니? 남성성에 관한 지배적 견해가 돈을 벌겠다는 시장의 욕망보다 더 완강한 것으로 드러나다니? 남자는 무거운 짐을 들 수 있어야 한다는 유치한 생각 때문에 전 세계 산업을 뒤집을 상품의 잠재력을 알아보지 못했다니?

바로 이 질문들이 이 책의 핵심이다. 왜냐하면 공교롭게도, 세상은 특정 남성성 개념을 포기하느니 차라리 죽겠다는 사람들로 가득하기 때문이다. '진정한 남자는 채소를 먹지 않는다' '진정한 남자는 사소한 문제로 건강 검진을 받지 않는다' '진정한 남자는 섹스할 때 콘돔을 사용하지 않는다' 같은 믿음이 말 그대로 매일같이 피와 살이 있는 진정한 남자들을 죽이고 있다. 남성성은 우리 사회가 가진 가장 고집스러운 개념이며, 우리 문화는 종종 특정 남성성 개념을 보존하는 것을 죽음보다 더 중요하게 여긴다. 이러한 맥락에서 남성성 개념은 5000년 동안 기술 혁신을 방해할 수 있을 만큼 강력해진다. 그러나 우리는 이런 식으로 혁신과 젠더를 연결해서 생각하는 데 익숙하지 않다.

1972년의 바퀴 달린 여행 가방 광고를 보면 미니스커트를 입고 하이힐을 신은 한 여성이 커다랗고 침침한 가방을 힘겹게 나르고 있다. 그 여성은 흑백이며, 과거를 상징한다. 그때 미래가, 중성적인 갈색 양복을 입고 스카프를 넥타이처럼 목에 두른 여성의 모습을 하고서 과거의 옆을 지나간다. 현대성을 상징하는 이 여성은 바퀴 달린 가방을 **끌고** 있다. 그의 얼굴에는 미소가 감돌고, 시선은 저 높은 곳의 자유를 향한다.

바퀴 달린 여행 가방이 유행한 것은 사회가 바뀌고 난 후였다. 1980년대가 되자 여성의 짐을 들어 줄 남자, 들어 줘야 한다고 기대되는 남자, 또는 여성의 짐을 들어 주지 않으면 충분히 남자답지 못하다고 여겨질 남자 없이[33] 홀로 여행하는 여성이 많아지기 시작했다. 바퀴 달린 여행 가방에는 더 큰 기동성이라는 여성의 꿈이 담겨 있었다. 여성이 남성의 호위 없이 여행할 수 있다는 생각이 당연하게 받아들여지는 사회가 된 것이다.

미이클 디글러스와 캐슬린 터너가 출연한 1984년의 할리우드 영화 〈로맨싱 스톤〉에서 터너가 연기한 인물은 바퀴 달린 여행 가방을 끌고 정글로 들어간다. 새도우가 발명한 것처럼 길이가 긴 쪽에 바퀴가 달린 가방으로, 터너는 끈을 이용해 앞에서 이 가방을 끌고 있다. 터너의 가방은 무성한 열대 식물 사이에서 끊임없이 넘어져 더글러스를 분노하게 한다. 한편 더글러스는 덩굴을 타고 전설 속의 거대한 에메랄드를 찾아 헤매며 악당에게서 자신과 터너를 구해 내려고 애쓰고 있다. 이 같은 맥락에서 터너의 여행 가방은 농담이다. 계속 실패하는 농담 말이다.

이것이 새도우의 초기 모델이 가진 큰 문제였다. 길이가 짧은 쪽이 아닌 긴 쪽에 바퀴가 달려 있었기에 그리 안정적이지 않았다. 사용자는 가죽끈으로 뒤에 있는 가방을 천천히 조심스럽게, 가능하면 매끈한 바닥 위에서 끌어야 했다.

1980년대 초반에 덴마크의 가방 회사인 카발렛Cavalet은 길이가 짧은 쪽에 바퀴를 달면 이 문제를 해결할 수 있다는 사실을 이미 알고 있었다.[34] 그러나 가방 산업의 거인인 샘소나이트Samsonite가 원래의 바퀴 위치를 고수했기 때문에 이 형태가 계속 표준으로 남아 있었다. 그러다가 1987년에 미국의 항공기 조종사인 로버트 플라스Robert Plath가 현대식 기내용 가방을 발명했다.[35] 그는 새도우의 가방을 옆으로 돌리고 크기를 줄였다. 바퀴가 마침내 가방 산업에 혁명을 일으킨 것이 바로 이때였다.

신제품은 얼마 지나지 않아 대유행을 일으켰다. 처음에 이 가방은 항공사 승무원에게 판매되었다. 승무원들은 화려한 유니폼을 입고 매끄러운 공항 바닥에서 가방을 끌기 시작했고, 사람들은 눈을 휘둥그레 뜨고 이들을 바라보았다. 그리고 자기들도 하나 갖고 싶어 했다.

　곧 모든 가방 회사가 이 선례를 따랐고, 여행 가방은 손잡이로 들던 것에서 끌고 다니는 것으로 바뀌게 되었다. 이 변화는 비행기와 공항의 디자인에도 영향을 미치기 시작했다. 갑자기 산업 자체를 재건하고 재고해야 했다. 시장 전체가 뒤바뀌었다.

　플라스의 기내용 가방은 집에서 멀리 떨어진 시간대의 특색 없는 공항 바닥을 부드럽게 굴러가는 바퀴 소리와 함께 현대 사업가라면 늘 빠짐없이 갖추어야 할 무기가 되었다. 이 가방은 세계화의 상징이었다. 오늘날 남성들은 3센티미터 크기의 바퀴 몇 개에 위협을 느끼지 않는 듯 보이지만, 1970년대까지만 해도 그들은 위협을 느꼈다.

　우리는 인류가 달에 다녀오고 나서야 남성성 개념에 도전할 준비를 끝내고 여행 가방에 바퀴를 달기 시작했다. 처음에 이 제품에 투자하지 않으려 했던 백화점 바이어들은 젠더 역할이 바뀌고 있음을 깨달았다. 현대 여성은 혼자 여행할 수 있기를 바랐고, 남성은 더 이상 원초적인 완력을 통해 스스로를 증명할 필요가 없었다.

이러한 생각을 할 능력은 바퀴 달린 여행 가방의 등장에 꼭 필요하지만 빠져 있던 요소였다. 우리는 우선 가방을 직접 나르기보다 편리함을 우선하는 남성 소비자를 상상할 수 있어야 했다. 그리고 혼자 여행하는 여성을 상상할 수 있어야 했다. 그런 후에야 바퀴 달린 여행 가방의 진면목을, 너무나도 명백한 그 혁신을 발견할 수 있었다.

승무원이 바퀴 달린 여행 가방의 진정한 선구자가 된 이유는 쉽게 이해할 수 있다. 이들은 가장 먼저 대규모로 이 제품을 사용했고, 공항을 우르르 걸어가면서 살아 숨 쉬는 무료 광고 역할을 했다. 물론 이들 대부분은 (여러분도 추측했겠지만) 혼자 여행하는 여성이었다. 바퀴 달린 여행 가방은 이러한 여성들의 수가 늘어났을 때 돌파구를 찾았다.

요컨대 여행 가방은 우리가 젠더에 대한 관점을 바꾸었을 때, 남자가 짐을 들어야 하고 여자의 기동성이 제한되어야 한다는 생각을 버렸을 때 바닥 위를 구르기 시작했다. 젠더는 왜 가방에 바퀴를 달기까지 5000년이 걸렸느냐는 수수께끼의 해답이다.

이 답이 놀라울지도 모르겠다. 우리는 '소프트'한 것(여성성과 남성성 개념)이 '하드'한 것(끊임없는 기술 발전)을 저해할 수 있으리라 생각하지 않으니까.

그러나 그것이 바로 여행 가방에 일어난 일이었다. 이런 일이 일어날 수 있었다면, 우리의 젠더 관점은 매우 강력한 것이 분명하다.

2장

일론 머스크보다
100년 앞선
전기차의 발명

그는 아이들을 데리고 어머니를 보러 가겠다고 썼다. 그러
나 어머니 댁에 어떻게 가겠다는 건지는 쓰지 않았다. 그의 남
편은 그들이 기차를 탔겠거니 했다. 때는 1888년 8월이었고,
비교적 최근에 통일된 독일제국의 남서부에 있는 바덴대공국
에서는 여름휴가가 막 시작된 참이었다.[1]

그날 아침, 베르타 벤츠Bertha Benz는 남편이 만든 말 없는 마
차를 창고에서 조심스레 꺼냈다.[2] 10대였던 두 아들 오이겐Eugen
과 리하르트Richard가 도와주었다. 날이 밝고 있었고, 세 사람은
아무도 깨우고 싶지 않았다. 아버지인 카를 벤츠는 더더욱 깨
워선 안 됐다. 이들은 집에서 충분히 멀어진 후에야 엔진에 시
동을 걸었고, '검은 숲'이라고 불리는 슈바르츠발트의 가장자리
에 있는 마을 포르츠하임까지 90킬로미터를 번갈아 운전했다.
그때까지는 이런 식으로 여행을 떠난 적이 한 번도 없었고, 베
르타가 차량을 몰래 빼내야 했던 이유도 바로 그 때문이었다.

카를은 자신의 발명품을 '말 없는 마차'로 불러야 한다고 단호히 주장했다. 수년 전부터 이 차량은 벤츠의 고향인 깨끗하고 정돈된 마을 만하임에 센세이션을 일으켰다. 특별 초대한 관객 앞에서 처음으로 말 없는 마차를 운전했을 때 카를은 자기 발명품에 너무 압도되어서 그대로 정원 담장으로 돌진해 버렸다. 그와 옆자리에 앉아 있던 베르타는 거꾸로 바닥에 처박혔고, 벽돌이 삼륜 차량의 앞바퀴를 산산조각 냈다. 금속 조각들을 다시 창고로 들고 가서 처음부터 다시 시작하는 것 외엔 다른 도리가 없었다.

베르타가 이 발명에 자신이 가진 돈을 거의 전부 쏟아부었다는 사실을 유념해야 한다. 처음에는 결혼하면서 가져온 지참금을 회사에 투자했다. 그리고 유산을 미리 달라고 부모님을 설득했다. 그가 남편의 사업에 쏟아부은 4244굴덴은 만하임에서 초호화 주택을 살 수 있는 큰돈이었다. 그러나 베르타는 말 없이 마차를 움직일 수 있는 4행정 엔진의 꿈에 그 돈을 몽땅 써 버렸다. 수년간의 시도 끝에 정말로 세계 최초의 자동차가 길 위를 달리는 데 성공했다.[3] 속도는 시속 16킬로미터였고, 4행정 가솔린 엔진과 실린더 한 개가 달려 있었다. 벤츠 파텐트-모토바겐Benz Patent-Motorwagen이라는 이름을 얻은 이 자동차는 출력이 0.75마력 정도였지만 중요한 것은 이 차가 작동한다는 사실이었다.

초기에 카를은 논란을 일으키지 않으려고 밤에만 시운전을 했다. 이 차를 본 아이들은 비명을 질렀고, 노인들은 무릎을 꿇고 성호를 그었으며, 도로 위의 노동자들은 공구를 버리고 꽁무니를 뺐다. 미신을 믿는 사람들은 기분 나쁜 바퀴 세 개를 달고 으르렁거리는 소리를 내며 보이지 않는 힘으로 움직이는 마차에 악마가 씐 거라고 생각했다. 그러나 더 큰 문제는 시장이 이 자동차의 유용성을 의심했다는 것이다. 이 기계를 도대체 어디에 쓴단 말인가?

게다가 메르세데스-벤츠의 절반으로 역사에 이름을 남긴 카를 벤츠는 솔직히 말해 훌륭한 사업가가 아니었다.[4] 1888년 초반(특허를 따고 약 2년 후)에 차를 팔기 시작했지만 이 말 없는 마차는 독일보다 프랑스에서 더 인기를 끌었다. 자국 내에서는 주행 허용 속도를 두고 당국 및 경찰과 지지부진한 논의를 벌이느라 발이 묶여 있었다. 도시 경계 내에서 이 차의 주행을 허용해야 할까? 결국 규제 기관이 이에 동의했고, 드디어 그의 발명품은 뮌헨에서 열린 독일제국 기술 박람회에서 미래적 장관을 이루며 돌풍을 일으켰다.

카를 벤츠는 마침내 주목받고 메달을 차지했다. 그러나 그가 생각한 이 발명품의 상업적 콘셉트는 도대체 무엇이었을까? 벤츠가 만든 엔진에 쓰임이 많으리라는 것은 거의 아무도 의심치 않았지만, 사람들은 차량 자체에는 그만큼 확신을 갖지 못했다. 이 차량을 어디에 쓸 수 있지? 이것이 바로 베르타 벤츠가 1888년 8월 5일 아침 5시에 침대에서 나온 이유였다.

베르타의 어머니가 살던 포르츠하임은 만하임에서 90킬로미터 떨어져 있었다. 베르타와 두 아들은 카를이 모르게 그곳까지 자동차를 운전할 계획을 세웠다. 물론 재미를 위해서였지만, 이 발명품이 새로운 엔진일 뿐만 아니라 전에 없던 이동 수단이기도 하다는 것을 증명하기 위해서이기도 했다.

포르츠하임으로의 여행은 다사다난했다(약 15시간 후에 의기양양하게 도착하고 보니 정작 할머니는 마을에 없었다). 베르타는 말 없는 마차가 한 번 이상 고장 날 거라고 예상했고, 이 점에서 마차는 베르타를 실망시키지 않았다.

처음에는 연료관이 막혔고, 베르타는 모자를 고정한 핀 하나를 이용해 연료관을 뚫었다. 그다음에는 노출된 점화 배선을 감싸야 했는데, 이번에는 베르타의 가터◆가 요긴하게 쓰였다. 베르타와 오이겐, 리하르트는 번갈아 핸들을 잡았으나 남자아이들은 언덕이 나타날 때마다 내려서 차를 밀어야 했다. 엔진이 경사를 감당하지 못했기 때문이다. 그럴 때면 베르타는 운전석에 앉아 좀 도와달라고 마을 사람들을 설득했다. 오르막이 고된 구간이었다면 내리막은 머리털이 곤두설 만큼 무서

◆　스타킹이 흘러내리지 않게 고정하는 밴드.

운 구간이었다. 360킬로그램의 차량은 운전석 오른쪽에 달린 레버를 당겨서 겨우 제동을 걸 수 있었다. 말 없는 마차로 이렇게 멀리, 이렇게 많은 언덕을 달린 것은 처음이었고, 벤츠 파텐트-모토바겐의 제동 장치는 얼마 안 가 다 닳아 버렸다. 바우슐로트라는 작은 마을에 도착했을 때 베르타는 신발공에게 부탁해 제동 장치에 가죽을 덧댔다.

이로써 베르타와 두 아들은 세계 최초의 브레이크 패드를 발명했다.

물이 계속 문제가 되었다. 엔진 폭발을 막으려면 주기적으로 온도를 식혀야 했다. 베르타와 두 수행원은 여관과 강, 심지어 이따금 나타나는 도랑을 가리지 않고 어디서든 물을 길어 왔다. 세 사람은 하이델베르크 남쪽에 있는 작은 마을 비슬로흐에 차를 세웠다. 주로 실험실 용액으로 쓰이던 석유 유분인 리그로인을 구매해 연료를 보충하기 위해서였다. 비슬로흐의 약사 빌리 옥켈Willi Ockel이 세 사람에게 리그로인 한 병을 팔았다. 그 과정에서 자신이 세계 최초의 주유소가 되었다는 사실은 다행히 알지 못했다.

그날 저녁 포르츠하임에 도착한 베르타는 카를에게 전보를 보냈다. 카를은 화가 났다기보다는 충격을 받았고, 베르타와 두 아들이 만하임에 돌아온 다음 날 말 없는 마차에 저속 기어를 달기로 했다. 슈바르츠발트의 언덕을 더 잘 달릴 수 있게 하기 위해서였다. 그해 연말에 벤츠 파텐트-모토바겐을 개선한 모델이 상업적으로 생산되었고, 1900년에 벤츠는 세계에서 가장 큰 자동차 제조사가 되었다.

안락한 전기차는 왜
시끄러운 휘발유차에 밀렸나

세계 최초로 자동차를 장거리 운행한 사람은 여성이었다. 그런데도 세상은 곧 여성이 남성만큼 운전에 적합하지 않다는 결론을 내렸다. 여성은 모터 달린 철제 용기 위에 아무렇게나 내버려 둘 수 없는 생명체였다. 여성은 연약한 존재였고, 신은 여성이 코르셋에 묶여 15킬로그램에 달하는 페티코트와 챙 넓은 모자, 긴 장갑 차림으로 세상을 돌아다니게 만들었다. 과학은 여성이 나약하고 소심하고 쉽게 겁을 집어먹는다고, 여성의 뇌에 가해지는 모든 자극이 포궁에 악영향을 미칠 수 있다고 주장했다. 여성의 이동 적합성에 관한 이 생각들은 결코 새로운 것이 아니었다.

로마제국은 여성의 마차 이용을 금지함으로써 교통 문제를 해결하려 했다. 로마의 도로 위를 돌아다니는 것은 쉬운 일이 아니었다. 비좁은 도로는 복잡한 골목으로 뒤엉켜 있었고 마늘과 깃털, 올리브유를 파는 땀에 젖은 상인들과 옥신각신해야 했다. 많은 곳에서 마차가 한 번에 한 대씩만 지나갈 수 있었기에 노예를 미리 보내 반대쪽에서 다른 마차가 진입하지 못하도록 막았다. 살이 있고 다리가 달린, 개인 소유의 신호등인 셈이었다.[5]

당시 로마는 카르타고와 전쟁을 벌이고 있었고, 이는 다양한 종류의 사치 행위를 전략적으로 금지하는 결과로 이어졌다. 자국 상류층이 향락에 빠져 있는 모습을 보면서 아프리카에 죽으러 가고 싶은 사람은 아무도 없었다. 금지의 목적은 주민들을 자극해 사기를 저해할 수 있는 요인을 로마의 도로에서 싹 몰아내는 것이었다. 그렇다면 마차를 탄 여성보다 더 향락적인 것이 어디 있겠는가? 이렇게 여성의 마차 이용을 금지하는 조치가 도입되었고, 로마 부유층 부인들은 크게 분노했다. 그러나 이게 다가 아니었다. 시인 오비디우스는 금지 조치가 해제될 때까지 항의하는 의미로 여성들이 직접 포궁 속의 태아를 지웠다고 주장했다.

20세기가 밝아 오자 마차를 탄 여성이 향락적이라는 생각보다는 여성에게 차량을 운전할 능력이 없다는 생각이 문제가되었다. 여성은 운전석에 앉기에는 정서가 너무 불안하고 몸이약하며 지적으로 열등하다고 여겨졌다. 이 주장은 당시 여성이얻어 내고자 했던 투표할 권리, 고등 교육을 받을 권리를 반대하는 데에도 사용되었다. 여성이 자동차에 올라타던 때는 공적 생활에서 여성이 맡는 역할이 전에 없이 활발히 논의되던 때였다. 여성이 어떤 사람이고 무엇을 할 수 있는지에 대한 이 모든 논쟁은 서서히 앞으로 나아가며 기술 발전에 영향을 미쳤다.[6]

당시 자동차는 주문 제작되었다. 고객이 원하는 것을 주문하면 그에 따라 차를 맞춤 제작했다. 대부분의 자동차 제조사는 시장 전체에 대해 고심할 시간이 없었고, 그때그때 필요한 것을 만들어 냈다.

그 시대 사람들은 걷거나, 말이나 당나귀를 타거나, 기차나 전차, 심지어 자동차를 이용하는 등 내키는 대로 다양한 이동 수단을 사용했다. 자동차가 동력을 얻는 방식도 휘발유와 전기, 증기 등으로 다양했다. 세기가 바뀔 무렵 유럽에 있는 모든 자동차 중 3분의 1이 전기를 이용했다. 미국은 그 비율이 더 높았다.

당시의 휘발유차 제조사와 전기차 제조사가 어떤 기술이 더 뛰어난지를 두고 끊임없이 다퉜을 거라고 상상하기 쉽다. 그러나 자동차 초창기에 제조업체들이 가장 열심히 홍보한 내용은 자동차가 말이나 마차보다 더 우수하다는 것이었다. 말이 끄는 이동 수단 시장이 이들이 공략하고 싶은 시장이었음을 고려하면 당연한 일이었다.

당시 휘발유로 움직이는 자동차(베르타가 포르츠하임까지 몰고 간 벤츠 파텐트-모토바겐의 후계자)는 무척 불안정했다. 시동 걸기도 힘들고 소음도 커서, 이동 수단보다는 압력으로 피스톤이 움직이고 기계에서 기름이 튀는 생활 방식에 가까웠다. 휘발유차는 빠른 속도로 이동하며 운전자를 집에서 멀리 떨어진 곳으로 데려갔다가 (바라건대) 다시 집으로 데려올 수 있는 남자다운 기계였다. 휘발유차는 모험가를 위한 차였고, 우리가 알고 있듯이 모험은 여성이 아닌 남성을 위한 것이었다.

　그 결과 전기차는 더 '여성스럽다'라는 개념이 등장했다.[7] 전기차는 운전자를 가야 할 곳에 데려다주는 차였고, 휘발유차와 비교했을 때 마차의 더 적절한 후계자로 여겨졌다. 반면 휘발유차는 여러 면에서 이동 수단이라기보다 돈을 뿌리고 싶은 젊은 (남성) 천둥벌거숭이들의 스포츠였다. 미국의 자동차 칼럼니스트 칼 H. 클라우디Carl H. Claudy는 이렇게 말했다. "인류의 절반인 여성에게 전기 차량만큼 확실한 위안을 주는 발명품이 있었던가?"[8] 마차를 탈 때처럼 말의 갈기와 발굽, 꼬리를 닦아 줄 필요가 없으니 여성에게 얼마나 편리한 발명품인가! 이제는 그냥 사람을 시켜서 차고에서 차를 꺼내기만 하면 되었다. 물론 가장 부유한 여성들만 이렇게 할 수 있었다는 것은 말할 것도 없다.

　이와 달리 휘발유차는 시동을 걸려면 우선 크랭크를 돌려야 했다. 이것은 힘들고 종종 위험한 작업이었다. 먼저 엔진 앞에 서서 라디에이터 사이로 삐져나온 작은 와이어를 당긴 다음, 크랭크를 붙들고 몇 번 위로 당긴 뒤, 다시 운전석으로 돌아가서 점화 장치를 켜고, 다시 엔진 앞으로 돌아와 적절한 자세로 크랭크를 붙잡고 힘 있게 몇 번 더 돌려야 마침내 시동이 걸렸다.

반면에 전기차는 운전석에서 시동을 걸 수 있었다. 조용하고 관리도 쉬웠다. 최초로 시속 100킬로미터를 넘은 차는 사실 전기차였다.[9] 그러나 시간이 흐르면서 휘발유차가 속도를 따라잡았고, 전기차는 더 느리고 안정적인 선택지가 되었다.

1903년의 광고 문구를 보면 "전기차는…… 소음과 냄새가 전혀 안 나고 깨끗하고 우아하며, 늘 준비된 자동차를 원하는 사람들을 사로잡을 것입니다"라고 쓰여 있다.[10] 옆에는 모자를 쓰고 장갑을 끼고 활짝 미소 짓는 두 여성의 이미지가 있다. 한 여성은 전기차를 운전하고 있고, 다른 여성은 그 옆에 즐거운 듯이 앉아 있다. 전기차의 곡선이 부드럽다.

1909년의 광고도 비슷한 접근법을 취하며 남성 소비자에게 "당신의 예비 신부나, 이미 수많은 유월을 지나 보낸 신부에게" 전기차를 사 주라고 독려한다.[11] 이 광고의 메시지는 다음과 같다. 전기차는 편안함을 중시하는 사람들을 위한 차입니다. 휘발유도, 오일도, 크랭크도 필요 없고, 폭발하거나 드레스에 불이 붙을 위험도 없습니다. 걱정 말고 와서 구매하세요.

《운전대를 잡다Taking the Wheel》에서 저자 버지니아 샤프Virginia Scharff는 "18세 미만에게는 면허를 주면 안 된다⋯⋯ 전기로 움직이는 차가 아니라면 여성에게도 마찬가지다"라는 당시 미국인 평론가의 주장을 인용한다.¹² 1900년 즈음에는 전기차가 휘발유차보다 더 빨리 가속했고 브레이크도 더 안전했다. 여러 면에서 전기차는 도시 주행에 이상적인 선택지였지만 배터리 문제 때문에 그리 멀리까지 달리지는 못했다. 대략 60킬로미터마다 배터리를 충전해야 했고, 대도시 바깥의 열악한 도로에서는 잘 달리지 못했다. 그러나 시장은 이러한 특성을 가진 전기차가 오히려 여성에게는 **더** 적합하다고 보았다. 어쨌거나 여성은 그리 멀리까지 갈 필요가 없지 않은가. 사실 멀리까지 갈 수 없는 건 좋은 특성이었다.

　애초에 여성에게 차가 왜 필요한가? 친구를 방문하거나, 장을 보러 가거나, 아이들과 산책하는 것 말고 다른 이유가 뭐가 있는가? 여성용 자동차는 남성용 자동차와 종류가 달랐다. 그게 자동차이긴 했을까? 아마 여성이 아이들과 함께 몸을 욱여넣을 수 있는 유모차 비슷한 것으로 여겨졌을지도 모른다. 실제로 한 자동차 칼럼니스트는 이렇게 말했다. "자동차를 탈 때만큼 어린아이가 그토록 단시간에 그토록 많은 공기를 쐴 수 있는 방법은 없다⋯⋯ 아마 전기차를 현대의 유모차라고 불러도 무방할 것이다."¹³ 당시 자동차는 '깨끗한' 이동 수단으로 여겨졌다. 말과 달리 길에 똥을 싸지 않았으니까.

전기로 움직이든 휘발유로 움직이든, 1세대 자동차는 값비싼 물건이었다. 헨리 포드Henry Ford는 그 판도를 뒤집은 미국인이었다. 1908년, 그는 휘발유로 움직이는 '모델 T'를 만들었고, 이 모델은 평범한 미국인에게 자동차의 세상을 열어 주고자 했다. 디트로이트와 미시간의 생산 라인에서 850달러에 출하된 모델 T는 만인의 자동차가 될 작정이었다. 포드의 비즈니스 개념은 자동차를 만드는 노동자도 구매할 수 있을 만큼 저렴한 자동차를 만드는 것이었다. 이제는 전설이 된 모델 T는 '세상을 바퀴 위에 올려놓은' 자동차로 알려졌다. 문제는, 그 세상이 누구를 위한 세상이었냐는 것이다.

포드는 획기적인 모델 T를 출시한 같은 해에 아내 클라라에게 전기차를 사 주었다. 그는 아내에게는 전기차가 더 적합하다고 생각했다. 클라라 포드의 전기차는 털털거리는 모델 T와는 차원이 달랐다.[14] 그것은 바퀴 달린 응접실이었고, 한가하게 도시를 돌아다니며 여자 친구들을 맞이할 수 있는 모터 달린 거실이었다. 핸들이 없는 대신 뒤에서 손잡이 두 개로 차량을 조종했는데,[15] 하나는 전진할 때, 다른 하나는 후진할 때 사용했다. 이 전기차에는 꽃을 꽂아 둘 수 있는 크리스털 꽃병이 달려 있었고, 숙녀 세 명이 편안하게 앉을 수 있는 공간이 마련되었다.

곧 미국 대도시의 상점가에 전기차 충전소가 들어서기 시작했다. 부유한 여성들이 쇼핑하면서 전기차를 충전할 수 있게 하기 위해서였다. 1900년대 초반의 전형적인 여성 운전자는 독일 슈바르츠발트 근처에서 모자 핀으로 연료관을 뚫던 베르타 벤츠와 전연 딴판이었다. 실제로 많은 이들이 자동차를 가장 참을 수 없는 사치품으로 바라보기 시작했다. 자동차는 진주 목걸이를 치렁치렁 두른 여성을 집과 오페라 극장으로 데려다주는 반짝거리는 이동 수단이었다. 미국의 28대 대통령이었던 우드로 윌슨은 이들 때문에 대중이 혁명을 일으키지는 않을까 염려했다. 즉, 마차를 타고 노예가 늘어선 거리를 지나던 로마의 부유층 부인과 다를 바 없어 보였던 것이다.

갈수록 전기차는 여성을 염두에 두고 개발되었다. 예를 들면 전기차는 천장이 달린 최초의 자동차였는데, (남성과 달리) 여성은 비를 피하고 싶어 하고, 더 정확히 말하면 '자기 화장실을 티 하나 없이 깔끔하게, 자기 머리 모양을 온전하게 유지'하고 싶어 하기 때문이었다.[16] 마찬가지로 여성의 옷에 걸리지 않도록 레버와 제어 장치의 위치를 바꾼 것도 전기차 제조업체였다. 전기차는 치마를 입고도 운전할 수 있는 자동차가 되었다. 전기차의 '여성적인' 연관성 때문이 아니라, 전기차가 목표한 시장이 그것을 확고하게 요구했기 때문이다.

그러나 전기차 산업이 '더 아름다운 성별'과 결부되는 것을 늘 기뻐한 것은 아니었다. 전기차는 첨단 기술을 사용한 믿음직한 도시 주행용 자동차였고, 전기차 산업은 양복에 기름이 튀는 일 없이 제시간에 직장에 도착하고 싶은 모든 사람이 전기차에 관심을 가져야 한다고 믿었다. 디트로이트 일렉트릭Detroit Electric 이사회의 일원이었던 E. P. 챌펀트E. P. Chalfant는 크게 분노하며 이렇게 말했다. "휘발유차 중개인들이 전기차에 늙고 병약한 사람과 여자가 타는 자동차라는 낙인을 찍었다."**17** 이와 비슷하게 또 다른 남성은 친구들이 전기차를 사지 말라고 충고했다며, "친구들이 전기차를 숙녀용 차라고 불렀다"라고 밝혔다.**18**

챌펀트는 이러한 여성적 연관성 때문에 전기차가 시장에서 완전히 잘못된 위치에 놓였다고 믿었다. 가족이 어떤 차를 살지 결정하는 사람은 결국 누구인가? 물론 남성이었다. 챌펀트에게 이는 곧 전기차가 맞춰야 하는 사람이 여성이 아닌 남성이라는 뜻이었다. 1910년, 디트로이트 일렉트릭은 새로운 남성용 모델에 '신사의 언더슬렁 로드스터Gentlemen's Underslung Roadster'라는 적절한 이름을 붙여 출시함으로써 전기차의 여성적 이미지에 반격을 가하려 했다.

그러나 이 차는 유행에 실패했다.

1916년, 미국의 전기차 산업 잡지 《일렉트릭 비히클Electric Vehicles》은 상업적 실패를 불러온 전기차의 여성적 연관성을 분석하는 연재 기사를 실었다. "여자 같은 것 또는 여자 같다는 평판을 얻은 것은 미국 남성의 눈에 들지 못한다." 이어서 기사는 이렇게 말한다. "어떤 남성이 일반적인 신체적 의미에서 '혈기 왕성'하고 '남성미'가 넘치든 그렇지 않든 간에, 어쨌거나 그 남성의 이상은 그렇다." 즉 자동차든 색깔이든 여성이 좋아하는 것이라면 남성은 신념상 늘 그것에서 거리를 두려 한다. 슬프게도 바로 이것이 전기차에 발생한 일이라고, 이 잡지는 결론 내린다.

물론 이것은 터무니없고 비논리적인 신념이었다. 실제로 전기차는 여성뿐만 아니라 남성에게도 무척 적합했다. 그러나 이 잡지가 지적했듯이, 자동차 구매자가 그런 식으로 논리나 추론을 사용할 거라고 기대해서는 안 된다. "전기차가 여성적이라고 생각한 남성은 그 즉시 머릿속에서 전기차를 지우고 휘발유차를 구매한다."[19] 즉 살아남고 싶다면 전기차 산업은 남성적인 자동차를 만들어 낼 수 있어야 했다. 크리스털 꽃병과 푹신푹신한 좌석은 더 이상 필요치 않았다.

그러나 정확히 반대의 상황이 벌어졌다. 전기차는 '더 남자다워지지' 않았다. 적어도 약 한 세기 뒤 일론 머스크Elon Musk가 전기차를 더 활성화하기 전까지는 말이다. 그 대신 휘발유차가 자동차 산업을 거의 장악했다. 휘발유차는 포드 덕분에 더 저렴해졌을 뿐만 아니라, 더 '여성적'으로 변했기 때문이었다.

숙녀를 위한
기술

헨리 릴런드Henry Leland는 1900년대 초반에 캐딜락 모터 컴퍼니Cadillac Motor Company의 최고 경영자였다. 버몬트의 농장에서 태어난 그는 에이브러햄 링컨을 지지하며 남북전쟁에 참전했다가, 훗날 경영이 악화된 헨리 포드의 자동차 사업체 중 하나를 인수해 캐딜락을 설립했다. '캐딜락을 사는 건, 왕복 티켓을 사는 것'이 당시 캐딜락의 슬로건이었다. 캐딜락은 럭셔리 휘발유차였고, 그 시절에 럭셔리란 곧 집까지 견인할 필요가 없는 차를 소유한다는 뜻이었다.

여러 면에서 볼 때 전기차에 치명타를 입힌 사람이 바로 릴런드였고, 재미있게도 이 모든 것이 젠더와 크게 관련된 한 사건에서 비롯되었다. 릴런드는 이 사건을 바이런 카터Byron Carter의 비극적 이야기로 재구성해 말하곤 했다.

카터는 릴런드의 친구였다.[20] 이제는 전설이 된 이 이야기에 따르면, 어느 날 카터는 한 여성 운전자를 도와주려고 디트로이트 근처에 있는 다리에 멈춰 섰다. 차는 시동이 꺼져 있었고, 여성 운전자는 크랭크로 다시 시동을 걸지 못했다. 그 차가 전기차가 아니었음에 주목하자. 만약 전기차였다면 크랭크를 돌릴 필요 없이 운전석에서 시동을 걸 수 있었을 것이다. 그러나 그때쯤 자동차 산업은 여성에게도 휘발유차를 판매하고 있었다. 심지어 치마를 입고도 탈 수 있는 넓은 문을 옵션으로 선택할 수도 있었다. 그리고 더 중요한 것은, 대부분의 가정에 차가 딱 한 대뿐이었고, 여성 또한 그 차를 사용했다는 점이다. 그뿐만 아니라 많은 여성이 속도가 빠른 휘발유차를 선호했다. 그래서 그 여성 운전자가 휘발유로 달리는 캐딜락에 시동을 걸지 못하고 디트로이트의 다리에 발이 묶여 있었던 것이다.

크랭크로 휘발유차에 시동을 거는 것은 전에도 이미 힘든 일이었다. 그러나 기술 발전으로 엔진 출력이 좋아지면서 크랭크로 시동 걸기는 더더욱 까다롭고 위험한 일이 되었다. 카터가 디트로이트 다리에 멈춰 선 그 운명의 날, 육중한 기계와의 접전이 그를 기다리고 있었다.

신사였던 카터는 자연스럽게 차에서 내려 셔츠 소매를 걷어붙이고 여성 운전자를 도왔다. 그러나 그건 잘못된 결정이었다. 운전석에 앉아 있던 그 여성이 점화 장치를 제어하는 것을 잊었고, 크랭크가 거꾸로 돌면서 카터의 턱을 정면으로 가격한 것이다. 턱뼈가 으깨졌고, 며칠 뒤 그는 이 부상으로 인한 합병증으로 사망했다.

릴런드에게 이는 있을 수 없는 일이었다. 카터가 그의 친구였던 데다, 카터를 죽인 차가 캐딜락이었기 때문이다. 릴런드는 이 사고에 책임감을 느끼고 이제 크랭크를 떠나보내야겠다고

마음먹었다. 그는 분명 전기를 사용해서 휘발유차의 시동을 걸
수 있을 거라고, 그러면 크랭크를 사용하지 않고 운전석에서 시
동을 걸 수 있으리라고 생각했다. 충분히 시도해 볼 가치가 있
는 일이었다. 또 한 명의 친구가 길가에 발이 묶인 여성을 돕다
가 사망하는 일을 막기 위해서라도 말이다.

　캐딜락은 비교적 단시간 내에 휘발유차를 위한 전기 시동
장치를 구상하는 데 성공했다. 유일한 문제는 부피가 너무 커
서 그 어느 차에도 달 수 없다는 것이었다. 릴런드에겐 도움이
필요했다. 그가 오하이오의 한 헛간에서 찰스 F. 케터링Charles F.
Kettering을 발견한 것이 바로 그때였다.

　케터링은 세계 최초의 전기식 금전등록기를 만든 유능한
엔지니어였다. 그가 처음 자동차를 본 것은 신혼 여행에서였다.
그때 우연히 한 의사를 만났는데, 그 의사의 최신식 자동차가
고장 난 채 길가에 서 있었다.[21] 케터링은 보닛을 열어 문제를
진단해 주었고, 그때부터 자동차에 푹 빠졌다. 그와 몇몇 동료
는 점차 퇴근한 뒤 헛간에 모이기 시작했고, 그곳에서 다양한
방식으로 그 시대의 자동차를 개선하고자 했다. 이 모임은 훗
날 케터링이 델코Delco라고 이름 붙인 회사로 성장했다.

　캐딜락이 구상한 전기 시동 장치를 개선하기 위해(무엇보
다 크기를 줄이기 위해) 릴런드가 도움을 청한 회사가 바로 델코
였다.

케터링은 3년 만에 이 문제를 해결했다. 발전기 기능을 겸하는 전기 시동 장치를 만든 것이 그가 이룬 혁신의 내용이었다. 이 작은 장치 하나로 엔진에 시동을 건 다음, 자동차의 움직임을 이용해 직접 전기를 생산할 수 있었다. 이렇게 만들어진 전기는 자동차의 전등을 켜는 데 사용되었다.

1912년, 캐딜락은 모델 30을 출시했다. 세계 최초로 전기 시동 장치와 전등을 장착하고 상업적으로 생산한 자동차였다. 캐딜락은 이러한 혁신을 인정받아 권위 있는 상인 듀어 트로피 Dewar Trophy를 수상했다. 새 시동 장치는 자동차의 계기판이나 바닥에 달린 버튼 또는 페달로 작동할 수 있었고, 이는 누가 봐도 차에서 내려 크랭크를 돌리는 것보다 훨씬 쉬운 방식이었다. 캐딜락은 즉시 모든 모델에 전기 시동 장치를 도입했고, 곧 많은 회사가 그 뒤를 따랐다. 그러나 이를 주저한 회사도 있었는데, 케터링의 발명품을 모두를 위한 기능 향상이 아닌 여성의 편의를 봐준 조치로 여겼기 때문이다. 그들은 그 기이한 장치가 확실히 우아하긴 하지만 그리 필요친 않다고 생각했다.

《뉴욕타임스》는 이 혁신을 "숙녀의 편리와 편의를 위한 또 하나의 아이템"으로 묘사했다.**22** 그 뒤에는 크랭크를 돌릴 수 없는 사람, 운전을 더 쉽게 해 달라고 온갖 요구를 해대는 사람, 전기 시동 장치를 달아야 하던 사람은 바로 여성이라는 의미가 숨어 있다. 포드의 모델 T는 1920년대가 되어서야 전기 시동 장치를 달았다. 그때까지 포드 자동차에서 크랭크를 빼고 전기 시동 장치를 달고 싶은 사람은 추가 부품을 구매해야 했다.[23]

한 광고는 이렇게 말한다. "여성들도 완전한 자유와 편안함을 누리며 포드 자동차를 운전할 수 있습니다. 자동차에 스플리도르프-아펠코의 전기 시동 장치와 전등 시스템을 장착한다면 말이죠." 또 다른 광고는 말한다. "**그녀**도 당신의 포드를 운전할 수 있게 해 주세요."[24]

그러나 케터링이 한 일은 단지 전기차의 여러 장점 중 하나(운전석에서 엔진 시동을 걸 수 있음)를 휘발유차에 통합한 것이었다. 그렇게 휘발유차의 이점과 전기차의 편안함이 합쳐진 제품이 등장했다. 이 차가 머지않은 미래에 세계를 장악한 것이 그렇게 놀라운 일인가?

여전히 의문점은 남는다. 자동차 산업은 왜 그토록 오랫동안 자동차 시장을 둘로(남성을 위한 시장과 여성을 위한 시장으로) 나눌 것을 고집했을까? 어쨌거나 대부분의 가정이 차를 한 대만 구매할 수 있었다. 그런데 왜 진작 남성과 여성 모두에게 매력적인 자동차를 만들어 내려 하지 않았을까?

미국의 전기차 산업이 전기차에 내포된 여성성을 불평하느라 바쁠 때, 케터링은 편안함과 안전이라는 '여성적' 개념을 가져다 휘발유차에 통합했다. 이것은 처음에 자동차 업계가 비웃었던 여러 여성적 '장식'이 결국 표준이 되는 길고 긴 여정의 시작이었다. 시간이 흐를수록 휘발유차에는 전기 장치가 점점 더 많아졌다. '여성화'된 것이다.

그리고 이 차는 선풍적 인기를 끌었다.

이러한 변화는 운전을 상류층의 사치스러운 취미에서 평범한 사람들을 위한 활동으로 탈바꿈시켰다. 크랭크를 돌려야 하는 한 휘발유차는 제시간에 일터에 도착해야 하는 이들에게 아무 소용이 없었고, 그러므로 계속 여가나 스포츠 용품으로 남아 있었다. 자동차 제조업체들은 오랫동안 '여성적' 가치로 여겨진 것을 휘발유차에 통합함으로써 시장의 크기를 키우고, 틈새 상품이었던 자동차를 집집마다 주차된 물건으로 바꾸어 놓았다.

"여성의 영향력이 휘발유차의 디자인에서 해마다 점점 더 뚜렷하게 드러나는 변화의 주요 원인이라는 결론을 내릴 수밖에 없다"라고 《일렉트릭 비히클》이 보도했다. 이 잡지는 이러한 영향력의 사례로 더 부드럽고 두터운 시트 덮개, 더 아름다운 라인, 더 간소한 제어 장치, 자동 점화 장치를 꼽았다. 이 모든 것은 '더 여린 성별의 편의를 봐준 증거'로 묘사되었다.[25]

흥미롭게도 자동차 산업은 오랫동안 오로지 여성만이 이러한 편안함을 요구한다고 여겼다. 자기 차에서 안전은 물론이고 편안함을 원하는 사람은 여성뿐이었다(남자들은 죽는 게 아무렇지 않았던 모양이다). 옷에 기름을 묻히기 싫은 사람도 여성,

턱이 깨지는 일 없이 엔진 시동을 걸고 싶은 사람도 여성이었다. 물론 이것은 터무니없는 생각이다. 왜 편안함은 그토록 오랫동안 최첨단의 기술 혁신이 아닌 여성적 장식으로 여겨졌을까? 왜 편리함과 수월함, 아름다움, 안전은 여성만 요구할 수 있는 특성이었을까? 남성 소비자가 괴저로 죽을 위험을 감수하지 않고 시동을 걸 수 있는 자동차를 원할지 모른다는 생각은 왜 그토록 받아들이기 어려웠을까? 사람들은 왜 그토록 오랫동안 남성이 빗속에서 운전하면서 흠뻑 젖기를 바란다고 생각했을까? 왜 남자들은 당연히 시끄럽고 냄새나는 자동차를 원할 거라고 생각했을까?

기술사학자 하이스 몸Gijs Mom이 말했듯이, 말을 이긴 이동 수단은 휘발유차가 아닌 전기차였다. 당시의 휘발유차는 기술이 너무 뒤떨어졌다. 그러나 일단 말이 사라지자 휘발유차가 시장을 장악하기 시작했다. 몸은 휘발유차가 성장한 것이 결코 생산 비용이 더 저렴해서가 아니었다고 말한다. 휘발유차의 생산 비용이 저렴해진 것은 전기차를 시장에서 어느 정도 몰아내고 난 뒤의 일이었다. 즉 휘발유차의 승리를 이끈 것은 가격이 아닌 다른 요인이었다.[26]

물론 중요한 원인 중 하나는 전기차의 배터리 문제였다. 당시 배터리 기술은 아직 초창기였고, 전기차 지지자들은 그 문제를 상쇄할 기반 시설(예를 들면 그물처럼 퍼진 배터리 교체 장

소)을 갖추는 데 성공하지 못했다. 그러나 여기에는 '문화적' 요
인도 있었다.

그리고 이 문화적 요인은 거의 전적으로 젠더에 관한 것이
었다.[27]

전기차와 휘발유차 제조업체는 공통적으로 그때까지 '여
성적'이라고 교육받은 것들을 경시하는 경향이 있었다. 전기차
산업은 여성을 위한 자동차를 만들었지만, 전기차가 지닌 많은
'여성적' 자질이 사실은 보편적인 것임을 깨닫지 못했다.

마찬가지로 많은 휘발유차 제조업체가 진정한 남자는 크랭
크로 시동을 건다는 생각을 필사적으로 고수했다. 그 과정에
서 양측 모두가 시장의 규모를 제한했다. 근본적으로 하등 쓸
모없는 남성성 개념을 지탱하기 위해서 말이다.

릴런드는 친구였던 카터가 턱이 깨진 뒤 괴저로 사망했을
때에야 모든 것을 달리 보기 시작했다(적어도 전설에 따르면 그렇
다). 그 사건은 릴런드가 케터링을 만나 이른바 '여성적' 선호와
'남성적' 선호를 융합해 만인을 위한 제품을 만들어 달라고 촉
구하게 한 티핑 포인트였다. 우리가 익히 알고 있듯이 그 만인
을 위한 제품은 거대한 시장이 되었다.

심지어 그로부터 한 세기가 더 지난 오늘날에도 많은 역사
학자와 저널리스트가 전기 시동 장치를 여성을 위한 혁신으로
묘사한다. 케터링은 영웅으로 묘사되는데, 그의 전기 시동 장치

(와 예술적 경지에 오른 남성의 공학 기술)가 여성 운전자를 위해 정중히 문을 열어 주었기 때문이다.

릴런드도 캐딜락에 설치할 전기 시동 장치를 의뢰할 때 아마 비슷한 생각을 했을 것이다. 그가 카터의 죽음을 표현한 방식이 명백히 그 방향을 가리킨다. 그의 말에는 전기 시동 장치가 크랭크를 돌리지 못하는 기구한 여성을 돕다가 더 많은 남성이 사망하는 일을 막기 위해 꼭 필요한 조치였다는 뜻이 숨어 있다.

그러나 케터링의 혁신은 사실 그와 전혀 달랐다. 케터링의 발명품은 남성 운전자와 여성 운전자의 경계를 재정의했고, 이로써 모두를 위한 새로운 시장을 만들어 냈다.

이것이 바로 전기 시동 장치가 그토록 획기적인 이유다. 이 장치 덕분에 여성이 운전을 할 수 있게 되어서가 아니다. 여성들은 이미 운전을 잘하고 있었다.

베르타 벤츠에게 물어보라.

여기서 다음과 같은 질문이 나온다. 우리의 젠더 관점이 달랐다면 상황이 다르게 흘러갈 수도 있었을까? 100년 전에는 전기를 사용하는 소방차와 택시, 버스가 전 세계의 주요 대도시를 돌아다녔다. 그러다 싹 사라졌다. 그 대신 휘발유를 사용하는 기술이 지배적 기술 형태가 되어 공해와 소음, 악취를 일으켰다. 20세기 사회가 여성적이라는 이유로 전기차를 깔보지 않았다면 역사가 다른 길을 갔을까?

다른 미래를
상상하는 능력

120년 전의 전기차 기반 시설에 오늘날 봐도 놀라울 만큼 현대적인 요소가 있었다는 것은 부정할 수 없는 사실이다. 예를 들어 1900년대 초반에는 전기차를 대여하거나 주행 거리에 따라 요금을 내고 사용할 수 있었다. 전기 택시가 여러 도시를 배회하며 손님을 태웠다. 많은 전기차 사업가가 주장했듯이, 고객이 원하는 것은 집 밖에 세워 둘 값비싼 기계가 아니라 A 지점에서 B 지점으로 이동하는 것이었다. 시골의 귀족들은 시내로 나올 때 말과 마차를 이용할 필요 없이 새로 등장한 전기차 네트워크에 의지할 수 있다는 사실에 무척 기뻐했다.

즉 전기차가 득세했다면 또는 적어도 사라지지 않았다면, 이동 수단 개념 전체가 더욱 카셰어링car sharing✦과 카풀링car pooling✦✦ 중심으로 발전할 수 있었다는 뜻이다. 이 세계는 우리

✦   차량을 대여해서 사용하는 시스템.

✦✦ 목적지가 비슷한 사람들이 한 대의 차량으로 이동하는 시스템.

가 만들어 낸 세계보다 기술적으로 뒤떨어지지 않았을 것이다. 그저 지금과 다른 모습이었을 뿐이다.

　　이미 1800년대에 미국의 한 전기차 회사가 자동차 배터리를 단 75초 만에 교체할 수 있는 최신식 반자동 시스템을 갖춘 정비소를 뉴욕 중심에 세웠다.[28] 지금처럼 그때도 배터리가 전기차의 주요 문제였다. 그러나 전기 배터리 충전에 시간이 걸린다 해도 최소한 이론상으로는 이를 보완할 시스템을 갖출 수 있었다. 그게 바로 이 회사가 시도한 것이었다. 자동차를 타고 정비소로 들어가면 몇 분 안에 막 충전된 배터리를 설치해서 나올 수 있다. 그야말로 새로운 사고방식이었다.[29] 이런 사업 모델 중 하나가 성공을 거두었다면 우리는 오늘날과 같은 방식으로 자동차를 소유하지 않았을지도 모른다. 풍족한 생활이 꼭 모든 가정의 앞마당에 똑같이 생긴 자동차가 두 대씩 있는 것을 의미하지 않았을지도 모른다. 아니면 도시가 자동차 중심적인 장소가 되어 운전자들이 한 명씩 각각 자동차에 앉아 신호등이 초록색으로 바뀌길 기다릴 필요가 없었을지도 모른다. 혁신은 우리가 만드는 기계뿐만 아니라 그 기계에서 태어난 논리 안에도 있다.

　　윌리엄 C. 휘트니William C. Whitney는 1899년에 미국에 전국 규모의 전기차 네트워크를 깔기 위해 1백만 달러를 모은 투자자였다. 그는 이미 뉴욕의 노면 전차 네트워크를 전기화해 큰

돈을 번 경험이 있었다. 자동차의 전기화는 자연스러운 흐름처럼 보였다.

휘트니의 비전은 전국을 연결하는 전기식 교통 시스템을 마련하는 것이었다. 전동 열차가 도시와 도시를 연결하고, 도시 내에서는 전차와 전기차가 다닌다. 그러면 도시민은 자동차를 살 필요가 없다. 대신 전기식 교통 네트워크를 이용해 원하는 곳 어디든 갈 수 있을 것이다. 휘트니는 조용하고 깨끗한 전기차가 말과 마차를 대체하는 모습을 상상했다. 그 시스템은 멕시코시티와 파리 등지로 수출될 터였다. 휘트니는 야심이 컸다. 그는 그런 사람이었다. 오늘날 살아 있었다면 분명히 테드 토크TED Talk에 나와서 이 모든 계획을 번드르르하게 설명했을 것이다.

그러나 상황은 잘 풀리지 않았다.

뉴욕에서 네트워크를 개시하고 불과 1년 만에 회사는 고객의 신뢰를 거의 다 잃었다. 운영 상태가 엉망이었고, 운전자들은 자기가 뭘 하는지 몰랐다. 모든 것이 신속한 배터리 교체 시스템에 달려 있었지만, 값비싼 배터리들이 제대로 관리되지 않아 대개 고장 나고 말았다. 1901년이 되자 회사는 문을 닫아야 했다. 그러나 거창한 아이디어가 전반적인 사업 수완 부족으로 폭삭 망한 것은 역사에서 결코 처음 있는 일이 아니다. 어쩌면 다른 누군가가 이 모델을 더 밀어붙일 수도 있었다. 그러나 이 아이디어는 전기차와 함께 사라졌다.

그로부터 1세기 후, 우리는 다시 전기차로 자동차를 재창조하고자 애쓰고 있다. 일론 머스크는 안전하게 자기 전기차에 크리스털 꽃병을 달지 않았고, 오늘날에는 여성보다 남성이 더 전기차를 많이 탄다. 한편 젊은 사람들은 갈수록 자동차를 소유하는 것 자체에 의문을 품는다. 그런데도 현대적인 개인의 자유 개념에서 지역사회 계획에 이르기까지 여전히 모든 것이 휘발유차의 논리에 깊이 뿌리박고 있다. 베르타 벤츠가 포르츠하임까지 타고 간 바로 그 휘발유차 말이다.

결국 승리한 것은 어디든 원하는 곳으로 갈 수 있는 휘발유차의 성능이었다. 전기차는 안전성과 조용함, 편안함을 상징했다. 이 가치들에 본질적으로 여성스러운 점은 전혀 없다. 오히려 이것들은 인간적인 가치들이다. 안타깝게도, 그동안 우리가 '여성적'이라 불러 온 것들은 인간 보편적인 것으로 여겨지지 않는다. 만약 전기차가 '여성적'이라면 그건 전기차가 '열등'하다는 의미이기도 했으며, 이는 초기 전기차 산업이 부딪힌 개념 중 하나였다. 전기차 기술이 여성적인 것으로 여겨지지 않았다면(그 결과 위상이 낮아지지 않았다면) 전기차는 성공을 거둘 수 있었을까? 물론 알 수 없다. 전기차에 배터리 문제가 있었다는 사실은 부인할 수 없다. 그러나 이 문제를 보완할 사회 기반 시설이 갖춰졌다면, 적어도 대도시에서는 전기차가 제대로 기능했을지 모른다. 결국 그렇게 되지 않았지만.

당시 찰스 F. 케터링이 전기 시동 장치로 해낸 것은 휘발유차를 모두를 위한 차로 바꾼 일이었다. 그는 다칠 위험 없이 편안하게 시동을 걸 수 있는 특성을 '숙녀만을 위한' 것으로 이해하려 하지 않았다. 전기차 산업은 자기 틀에서 벗어나려는 시도 비슷한 것조차 하지 않았다. 그런 것이 가능이나 했다면 말이지만. 그때 휘발유차의 가격이 점점 낮아졌고, 석유 가격 또한 낮아졌다. 이후 전기차를 되살리려는 시도는 석유 산업의 강력한 저항에 부딪혔다.

즉, 우리는 20세기 초반의 전기차가 실제로 존재할 수 있는 세상을 대변했는지 알 수 없다. 그러나 확실히 말할 수 있는 것은, 젠더 관념만큼 우리 생각을 깊숙이 형성하는 요소는 많지 않다는 사실이다. 젠더 관념은 우리가 어떤 기계를 개발할지에 영향을 미친다.

더 나아가 우리가 어떤 미래를 상상할 수 있을지에도.

기술

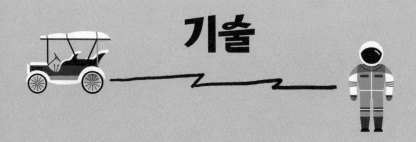

3장

브래지어와 거들이
인류를
달로 데려간 이야기

1941년 12월 7일 일요일 아침, 일본군 비행기가 진주만을 공습했다. 에이브럼 스파넬Abram Spanel은 이 공격이 자기 사업에 문제를 일으킬 것임을 직감했다.[1]

스파넬의 회사는 라텍스 상품을 생산했다. 최근에는 미국인 여성의 몸을 당시 유행하던 모래시계 형태로 조여 주는 라텍스 제품인 리빙 거들Living Girdle로 큰 성공을 거둔 참이었다. 거들을 착용하면 몸을 압축해서 더 호리호리하게 만들 수 있었고, 그러면서도 뇌에 산소 공급이 중단되지 않을 수 있었다.

유행에 맞게 몸의 형태를 바꾸는 것은 옛날부터 여성 신체에 부과된 여러 의무 중 하나였다. 그러나 라텍스 거들은 고래 수염으로 만든 코르셋과 달랐다. 여성의 몸을 날씬하게 만들어 줄 뿐만 아니라, 몸을 굽혀 신발 끈을 묶을 수 있게도 하는 획기적인 의복이었다. 이 혁신적인 재료는 여성에게 전에 없던 움직임의 자유를 허락했다. 광고는 심지어 거들을 입고 테니스까지 칠 수 있다고 주장했다. 물론 땀범벅이 되겠지만 여기에도 나름의 장점이 있었으니, 땀을 흘리면 살이 빠진다는 것이었다. 라텍스 거들은 여성의 뱃살을 녹여 없애 주거나, 그렇지 않으면 최소한 갈비뼈 아래로 밀어 넣어 줄 수 있었다.

그러나 일본군 비행기가 전쟁에서 한발 물러나 있겠다는 미국의 희망을 날려 버렸다. 하와이 해변에 시체가 쓸려 왔고, 일본군의 공격에서 멀쩡하게 빠져나온 미국 태평양 함대의 전함은 딱 한 대뿐이었다. 스파넬은 당분간 고무가 여성용 보정 속옷이 아닌 트럭 타이어나 군용 우비에 배정되리란 것을 깨달았다. 그러면 어떻게 해야 하지?

그는 겁을 집어먹는 사람이 아니었다. 스파넬은 20대 초반에 이미 청소기 산업에서 수백만 달러를 벌어들인 경험이 있었고, 진주만 공습 이후에도 자신이 나아갈 방법을 찾으리란 것을 믿어 의심치 않았다. 그러나 1941년 12월 8일, 일본군이 당시의 영국령 말라야를 침공했다. 이건 스파넬에게도 큰 문제였다. 영국령 말라야는 고무나무의 생산지였다. 스파넬은 일요일에 국내 시장이 끝장나는 것을 목격한 뒤, 월요일에 공급 사슬과 단절되었다.

알고 보니 이 사건은 사업적 측면에서 그를 찾아온 가장 큰 행운 중 하나였다.

고무의
융통성

고무나무는 키가 40미터까지 자란다. 칼로 나무껍질을 잘라 내면 손 위로 라텍스가 흐르기 시작한다. 이 액체를 응고시키면 타이어에서 거들, 수술용 장갑까지 무엇이든 만들어 낼 수 있다.

아마존 우림의 자연은 수백만 헥타르에 이르는 땅 위에 여기저기 고무나무를 흩뿌려 놓았다. 그러나 1876년에 영국인 헨리 위컴Henry Wickham이 고무나무 씨앗 7만 개를 영국으로 실어 오는 데 성공했고, 그 과정에서 국제 무역의 균형을 크게 바꾸어 놓았다.

백인 우월주의에 빠져 있던 위컴은 이 사건이 빅토리아시대풍의 용맹한 식물 밀수 모험담인 것처럼 행세했다. 그 지역 주민들은 고무나무가 얼마나 귀중한 것인지도 몰랐다! 그들을 속인 위컴은 정말로 영리한 사람이었다!² 그러나 진실은 전혀 달랐다.

사실 위컴은 아마존 토착민의 도움을 받아 고무나무 씨앗을 모았다. 씨 한 개의 길이가 2센티미터였으므로 씨앗 7만 개를 몰래 주머니에 넣어 도망치는 것은 불가능했다. 그러나 진실이 훌륭한 이야기를 방해할 필요가 어디 있겠는가? 1938년의 한 독일 영화는 위컴을 아마존 정글에서 아나콘다와 전투를 벌이는 인물로 묘사했다. 이 모든 이야기는 당시 잉글랜드에서 딱 봐도 크게 환영받았다. 적절한 인종차별주의적 뉘앙스가 담겨 있었기 때문이다.

그러나 인기가 있다고 해서 거짓이 진실이 되진 않는다.

위컴은 용맹한 영웅이 아니었다. 그는 식물에 대해 아는 것이 별로 없는 평범한 영국 제국주의자였다. 그럼에도 그는 국제 무역의 형태를 바꾼 사람이 되었다. 결국에는 말이다.

모두가 알다시피, 나무는 자라는 데 시간이 걸린다.

그 당시 제철소와 철로, 공장은 전부 고무가 필요했다. 전신 케이블과 관개 호스, (특히) 타이어도 고무로 만들어졌다. 이 크나큰 수요를 고려해 영국 정부는 위컴이 훔쳐 온 씨앗을 런던 남서쪽의 큐에 있는 왕립식물원을 거쳐 아시아의 식민지에 옮겨 심었다. 말라야에서는 1년 내내 라텍스를 수확할 수 있었고, 현지의 곤충도 고무나무를 크게 공격하지 않았다. 급증한 고무 플랜테이션으로 남아메리카의 천연 우림에서보다 훨씬 많은 양의 고무를 생산할 수 있었다.

플랜테이션으로 고무 생산량이 급증하는 데는 수십 년이 걸렸지만(그리고 수차례의 고무 버블이 발생했지만), 제2차 세계대전이 발발할 무렵에는 전 세계 고무의 90퍼센트가 영국령 말라야에서 생산되었다. 일본군의 진주만 공습으로 에이브럼 스파넬이 곤경에 처한 이유가 바로 이것이었다.

미국은 즉시 합성 고무 생산을 늘리기 시작했다. 한편 스파넬도 전시 경제에 적응했다. 그의 회사는 고무 거들과 돗자리, 라텍스 기저귀 생산을 중단하고 미 해병대를 위한 구명정과 미 공군을 위한 헬멧을 제조함으로써 파산을 피할 수 있었다. 평화가 찾아오자 북미의 민간 소비가 다시 늘어났고, 스파넬은 새로운 소비재의 시대를 맞이할 준비가 되어 있었다.

크리스챤 디올은 해방된 파리에서 전후 시대의 실루엣을 규정했다. 잘록한 허리와 풍성하게 흐르는 치마가 당시의 유행이었고, 스파넬의 고무가 또다시 여성의 신체를 감쌌다. 돈이 쏟아져 들어왔다.

1947년에 그의 회사인 ILCInternational Latex Corporation는 네 개 부문으로 나뉘었다. 거들을 생산하던 부문은 플레이텍스Playtex로 이름이 바뀌었다.3 플레이텍스는 거들과 함께 브래지어를 생산하기 시작했고 큰 성공을 거두었다. 이름 교체와 더불어 여성 소비 시장을 겨냥한 야심 찬 브랜딩 작업이 진행되었다. 오후의 주부 대상 텔레비전 프로그램을 후원했고, 주간지에 공격적으로 광고를 개시했다. 플레이텍스는 곧 브랜드명을 여성 속옷과 동의어로 만드는 데 성공했다. 오늘날 스팽스Spanx가 몸매 보정용 바지와 동의어가 된 것처럼 말이다.

그러나 스파넬은 전쟁이 끝난 뒤에도 회사의 군용 제품 부문을 없애지 않았다. 어쨌거나 계속 수익을 내고 있었기에 문을 닫을 이유가 없었다. 군대에서는 여전히 엄청난 양의 장비를 구매하고 있었다. 그래서 ILC는 이 사업 분야를 발전시킬 연구 프로그램에 투자했다. 곧 공군과 해병대를 위한 헬멧과 복장이 개발되기 시작했다. 여성을 위한 몸매 보정 속옷과 군수품은 같은 지붕 아래서 생산되는 상품처럼 보이지 않을 수 있지만, 융통성이야말로 고무의 특성 중 하나였다. 소재에서 사업 모델이 나온 셈이었다.

이것이 바로 1969년 6월, 달 착륙선의 계단을 내려오던 닐 암스트롱이 여성용 속옷을 깁는 고된 기술을 익힌 여성 재봉사들이 만든 우주복을 입고 있었던 배경이다.

닐 암스트롱을 살린 우주복

절대진공 상태에서는 온도가 있을 수 없다. 그러므로 우주에는 온도가 없다. 물론 온도를 가진 입자들은 있다. 열은 복사를 통해 흡수되거나 방출되고, 그러므로 우주 비행사의 체온은 신체에서 내뿜는 열기와 멀리 떨어진 별의 복사열 간의 균형에 좌우된다.

달의 밝은 면의 온도는 섭씨 120도까지 오를 수 있는 반면, 어두운 면의 온도는 영하 170도까지 떨어질 수 있다. 한편 우주 자체의 온도는 아무것도 움직이지 않는 절대영도로부터 3도 이상 높지 않다. 즉, 인간이 우주에서 생존하려면 옷을 입어야 한다.

유일한 문제는, 어떤 종류의 옷이냐는 거다.[4]

철갑 우주복을 만드는 것이 한 방법이다. 우주 비행사는 그 단단한 구조물 안에서 소변과 대변을 해결하고 호흡하고 생존할 수 있다. 그러나 우주 비행사는 움직일 수도 있어야 한다. 몸을 굽히고, 비틀고, 늘이고, 뛰고, 달의 모래를 향해 손을 뻗고, 떨어진 나사를 손가락으로 집어서 제자리에 끼울 수 있어야 한다. 그리고 이 모든 것을 해내는 동시에 시속 3만 6000킬로미터로 날아오는 우주 먼지로부터 몸을 보호해야 한다.

미국은 1961년에 인간을 달에 보내기로 결정했다. 같은 해에 그 인간이 남자가 되리라는 것도 정해졌다. 오로지 미국의 전투기 조종사만 우주 비행사가 될 수 있다는 결정 때문이었다. 미국인 여성은 전투기 조종사가 될 수 없었기 때문에 남는 것은 남성뿐이었다. 1963년 초에 소련이 여성 우주 비행사인 발렌티나 테레시코바Valentina Tereshkova를 우주로 보냈다. 그러나 우주와 관련해서 소련이 실시한 거의 모든 것과 달리, 이 사실은 미국에게 별 고려 대상이 아니었던 것 같다.

어쨌거나 미국인 남성은 달에 가야만 했고, 달에서 무언가를 입어야 했다. 그래서 1962년에 나사NASA는 사기업 여덟 곳에 우주복 개발을 도와달라고 요청했다. 그 회사 중 한 곳은 우주 경험은 전무했지만 라텍스 경험은 무척 풍부했다. 물론 여기서 말하는 회사는 플레이텍스라는 브랜드명으로 여성 속옷을 팔아 큰 성공을 거둔 자랑스러운 회사, 에이브럼 스파넬의 ILC다.

ILC는 다른 회사의 디자인과 달리 부드러운 우주복을 내놓았다. 어쨌거나 부드러움은 ILC의 전공 분야였다. 이 옷은 21겹의 천으로 이루어졌고 손으로 직접 꿰매야 했다. 결국 1등을 차지한 것은 이 부드러운 우주복이었다. 그러나 나사는 경계심이 많았고, 속옷 회사에 우주복 제작 지휘를 맡길 엄두를 내지 못했다.

나사가 내놓은 해결책은 ILC를 군사 기술 전문 기업인 해밀턴 스탠더드Hamilton Standard의 하청업체로 만드는 것이었다. 두 회사가 합심해 새 우주복을 개발할 수 있으리라는 생각이었다. 그러나 ILC에서 브래지어를 만드는 사람들과 해밀턴에서 대포를 만드는 사람들 사이에 엄청난 문화적 충돌이 있었고, 이 강제적 협업의 결과물로 나온 우주복은 사용이 불가능했다.

그러나 닐 암스트롱은 여전히 입을 옷이 필요했다.

1965년, 나사는 또 한 번 경쟁을 붙였다. 세 개 회사에서 만든 세 개의 우주복이 휴스턴에서 22번의 테스트를 거쳤다.[5] ILC에서 손으로 직접 기워 만든 부드러운 우주복이 다시 한번 큰 차이로 우승을 차지했다. 공군 장성에게 제출한 기록을 보면 다른 우주복은 ILC 우주복의 근처에도 못 간다고 쓰여 있다. "2위는 없습니다." 아마 다른 우주복들은 헬멧이 테스트 중에 날아갔거나, 어깨가 너무 넓어서 착륙선의 해치를 통과하지 못했을 것이다. 이 실험이 진짜였다면 그 가없은 우주 비행사는 평생 달에 발이 묶였을 것이나…… 다행히도 그 우주인은 텍사스의 휴스턴에 있었다.

도대체 누가 옷은 중요치 않다고 말했던가?

ILC는 두 번째로 승리를 거뒀지만, 인류를 달에 보내는 임무에 정말 참여할 수 있으리라고는 감히 믿지 못했다. 해밀턴 스탠더드와의 협업이 얼마나 엉망으로 끝났는지를 생각하면 더욱더 그랬다. 그래서 ILC는 또 한번 연구에 착수했다.

1968년, ILC는 나사에게 자신들이 이룬 성취를 보여 주고자 했다. 이들은 보고서를 보내는 대신 새 우주복을 들고 동네 고등학교의 축구장으로 향했다. ILC의 기술자 중 한 명이 우주복을 입었고, 사람들은 그가 달리고, 공을 차고 던지고 패스하는 모습을 영상에 담았다. 기술자는 빙글빙글 돌고, 온몸을 쭉 뻗고, 허리를 굽혀 손끝을 발끝에 댔다. 이 우주복은 고래수염으로 만든 코르셋과는 달랐다.

이렇게 해서 아폴로 우주복은 여성 속옷 전문 재봉사들이 손으로 직접 기워 만든 부드러운 의복이 되었다. 정말 다행스러운 일이었다. 1969년 7월, 닐 암스트롱과 버즈 올드린은 달에 발을 내딛기 전 착륙선에서 세 시간에 걸쳐 옷을 갈아입어야 했다. 결국 그 과정에서 둘 중 한 명이 몸을 돌리다 산소통으로 회로 차단기를 부쉈다. 올드린이 무미건조하게 한 말처럼, 안타깝게도 그 차단기는 "닐과 나를 달에서 이륙시킬 상승 엔진에 전력을 공급할 수 있는 유일한 차단기"였다.[6]

아이구야.

휴스턴의 땅 위에서 기술자들은 해결책을 찾으려고 밤새 고심했다. 그러나 결국엔 올드린이 차단기에 펜 하나를 끼워 넣는 단순한 방법으로 문제를 해결했다. 이렇게 해서 올드린과 암스트롱은 달을 떠날 수 있었다. 우주 비행사들이 항해 내내 단단한 철갑 우주복을 입고 있었다면 얼마나 많은 장비를 부쉈을지 쉽게 상상할 수 있다. 그러나 그들은 그런 우주복을 입지 않았다.

부드러운 우주복을 바느질한 사람은 여성이었다. 당시 재봉사가 대부분 여성이었기 때문이다. ILC는 브래지어와 라텍스 기저귀를 만들던 자사 최고의 재봉사들을 우주 부문으로 옮겼다. 당연히 약간의 조정이 필요했다. 예를 들면 재봉사들에게는 한 번에 한 땀만 박을 수 있게 개조한 특수 재봉틀이 주어졌다. 이것이 솔기를 완벽하게 일직선으로 박을 수 있는 유일한 방법이었다. 본질적으로 우주선과 브래지어는 요구 조건이 상당히 달랐다. 비록 둘 다 중력의(또는 중력 없음의) 영향을 완화하기 위한 것이지만 말이다.

또한 재봉사들은 핀을 사용할 수 없었다. 우주복 한 벌을 만들려면 4000개의 천을 21겹으로 겹쳐야 했는데도 말이다. 우주복에 핀을 꽂으면 구멍이 생긴다. 아무리 작은 구멍이라 하더라도 차갑고 치명적인 우주가 그 안으로 남몰래 들어와 우주 비행사를 죽일 수 있었다. 이러한 이유로 ILC는 엑스레이 기계를 설치해 겹겹의 천에 핀과 구멍이 있지는 않은지 꼼꼼히 확인했다.

그러나 전반적으로 문제는 우주복이 아니었다. 바느질도, 재봉틀도 아니었다. 스트레스가 심했던 제작 과정 내내 가장 큰 문제가 된 것은 바로 고객과의 커뮤니케이션이었다.

그 고객은 나사였다.

더 구체적으로 말하면, 나사의 엔지니어들은 ILC의 재봉사들과 대화하는 법을 알지 못했다. 재봉사들 또한 나사의 엔지니어들과 대화하는 법을 몰랐다. 그들은 대개 서로 딴소리를 했고, 이러한 대화는 종종 심각한 오해를 낳았다. 요약하자면 그들은 같은 언어를 사용하지 않았다.

나사는 기술 도면을 요구했고, 재봉사들은 패턴을 사용했다. 나사는 원본을 포함해 우주복에 사용된 모든 요소의 상세한 기록 문건이 필요했다(항공 모터를 만들 때는 그렇게 한다!). 이에 대해 재봉사들은, 공손하게 말하자면, 아주 조금도 개의치 않았다. 그들은 4000개의 천을 꿰매야 했고, 천의 특성에 대한 지식은 종종 공학 용어로 표현할 수 없었다. 이들의 지식은 부드러운 천과 날카로운 바늘이라는 또 다른 세계에서 온 것이었다.

1967년에 ILC가 첫 번째 우주복을 보냈을 때 나사는 이를 거부했다. 기술적 흠 때문이 아니라, 제작 과정에 필요한 서류가 '갖춰지지 않았'기 때문이었다.[7]

이런저런 소동 끝에 ILC는 결국 숙련된 엔지니어들을 고용해 따로 팀을 꾸렸다. 이들의 임무는 나사와 재봉사 사이에서 쿠션 역할을 하는 것이었다. 이들은 바늘과 실의 언어를 공학 언어로 번역해 나사의 관료들을 만족시켜야 했다.

나사에겐 기쁘게도, 이 새로 고용된 엔지니어들은 어마어마한 양의 서류를 만들어 냈다. 이것이 바로 나사가 원하던 것이었다. 우주복마다 산더미 같은 도안을 갖춘 방대한 서류가 마련되었다.

그러나 재봉사들은 이 도안을 사용하지 않았다. 재봉사 한 명은 이렇게 말했다. "종이 위에선 괜찮아 보일 수 있겠죠. 하지만 내가 저 종이를 꿰맬 건 아니에요."

그럼에도 이 종이 뭉치는 중요한 기능을 했는데, 그 기능은 바로 나사를 안심시키는 것이었다. 도식화 작업은 고객이 이해하는 언어로 재봉사의 역량을 전달했다.

이것이 결정적이었다.

오늘날 누군가가 1969년의 달 착륙을 이야기하면 우리는 하얀색 우주복을 떠올린다. 분화구로 가득한 낯선 천체의 잿빛 풍경과 부드러운 천의 이미지. 이 우주복은 달 탐사의 상징이 되었고, 우리는 아폴로 11호의 화신인 이 옷을 잘 개켜서 세계 역사 속에 수납해 두었다.

✳

1000년 된 바늘과 실 기술이 없었다면 우리는 달에 도착하지 못했을 것이다. 이 기술은 보통 남성보다는 여성과 결부된다. 역사상 가족이 입을 옷을 만드는 일은 여성에게 주어졌고, 그 결과 재봉은 우리가 좀처럼 하나의 기술로 바라보지 않는 기술이 되었다. 그렇다 해도 반짝반짝 빛나는 부드러운 소재 여러 겹을 정확하게 꿰매 만든 커버로 우주선을 씌워야 우주에서 단열이 된다는 사실은 변하지 않는다.

나사는 지금도 재봉사를 고용하고 있다. 예를 들어 디지털 카메라를 우주에 가져가고 싶다면 먼저 카메라에 씌울 커버를 재봉해야 하며, 이 커버는 장갑을 벗지 않고도 카메라를 조작하고 배터리를 교체할 수 있는 것이어야 한다. 그렇기에 카메라 커버는 결코 만들기 쉽지 않다. 그럼에도 우리는 부드러운 것을 어딘가 덜 전문적인 것으로 여기곤 한다.

이는 주로 여성과의 연관성을 대하는 태도다.

기술은 남성이 커다란 생명체를 죽이기 위해 딱딱한 금속으로 만드는 것이라고, 우리는 그렇게 배운다. 대놓고 말하진 않을지 몰라도, 실제로 어린 시절 우리에게 주어지는 서사는 다음과 같다. 먼 옛날(인 선사시대)에, 사람들은 동굴 바닥에 앉아 덜덜 떨고 있었다. 그러다 우리의 남성 조상 중 한 명이 막대기에 뾰족한 돌을 달아서 매머드를 사냥하겠다는 생각을 했다. 그렇게 기술 발전이라는 긴 여정이 시작되었다.

그렇기에 우리는 혁신하고자 하는 욕구가 주변 세상을 죽이고 정복하려는 욕구와 불가분하게 얽혀 있다고 믿는다. 그러나 이 서사가 정말 사실일까? 이 서사는 경제에 어떤 영향을 미칠까?

창이 뒤지개보다
먼저 나왔을 거란 착각

대량 생산된 페니실린에서 필라테스 리포머✦에 이르기까지 온갖 것이 군대에서 처음 만들어졌다는 말을 들어 봤을 것이다. 강대국이 하늘의 지배권을 놓고 다투면서 비행기가 개발되었고, 이들이 달 착륙 경쟁을 벌이면서 로켓과 위성, 벨크로가 생겨났다. 원자 폭탄이 없었다면 원자력도 없었을 것이고, 레이더가 없었다면 전자레인지도 없었을 것이다. 잠수함과 라디오, 반도체, 심지어 인터넷까지, 이 모든 것이 직간접적으로 20세기의 세계대전에서 태어났다.

제2차 세계대전 당시 윈스턴 처칠은 '흰 토끼 6번White Rabbit Number Six'이라는 이름으로 알려진 거대한 참호 굴착기 개발에 개인 시간을 투자했다.[8] 이 굴착기는 별 성공을 거두지 못했다. 그러나 이처럼 영국 총리가 자기 시간을 들여 기계 하나의 제작을 감독했다는 사실은 전쟁에서 기술 혁신이 얼마나 중요하게 여겨지는지를 잘 보여 준다.

가장 좋은 도구를 가진 쪽이 승리한다.

그러나 전장의 현실은 그리 최첨단이 아니었다. 물론 1941년

✦ 필라테스에서 사용하는 침대 형태의 운동 기구.

에 소련을 침공했을 때 아돌프 히틀러에게는 크고 강력한 3250대의 독일제 탱크가 있었다. 그러나 그에게는 60만 마리의 말 또한 있었다.[9] 제2차 세계대전은 우리가 상상하는 만큼 기계화된 전쟁이 아니었다. 전쟁 박물관을 방문하면 반짝이는 기계들이 줄줄이 당당하게 전시된 모습을 볼 수 있지만, 대포를 전선까지 끌고 가는 데 이용된 동물들은 그만큼 드러나지 않는다. 어쨌거나 전쟁 박물관은 동물원이 아니지 않은가. 그리고 그만큼 우리는 현혹된다.

게다가 전쟁에서 이기기 위해 발명된 수많은 기계는 승리에 크게 이바지하지 않았다. 원자 폭발 개발에 들어간 비용은 20억 달러였다.[10] 미국은 그 금액으로 비행기와 폭탄을 구매해서 그만큼 많은 사람을 죽일 수 있었을 것이다.[11] 일본을 초토화하는 것이 목표였다면 말이다.

여기서 다음과 같은 경제적 요점이 드러난다. 전쟁은 그 본질상 혁신을 통해 창출하는 경제적 가치보다 파괴하는 경제적 가치가 훨씬 크다.[12] 경제사학자 대다수가 여기에 동의한다.[13] 사실 이 문제는 꽤 명백하다. 그렇다면 왜 우리는 폭력과 죽음이 있어야만 무언가 새로운 것을 만들어 낼 수 있다고 생각하는 걸까?

헨리 티저드Henry Tizard 경은 제2차 세계대전 당시 영국 항공성과 항공기 생산부의 수석 과학 고문이었다. 그랬기에 그는 레이더와 제트 엔진, 원자력 등등의 발전에 무척 중요한 역할을 했다. 그러나 1948년에 한 연설에서 그는 몇 가지 분야를 제외하면 전쟁은 과학을 아주 조금도 증진하지 않는다는 결론을 내렸다. 전반적으로 그는 전시 상황에서 "지식 발전의 속도가 느려진다"라고 생각했다.[14]

우리는 세상을 산산조각 낸 다음 그 참혹한 현장에서 페니실린을 대량 생산하는 데 성공한다. 물론 페니실린을 대량으로 배포할 수 있었던 것은 축복이지만, 이처럼 좋은 것이 꼭 나쁜 것에서 나와야 한다는 자연법칙은 없다. 600만 명을 죽여야만 인터넷을 얻을 수 있는 것은 아니다. 기술의 신에게 어마어마한 양의 인간 제물을 바쳐야 그 대가로 벨크로와 레이더를 얻을 수 있는 건 아니라는 말이다.

필요는 발명의 어머니라고들 하지만, 돈도 여기에 도움이 된다. 전쟁(또는 전쟁의 위협)은 국가가 가진 모든 것을 혁신에 쏟아붓게 만든다. 우리가 냉전에 들인 돈만큼 기후 위기에 대응하는 데 돈을 들였다면, 현재 세상은 어떤 모습일까? 아마 해결책에 조금은 더 가까워졌을 것이다. 그러나 어째서인지 우리는 인간의 독창성이 발휘되려면 어느 정도 피와 죽음이 필요하다는 생각에 빠져 있다. 여기서 다시 우리는 과학기술사에 대한 심각한 오해로 되돌아간다.

여성을 배제해야 한다는 완강한 주장에서 비롯된 오해 말이다.

만약 여성이 참여한 활동은 기술로 간주되지 않고 남성은 어쩔 수 없이 점점 더 전쟁에 특화된다면, 과학기술사에 대한 우리의 이해에서 폭력과 죽음이 너무 큰 비중을 차지하게 될 것이다.

도구를 만들고 사용하는 인간의 능력은 수백만 년 전까지 거슬러 올라간다. 심지어 우리의 친척인 침팬지도 도구를 만든다. 이를 통해 학자들은 최초의 도구가 돌이 아니라 나뭇가지나 다른 쉽게 부패하는 재료로 만들어졌으리라 추측하게 되었다. 여기서 '쉽게 부패한다'는 것은 35만 년을 견뎌 낼 확률이 낮다는 뜻이다. 이러한 이유로 우리는 최초의 도구에 대해 아는 바가 별로 없다. 그 도구들은 사라진 지 오래다.

그러나 인간이 발명한 도구가 사냥을 위한 것이었으며, 그러므로 (아마) 남성이 발명했다는 것은 결코 자명하지 않다. 원시시대에 사용한 도구인 뒤지개를 예로 들어 보자. 뒤지개는 나무 막대기의 끝을 날카롭게 다듬고 불을 이용해 단단하게 만든 것이다. 이 막대기가 인류에게 새로운 세상을 열어 주었다. 손에 뒤지개를 쥐자 갑자기 땅속에 접근할 수 있었다. 땅속에는 이빨을 박아 넣을 맛 좋은 곤충뿐만 아니라 얌 뿌리도 있었다. 고구마의 일종인 얌은 뿌리가 1미터까지 자라서 맨손으로 파내기가 거의 불가능했다.[15]

우리는 창과 뒤지개 중 무엇이 먼저 발명되었는지 모른다. 흥미로운 것은 서사다. 우리는 분명히 창이 먼저 나왔을 거라고 생각한다. 인간의 혁신은 반드시 무기와 함께 시작되었을 것이다. 그러나 먹을거리를 모으던 여성이 먼저 날카로운 막대기를 발명한 뒤 나중에 그 막대기를 사냥에 사용했을 가능성도 있다.

여성이 뒤지개를 발명했을 것이라고 추측하는 이유는 대부분의 수렵·채집 사회에서 발생한 노동 분업 때문이다. 남성은 주로 사냥을 하고 여성은 주로 음식을 모았다. 동물의 왕국은 그렇지 않다. 사자와 호랑이, 표범, 늑대, 곰, 여우, 족제비, 돌고래, 범고래에게 물어보라. 그러나 인류에게도 여성 사냥꾼이 있었다. 최근에 수렵 장비를 든 9000년 된 여성 해골이 발견되었는데, 이로써 고대 부족에서의 젠더 역할에 대한 우리의 추측을 재고하게 되었다.[16]

어떻게 그렇게 됐는지는 모르지만, 어느 시점부터 인간 여성은 어린아이들을 키우고 음식과 의복을 준비하는 데 대부분의 시간을 썼다. 이러한 이유로 학자들은 회반죽과 맷돌을 발명한 사람, 음식을 모으고 운반하고 조리하는 방법을 알아낸 사람이 아마 여성일 것이라 추측한다.

경제에서 여성이 특화된 분야를 고려하면, 식량을 훈제하고 꿀이나 소금에 절일 수 있다는 사실을 발견한 사람 또한 여성이었을 것이다. 요리는 하나의 기술이다. 요리는 여러 물리적·화학적 발명을 수반하며, 제련과 도예, 염색 같은 다른 기술을 낳거나 그 기술에 이바지했다. 요리의 기술과 과정은 그냥 발견되는 것이 아니다. 실험을 통해서만 효율적이고 반복 가능한 체계를 만들어 낼 수 있다. 요리의 발명은 어쩌다 돼지를 불 위로 뻥 찼더니 맛있는 냄새가 난 것과는 다른, 훨씬 복잡한 과정이었다.

그렇다면 우리는 왜 곤봉과 창이 인간의 첫 번째 도구라고 추정하는 것일까? 이렇게 추정하면 인간 발명의 추동력이 주변 세상을 지배하려는 욕구와 연결되어 있다는 생각을 믿게 된다. 여성이 서사에서 지워질 때 인류는 본래와 다른 모습이 된다. 그리고 이런 식으로 더 나아가면 우리는 자신의 본성을 스스로 속이게 된다. 가부장제가 미치는 가장 심각한 영향 중 하나는 우리의 진짜 모습을 잊게 한다는 것이다.

만약 우리가 여성적인 것으로 코드화한 인간 경험의 측면들을 보편적인 것으로 재인식한다면, 인간이란 무엇인가의 정의가 통째로 변할 것이다. 가장 큰 문제는 늘 인간이 남성과 동일시된다는 점이다. 모두가 알다시피, 여성은 갈비뼈로 만든 일종의 부록이 아닌가.

우리는 이것을 문화에서 늘 발견한다. 윌리엄 셰익스피어의 희곡에서 덴마크의 백인 왕자 햄릿은 전 인류의 실존적 불안을 대변한다. 물론 어느 정도는 맞는 말이다. 문제는, 수많은 사람이 인류 보편이 될 권리를 똑같이 부여받지 못했다는 것과, 이것이 결국 우리의 인간성 개념을 제한한다는 것이다.

예를 들어 출산하는 사람의 서사는 전쟁에 나간 남성의 서사만큼 보편적인 것으로 간주되지 않는다. 출산 이야기는 인간의 기쁨과 고통, 신체의 광포함, 우리가 사랑하는 사람을 위해 무엇을 할 수 있는지에 대해 절대 말해 주지 못한다. 현대 문화에서 출산 서사는 언제나 '여성적'인 것으로 여겨진다. 이 서사는 아이를 낳지 않는 사람, 낳아 본 적 없는 사람, 미래에도 낳지 않을 사람에게 가닿지 않는다. 질에서 나와 빛을 만나는 것이 말 그대로 가장 보편적인 경험이 아니기나 한 것처럼.

기술사에서도 정확히 똑같은 일이 벌어진다. 남성이 사용하는 도구는 '히스토리history'에 속할 자격을 얻는 반면, 여성이 사용하는 도구는 '여성사women's history'로 넘어간다.

계몽주의 시대의 철학자 볼테르는 "지금껏 여성 학자도 있고 여성 전사도 있었지만, 여성 발명가는 존재한 적이 없다"라는 유명한 말을 남겼다.[17] 물론 이 말은 전적으로 틀렸다. 심지어 볼테르의 여자 친구는 그가 엄청난 도박 빚을 지고 수감되자 그를 빼내기 위해 새로운 금융 상품을 개발하기까지 했다.[18] 그러나 볼테르는 이 일을 전혀 염두에 두지 않았다. 그가 말한 '발명'은 아마 '커다란 기계'를 의미했을 것이다.

볼테르를 비난해선 안 될지도 모른다. 어쨌거나 우리는 학교에서 청동기 시대에 뒤이어 철기 시대가 등장한다고 배웠으니까. 이름에 정확히 '청동'과 '철'이 들어 있다. 그러나 솔직히 말해서 똑같이 쉽게 '도기 시대'나 '리넨 시대'로 이름 지을 수도 있었을 것이다. 흙에 열을 가하면 견고해진다는 사실, 그렇게 만든 토기를 음식이나 물 보관에 사용할 수 있다는 사실을 발견한 것은 청동이나 철을 발견한 것에 뒤지지 않는 기술적 위업이다.[19]

누가 정한
누구를 위한 규칙인가

역사학자 카시아 세인트 클레어Kassia St. Clair는 직물과 도기가 사람들의 일상생활에서 청동과 철보다 더 중요한 역할을 맡았을 텐데도 청동과 철처럼 시대를 구분하는 진보로 간주되지 않는다고 말한다. 금속과 달리 직물과 도기의 흔적은 오래전에 땅속에서 사라진 것이 사실이다. 그러나 직물과 도기가 압도적으로 여성의 세계에 속했다는 사실을 유념할 필요가 있다. 여성의 세계에 속하는 것은 당연히 기술이 될 수 없다. 역사 내내 우리는 각고의 노력을 기울여 이 구분을 유지해 왔다.

예를 들어 유럽 각지의 조산사는 불룩 튀어나온 산모의 배 위에 나무로 만든 나팔을 올린다. 이 나팔은 배 속에 기차가 있는 것처럼 칙칙 소리를 내는 태아의 심장 박동을 들을 수 있게 해 준다. 이 나팔이 금속이 아닌 나무로 만들어진 이유는 나무가 여성에게 더 적합하다고 여겨지기 때문이다. 알다시피, 재료라고 다 같은 것이 아니다. 역사 내내 어떤 재료는 여성적인 것으로, 어떤 재료는 남성적인 것으로 간주되었다. 그 결과 어떤 재료는 기술적인 것으로, 어떤 재료는 그만큼 기술적이지 않은 것으로 여겨졌다.

현대적인 조산술이 등장한 19세기에 조산사는 대부분 여성이었던 반면 의사는 전부 남성이었다. 당시에는 조산사의 일과 의사의 일을 구분하는 것이 매우 중요했고, 경제적 측면에서는 더욱더 그러했다(그렇지 않다면 의사의 고소득을 어떻게 정당화할 수 있었겠는가?).

그랬기에 대부분의 유럽 국가에서 조산사의 금속 도구 사용을 금지했다. 겸자를 이용해 아기를 꺼내야 할 때는 남성 조산사나 남성 의사가 겸자를 잡았다. 스웨덴은 예외였다. 1829년에 스웨덴의 조산사들은 전 세계에서 유일무이하게 금속 도구를 사용할 권리를 얻었다. 그러나 그것도 주변에 의사가 없을 때만 가능했다. 의사가 있으면 조산사는 자기 가방에서 도구를 꺼낼 수도 없었다.[20]

이 사실은 공식 규정집에 분명히 명시되었다.

그런데도 1920년대와 1930년대에 스웨덴을 방문한 영국과 미국의 파견단은 깜짝 놀라 스웨덴의 상황이 얼마나 다른지를 자국에 보고했다. 스웨덴의 의료 체계에서는 여성 조산사가 금속 겸자를 이용해 아기의 머리를 잡아당길 수 있었다. 충격적이었다. 그러나 이 체계는 효과가 좋아 보였다. 영국과 미국이 의사 수가 더 많고 의료 수준이 더 높았는데도, 스웨덴의 산모 및 영아 사망률이 당시 영국과 미국보다 더 낮았던 것이다.

그러나 조산술에서 '기술적'이라 여겨진 측면은 대부분의 국가에서 서서히 의사의 손으로 넘어가고 있었다. 누가 어떤 도구를 이용할 수 있느냐는 의학계에서 벌어지는 지위 협상의 핵심이 되었다. 금속 도구를 손에 쥔 남성에게 돈이 흘러간 것은 금지와 규제를 통해 정교하게 만들어 낸 '자연스러운' 질서의 당연한 결과였다. 이런 식으로 남성의 우월성을 명령하는 경제 논리가 유지되었다. 무엇이 기술인지를 정의하는 방식으로 말이다.

그리고 무엇이 기술이 아닌지를 정의하는 방식으로.

이것이 우리가 그동안 떠받들어 온 논리다.

오늘날 많은 경제학자가 여성이 '저임금 분야를 선택'한다는 주장으로 남녀의 임금 격차를 얼버무린다. 그저 여성이 컨설턴트 대신 간호사를, 제약업계 로비스트 대신 조산사를 고집스럽게 직업으로 선택하는 것이다. 그러나 다양한 직업과 관련된 '일'의 정의는 우리의 젠더 관념과 밀접하게 연결되어 있다.

우리의 젠더 관념이 지금과 달랐더라면 의사와 조산사의 분업은 완전히 다른 양상을 띠었을지도 모른다. 어쩌면 조산사의 역할이 분만실에서 첨단 기술을 사용하고 좋은 보수를 받는 의학 전공으로 발전했을지도 모른다. 어쩌면 조산사는 오늘날 하는 일뿐만 아니라 제왕절개까지 실시할 수 있었을지도 모른다. 그렇다면 조산사는 지금보다 교육을 더 많이 받아야 했을 것이고, 급료도 더 많이 받았을 것이다.

우리가 말 그대로 여성의 손에서 금속 도구를 빼앗지 않았더라면, 조산사가 의사보다 돈을 적게 받아야 한다는 것을 지금만큼 당연하게 여기지 않았을 것이다. 조산사의 일이 의사의 일만큼 숙련된 기술을 요하지 않는다고 생각지도 않았을 것이다.

어떤 직업은 기술적인 것으로, 어떤 직업은 기술적이지 않은 것으로 지정하고 그 둘의 위계를 나눌 필요가 없었다면, 우리의 의료 체계는 지금과 완전히 달랐을 것이다.

게다가 도구를 사용하는 직업이 꼭 고용 시장에서 더 높은 급여와 지위를 자랑해야 할까? 도구를 사용한다고 해서 반드시 그 일이 더 힘든 것은 아니다. 태아의 어깨 뒤쪽이 산모의 골반에 걸리면 조산사는 산도에 손을 넣어 태아의 팔을 잡아당겨 꺼내는데, 이는 결코 쉬운 일이 아니다. 여기에는 수년간의 훈련이 필요하다. 그러나 우리 경제는, 도구가 아닌 손으로 하는 일은 그리 전문 기술을 요구하지 않는다고 추정한다. '여성적'인 일이 저임금 노동과 동일시되는 것은 우리가 여성이 하는 일을 기술적인 것으로 바라보려 하지 않기 때문이다.

이와 유사하게, 버터를 만들고 크림을 분리하는 일은 오랫동안 주로 여성 노동자의 몫이었다. 여성들은 소의 젖을 짜고, 치즈를 만들고, 여물통을 나르고, 유제품의 물기를 걸러 줄 커다란 사발을 옮겼다. 이들은 버터 생산량을 기록하고, 50리터들이 우유통을 들고, 높은 선반 위에서 아직 마르지 않은 엄청난 양의 치즈를 뒤집었다.

어쨌거나 젖은 여성의 가슴에서 솟구쳐 나오는 것이었기에, 우유를 저어서 지방을 분리하고 압착하는 일 또한 여성의 재주에 속했다. 여성이 치즈를 만들길 바라지 않았다면 신은 여성에게 젖이 나오는 가슴을 주어선 안 됐다!

그러다 유럽이 산업화되었고, 19세기가 되자 버터와 치즈, 크림 생산은 농장에서 시내의 공장으로 자리를 옮겼다. 오래된 질서가 바뀌었다. 남성이 치즈에 관심을 보이기 시작했다.[21]

누군가는 유제품 생산 기술로 여성이 경제적 혜택을 얻었을 것이라 생각할지 모른다. 그때까지 그토록 열심히 만들어 온 버터의 경제적 가치가 커지기 시작했을 때 여성은 그 이득을 누렸어야 했다. 그러나 상황은 그렇게 흘러가지 않았다. 기계가 도착하자 남자들이 생산 현장을 장악하기 시작했다.

우유를 둘러싼 서사가 바뀌었다. 더 이상 소의 젖에서 여성의 신비가 액체 형태로 흘러나오지 않았다. 이제 우유는 물과 지방, 단백질, 젖당, 소금의 화합물로 여겨졌다. 이로써 우유는 대학에서 남자들이 분해하고 연구할 수 있는 것이 되었다.

스웨덴에서는 유제품과 관련된 각기 다른 두 개의 자격증이 도입되었다. 하나는 남성, 하나는 여성을 위한 것이었다. 남성은 기술을 배워야 했고, 여성은 치즈를 만들어야 했다. 이러한 구분을 통해 누가 더 큰 경제적 이득을 얻었을지는 그리 어렵지 않게 추측할 수 있다.

우리는 예술계에서도 똑같은 현상을 본다.

남성이 캔버스에 유화로 추상 작품을 그리면 그 작품은 예술이라 불린다. 여성이 직물로 똑같은 작품을 만들면 그 작품은 공예품이라 불린다.

그 결과, 하나는 뉴욕의 경매장에서 8600만 달러에 팔리고, 다른 하나는 여름 별장에서 식탁보로 쓰인다.[22]

물론 우리가 언제나 이렇게 직물을 경시했던 것은 아니다. 중세에 태피스트리는 왕실 연회장을 장식하는 지위의 상징이었고, 유럽과 달리 아프리카와 남아메리카에서는 여전히 직물을 예술 작품으로 여긴다. 그러나 핵심은 우리가 무엇에 '남성적'이고 '여성적'이라는 이름을 붙이느냐에 따라 엄청난 경제적 차이가 발생할 수 있다는 것이다.

여담으로, 많은 여성 예술가가 직물로 작업을 했던 유일한 이유는 여성으로서 회화 공부를 단념할 수밖에 없었기 때문이다. 역사적으로 여성은 여러 교육제도에서 배제되었기 때문에 어쩔 수 없이 '전통 지식'이라는 것에 더욱 의존해야 했다. 이것은 세계 여러 나라에서 지금도 마찬가지다. 여성은 대학이 아닌 자기 어머니에게서 치즈 만드는 법을 배웠고, 예술 학교가 아닌 이모에게서 직물 짜는 법을 배웠다.

어머니에게서 딸에게로 전해지는 이러한 종류의 지식은 보통 '기술'이 아닌 '자연스러운 것'으로 여겨진다. 이는 여성이 얻을 수 있는 경제적 기회에 크나큰 파급효과를 미친다. 어떤 상품이나 과정이 '자연스러운 것'일 때, 여성 조상에게서 물려받은 것일 때, 그 상품은 특허를 낼 수 없다.

규칙은 보통 이렇게 작동한다. 규칙은 남성을 위해 만들어진다.[23]

＊

인류가 달에 도착하고 수십 년이 흐른 뒤, 우리의 부엌에 테프론 프라이팬이 있는 이유는 나사가 우주선에 테프론을 사용했기 때문이라는 신화가 퍼졌다. 사실 테프론 프라이팬은 나사가 로켓을 발사하기 훨씬 전부터 부엌에 있었다.

1954년에 남편의 낚시 도구에 사용하던 테프론을 자기 프라이팬에 사용할 수도 있다는 것을 깨달은 사람은 콜레트 그레구아르Colette Grégoire라는 이름의 프랑스 여성이었다. 그의 남편은 이 아이디어로 엄청난 부자가 되었다. 남편이 세운 회사인 테팔Tefal은 오늘날까지 건재하다.**24**

그러나 세상은 테프론 프라이팬이 냉전 시대 우주 경쟁의 부산물이라는 신화를 쉽게 받아들였다. 이 현상은 다시 앞에서 다룬 문제로 이어진다. 즉, 우리는 발명이 무엇보다 남성이 거둔 위대한 승리에서 비롯된다고 추측한다. 그러다 이따금 그 부스러기가 여성에게 떨어지고, 여성은 기뻐하며 프라이팬에 들러붙지 않게 팬케이크를 굽는다. 물론 현실은 그보다 훨씬 복잡하다.

그리고 그만큼 허락되는 가능성도 커진다.

우주복 제작의 마지막 단계에서 ILC의 재봉사들은 특별히 개조해서 성능을 높인 두 대의 싱거Singer 재봉틀로 작업했다. 이 재봉틀은 거대하고 부피가 컸다. 미완성된 21겹의 우주복을 평범한 재봉틀의 발 아래 끼울 수는 없는 일 아닌가? ILC에서 가장 유능한 재봉사들이 이 싱거 재봉틀을 끼고 수많은 밤을 지새웠다. 이때 나사가 가한 시간의 압박은 엄청났다. 닐 암스트롱의 옷 때문에 로켓 발사를 미룰 수는 없었다.

　　엘리너 포레이커Eleanor Foraker는 재봉사 중 한 명이었다. 라텍스 기저귀에서 우주복 생산 부문으로 넘어간 그는 훗날 마지막 제작 단계에서 지새운 그 수많은 밤에 대해 이야기했다. 두껍고 부드러운 우주복은 손으로 직접 들어서 재봉틀의 발 아래 바르게 놓아야 했고, 그 과정에서 ILC의 우주 부문 책임자인 레너드 셰퍼드Leonard Sheperd가 종종 작업을 도왔다. 즉, 한 부문의 대장이 재봉틀을 잡은 포레이커의 조수가 된 것이다.**25** 그일을 하며 셰퍼드는 포레이커에게 질문에 질문을 거듭했다.

　　이 사실은 셰퍼드의 성격보다는 기업 문화를 반영한다. ILC는 남성 엔지니어에게 재봉 수업을 받게 하는 회사였고, 때때로 그 수업은 한 번에 몇 주씩 이어지기도 했다. 재봉사들은 기술 전문가로 진지하게 대우받았다. 이들은 거의 언제나 우주복 개선 방안을 제안할 수 있었다.

　　즉, 닐 암스트롱과 버즈 올드린이 1969년에 달에 갈 때 입은 의복은 우리가 '남성적'이거나 '여성적'이라고 인식하는 기술 사이의 여러 경계를 무너뜨린 회사에서 제작한 것이었다.

　　ILC는 브래지어가 공학 기술의 작품임을 이해했다. 라텍스 특허가 여성의 허리를 잘록하게 해 줄 뿐만 아니라, 우주 비행사가 다른 천체에 가는 것을 가능케 할 수 있음을 이해한 것처럼 말이다. 이들은 재봉이 하나의 기술임을, 부드러운 것이 견고한 기능을 수행할 수 있음을 알았다.

무엇보다, ILC는 이러한 이해를 반영한 조직을 세우는 데 성공했다. 이것이 ILC가 혁신을 이뤄 낼 수 있었던 이유이자, 인류가 달에 갈 수 있었던 이유다.

4장

그 많던
여성 프로그래머는
다 어디로 갔을까

1946년 여름, 이제는 전설이 된 강좌가 펜실베이니아대학교에서 열렸다. 8주간 이어진 이 강의는 전기공학부에 있는 에어컨 없는 빨간 벽돌 건물에서 진행되었다. 학생들은 오전에 3시간 동안 강의를 듣고 점심을 먹은 뒤 오후에 비공식 세미나를 들었다.[1] 강의실 안에는 특별 초청된 과학자와 수학자, 엔지니어 28명이 앉아 있었다.

펜실베이니아에서의 그 여름 8주는 무어 스쿨 강의Moore School Lectures라는 이름으로 역사에 남게 된다. 이 강의는 덜덜거리는 테이프리코더에 녹음되어, 훗날 특권층만 입장할 수 있는 전 세계의 경매장에서 턱없이 비싼 값에 팔릴 것이었다. 이 강의는 컴퓨터에 관한 최초의 공개 강의였다.

제2차 세계대전 때 엔지니어들이 국가 기밀이었던 에니악 컴퓨터를 개발한 곳이 바로 이 펜실베이니아대학교였다. 약 1만 7500개의 진공관이 들어 있고 납땜한 곳이 무려 500만

군데인 이 컴퓨터는 무게가 30톤에 달했고 무어 전기공학부의 지하실을 가득 메울 만큼 크기가 컸다. 전쟁이 끝난 후 이 신비한 기계의 소식이 전해지자, 미국 언론은 항공 폭탄이 날아가는 속도보다 더 빠르게 탄도를 계산할 수 있는 이 거대한 전자 '수학 두뇌'에 관한 기사를 내보냈다.

갑자기 필라델피아에 있는 이 학교를 방문하고 싶다는 사절단이 줄을 이었다. 학교 측은 지식을 공유할 책임을 느꼈지만(결국 평화가 찾아왔지 않은가) 연구 방문을 끊임없이 주선하고 싶지는 않았고, 교직원들이 학생들을 가르치느라 바쁜 학기 중에는 특히 더 그랬다. 그래서 그 대신 정식 여름 강좌를 열기로 결정했다. 1946년 7월 8일 오전 9시, 조지 스티비츠George Stibitz 박사가 강단에 올라 이 역사적 강의의 문을 열었다.

"키티스 박사가 급히 호출되어서 제가 대신 강의를 맡게 되었습니다." 스티비츠가 말했다.[2]

스티비츠는 이 학교의 교수가 아니었다. 그러나 제2차 세계대전 중에 아날로그 컴퓨터와 디지털 컴퓨터를 개발했다. 그 배경에는 긴 이야기가 있는데, 우연히도 그는 찰스 F. 케터링이 창립한(남자들이 더 이상 턱 깨질 일 없이 자동차 시동을 걸게 해 준 전기 시동 장치를 발명한 그 사람이 맞다), 오하이오 데이턴에 있는 실험적 고등학교를 다녔다.

스티비츠는 이 고등학교에서 수학에 관심이 생겼고, 결국 뉴욕에 있는 벨전화연구소Bell Telephone Laboratories에서 일하게 되었다. 전 세계에 막 전화망이 깔리기 시작하던 때였다.

전화기를 구매하고 사용하는 사람이 늘어날수록 전화망이 기능하는 데 필요한 배후의 수학 계산도 늘어났다. 그리고 늘 진땀 흘리며 일하는 직원들에게 주어진 유일한 도구는 기계식 계산기뿐이었다.

사람들은 계속 전화를 걸었고, 전화망은 계속 확대되었으며, 새로운 해결책이 필요하다는 사실이 점점 더 명백해졌다. 그래서 스티비츠가 이 난장판에 뛰어들어 더 성능 좋은 계산기, 즉 훗날 '컴퓨터'라는 이름으로 불릴 장치를 개발하게 된 것이었다.

다시 1946년으로 돌아와서, 스티비츠는 강단에 서서 객석을 바라보았다. 그는 간략하게 역사를 개괄한 뒤 곧 이 강의의 핵심 질문에 이르렀다.

"더 자동화된 컴퓨터를 개발하고 만드는 것은 가치 있는 일일까요? 만약 그렇다면 그 이유는 무엇일까요?"[3]

이것이 그해 여름 강의실 안의 모든 사람이 품고 있던 질문이었다. 컴퓨터는 이미 존재했다. 그 기계는 학교 지하실에서 웅웅거리고 있었다. 그렇다면 질문은, 특히 전쟁이 끝난 지금, 컴퓨터에 어떤 용도가 있느냐는 것이었다. 탄도 계산은 더 이상 중요한 일이 아니었다.

당시 컴퓨터 개발은 상당한 투자였다. 이 투자가 정말 경제적으로 타당할까? 정말 이 '전자 두뇌'를 계속 개발해야 할까?

스티비츠가 이해했듯이 먼 옛날에 인류는 그저 재미있다는 단순한 이유로 컴퓨터 개발을 시작했다. 초기의 기계식 계산기를 낳은 충동은, 기계식 종으로 구성된 복잡한 악기인 카리용을 만들게 한 충동과 똑같았다. 즉 최초의 컴퓨터는 일종의 구경거리였다. 거기엔 아무 문제도 없다고, 스티비츠는 생각했다. 그러나 지금은 1946년이었다. 더 나아가서 컴퓨터 개발의 경제적 측면을 진지하게 고려해 보기 시작해야 할 때였다.

"계산 기계에는 어떤 가치가 있을까요?" 스티비츠가 물었다. "다른 말로, 계산 기계가 하게 될 계산에는 어떤 가치가 있을까요?" 그가 질문을 이었다.

그는 이 질문에 답할 수 있는 유일한 방법은 컴퓨터가 미래에 얼마만큼의 돈을 절약해 줄 수 있는지를 계산하는 것뿐이라고 말했다. 필요한 것은 경제 분석이었다. 그래서 스티비츠는 이 문제에 강의를 할애했다.

컴퓨터와 그 사회적 가치를 사람들 앞에서 최초로 경제 분석한 결과는 무엇이었을까? 스티비츠는 먼저 구체적 사례를 들어 컴퓨터 한 대의 능력을 설명했다.

"컴퓨터 한 대의 작업량은 4에서 10여성년girl-year에 맞먹었습니다." 그가 말했다.

뭐라고요?

현대의 독자들은 여기서 잠시 멈출 것이다. '여성년'이 도대체 뭐란 말인가? 컴퓨터 성능의 척도로 메가바이트와 기가바이트를 쓰는 데는 익숙하다. 그러나 '여성년'은 뭐지?

1946년에 이 강의를 듣던 청중은 전혀 당황하지 않았다. 이들은 문제의 컴퓨터가 '약 4여성년을 절약'해 주었다는 스티비츠의 말을 잠자코 듣고 있었다.[4]

3년간 분할 상환하면 컴퓨터는 1년에 4000달러가 든다. 반면 '여성'은 2000달러가 들고, 1년에 약 세 명이 필요하다. 필요한 기계들의 임대료까지 고려하면, 컴퓨터는 비용을 50퍼센트 절약해 주었다. 이것이 스티비츠가 말하는 전 세계가 컴퓨터를 받아들여야 하는 이유이자, 처음에 한 말처럼 컴퓨터가 "결국 모든 대형 도서관에 들어가게 될" 이유였다. 그랬다. 세계 최초로 공개된 컴퓨터의 경제 분석은 '여성년'이라는 것으로 측정되었다.

스티비츠는 도대체 무슨 말을 한 것일까?

피와 살이 있는
컴퓨터들

신기술을 발명했을 때 보통 우리는 자신이 무엇을 발명했
는지 모른다. 앞에서 살펴봤듯이 카를 벤츠는 만하임의 창고에
서 처음 자동차를 만들었을 때 자동차를 '말 없는 마차'로 불렀
다. 우리는 신기술을 그것이 대체하고자 하는 것을 통해 이해
하는 경향이 있다. **마차에서 말을 뺀 것이 자동차다.** 우리는 이렇
게 추론한다. 자동차가 이미 아는 변수를 뺄셈한 것보다 훨씬
대단한 것임을 깨닫지 못한 채로 말이다.

오늘날의 '무인 자동차' 논의도 마찬가지다. 현재의 우리가
카를 벤츠의 '말 없는 마차' 아이디어를 듣고 킬킬대듯이, 미래
의 우리가 무인 자동차 아이디어를 듣고 킬킬댈지 누가 알겠는
가? 뭐, 아닐 수도 있겠지만.

실제로 우리는 여전히 '마력'을 사용한다. 마력은 자동차에
서 낙엽 청소기에 이르는 여러 기계의 성능을 묘사할 때 사용
하는 개념이다.

이는 전부 제임스 와트James Watt라는 이름의 스코틀랜드인
덕분이다.

18세기 말에 와트는 새롭게 개선한 형태의 증기 기관을 생
각해 냈다.[5] 사업가로서 그는 자기 신제품을 간절히 팔고 싶었

을 것이다. 그러니 증기 기관을 이용해 본 적도 없는 잠재 고객에게 어떻게 증기 기관의 성능을 설명할 수 있을까? 증기 기관의 이점을 고객이 더 잘 이해하는 언어, 즉 말馬로 번역해야 한다는 사실을 와트가 깨달은 것이 바로 이때였다. 말은 대표적인 운송 수단이었고, 와트가 개발한 증기 기관의 목적이 바로 운송이었다. 잠재 고객이 왜 증기 기관을 구매해야 하는지 경제적으로 증명하고 싶다면, 증기 기관이 말 몇 마리를 대체할 수 있는지를 알려 주면 됐다.

그래서 와트는 말 한 마리가 어느 정도의 무게를 끌 수 있는지를 매우 대략적으로 추측한 다음, 증기 기관이 말 몇 마리의 작업량을 대체할 수 있는지 계산해 보았다. 이 척도는 무척 유익했지만, 말에게는 모욕적일 수 있었다. 실제로 말 한 마리가 끌 수 있는 무게는 1마력이 아니다. 예를 들어 1950년대에 유명세를 떨친 스웨덴의 종마 아리엘은 무려 12.6마력을 낼 수 있었다.[6] 물론 아리엘은 매우 남다른 말이었지만, 더 평범한 말도 10마력까지는 낼 수 있을지 모른다.

그건 그렇고, 와트의 개념은 기존에 사용하던 수단(이 경우에는 말)의 능력을 어림잡아 새로운 기계의 성능을 측정하는 것이었다. 바로 이것이 조지 스티비츠가 '여성년'을 말할 때 사용한 논리다.

얼마 전까지만 해도 컴퓨터는 여성이었다. 말 그대로다. 기계가 되기 전에 컴퓨터는 직업이었다.[7] 사람들은 컴퓨터로서 일자리를 구할 수 있었고, 이는 곧 방 안에 앉아 다른 사람을 위해 끝없이 방정식을 계산한다는 뜻이었다.

1860년대부터 1900년대의 어느 시점까지, 컴퓨터는 여성에게 적합하다고 여겨진 극소수의 과학 관련 직업 중 하나였다. 천문학자 레슬리 콤리Leslie Comrie의 말처럼, 여성 컴퓨터들은 "그들이(또는 그들 중 다수가) 결혼을 하고 가계부 정리의 전문가가 되기 전의 몇 년간" 가장 유용했다.[8]

인간 컴퓨터를 처음 사용한 분야는 천문학이었다. 중력의 법칙을 발견한 인류는 특정 혜성이 언제 별이 총총 박힌 하늘을 지나갈 것인지를 계산할 수 있게 되었다.

천문학자들도 궤도를 계산하는 **방법**을 알긴 했지만, 실제로 계산을 하는 것은 다른 문제였다. 그때 천문학자들은 계산을 작은 단계로 쪼개서 전담 직원에게 맡기면 된다는 사실을 깨달았다.[9] 갑자기 이 일에 수학 천재는 필요치 않아졌다. 셈을 하고 지시를 따를 수 있는 사람이면 누구든 상관없었다.

좋은 사례는 프랑스 혁명이다. 프랑스 혁명으로 가발 수요가 크게 줄었다. 물론 귀족들만 풍성하게 부풀린 가짜 머리를 쓰고 거리를 활보한 것은 아니었지만 가발에는 부정할 수 없는 상류층의 느낌이 있었고, 이제 가발을 쓴 귀족들의 머리는 **단체로** 목이 잘려 바닥에 굴러다니고 있었다. 이는 패션뿐만 아니라 경제에도 파급효과를 미쳤다. 수많은 가발 제작자가 일자리를 잃었고,[10] 그들 중 다수가 가발을 삼각함수표와 바꾸며 컴퓨터가 되었다.[11]

컴퓨터는 처음부터 지위가 무척 낮은 직업이었다. 보통 8~10시간 동안 자리에 앉아 같은 계산을 하고 또 해야 했다. 19세기가 시작될 무렵 정부와 대학, 천문대는 엄청난 양의 자료를 수집하기 시작했고, 이 자료들은 분류와 처리 과정을 거쳐야만 항해 등의 분야에서 유용하게 사용될 수 있었다. 따라서 인간 컴퓨터의 수요도 증가했다.

이때까지 컴퓨터는 대부분 젊은 남성이었다. 그러나 19세기가 끝나갈 무렵 고용주들은 남성 대신 여성을 고용하면 큰돈을 절약할 수 있다는 사실을 깨달았다. 비용 절약은 언제나 매력적인 전망이다.

여성은 남성보다 급여를 적게 받았다. 여성에게는 남성에게 주는 돈의 절반을 주고도 아무 불만을 듣지 않을 수 있었다. 하버드대학교 천문대는 망원경으로 얻은 천문학 자료를 처리하기 시작하면서 오로지 여성 컴퓨터로 구성된 팀을 꾸렸다. 팀의 책임자는 비용을 절약할 자신의 기막힌 전략을 무척 자랑스러워했다. 계산 분야는 오늘날 후드를 입은 (몇몇은 사회성이 의심스러운) 남성들의 전임자가 아닌, 코르셋을 입고 과학의 꿈을 품은 점잖은 여성들로 채워지기 시작했다.[12]

컴퓨터 일은 대단한 지성이 필요치 않다고 여겨졌다. 컴퓨터가 여성에게 적합한 직업으로 간주된 것은 이러한 이유 때문이기도 했다. 미국에서 컴퓨터 분야는 아프리카계 미국인과 유대인, 장애인의 중요한 고용처였는데, 정확히 이 직업의 지위가 낮다는 이유에서였다.[13] 다른 분야에서는 차별받았던 집단도 셈만 할 수 있다면 대개 컴퓨터 일자리를 얻을 수 있었다.

요약하면, 컴퓨터는 사실상 누구도 원치 않는 직업이었다.

물론 일은 고되고 따분했다. 보통 컴퓨터는 오늘날의 컴퓨터가 알고리즘을 따르듯이 다른 사람의 지시를 따랐다. "검은색 더하기 검은색은 검은색. 빨간색 더하기 빨간색은 빨간색. 검은색 더하기 빨간색이나 빨간색 더하기 검은색은 종이를 2조에게 건넬 것."[14]

10시간 동안 이런 일을 하며 앉아 있을 수도 있었다.

이 분야에 막 들어온 여성들은 대부분 수학 학위가 있었고 (단순하게 말하자면) 복잡한 계산을 해낼 수 있었지만, 그런 능력이 있다고 해서 더 크게 인정받지는 않았으며, 피부색이 하얗지 않은 경우에는 더더욱 그랬다. 1900년대에 점점 더 많은 여성이 집에서 나와 직업을 구하기 시작하면서 컴퓨터 산업은 더욱 여성 중심적으로 변해 갔다.

펜실베이니아대학교는 컴퓨터로만 200명 이상의 여성을 고용했다. 이들이 스티비츠가 강의에서 언급한 '여성'이었다. 살과 피를 가진 그들이 학교 건물 안에 있었다. 물론 스티비츠의 청중은 스티비츠가 '여성년'이라는 단어로 무엇을 말하고자 했는지 알았다.

여성년은 당시 그런 식으로 사용된 유일한 용어가 아니었다. 예를 들어 '킬로여성kilogirl'은 1000시간의 계산 작업이 필요하다는 뜻으로 사용되었다.[15]

그러나 컴퓨터는 그 '여성'들을 그저 대체한 것이 아니었다. 컴퓨터는 대개 여성의 손에 프로그램되기도 했다.

재주는
여자가 부리고

앨런 튜링Alan Turing은 꽃가루 알레르기가 심했다. 그래서 제2차 세계대전 당시 이 명석한 수학자는 종종 방독면을 쓴 채 자전거를 타고 영국 버킹엄셔의 언덕을 돌아다니곤 했다. 심지어 실내에서나 회의 중에도 공기 중에 꽃가루가 있다는 의심이 들면 급히 방독면을 꺼내 썼을지 모른다. 이에 대해 아무런 설명도 하지 않은 채, 그는 아무 일 없었다는 듯 하던 말을 계속했을 것이다.[16]

튜링이 타던 자전거는 종종 체인이 고장 났지만 그는 절대

체인을 교체하지 않았다. 이 말은 곧 그가 검은색 기름 범벅이 된 손으로 일터에 도착하곤 했다는 뜻이며, 그럴 때면 자기 책상에 둔 테레빈유로 손을 닦았다. 그는 자전거에는 좀처럼 자물쇠를 걸지 않았으나 커피를 마시는 컵은 다른 누구도 사용하지 못하도록 거의 언제나 라디에이터에 쇠사슬로 묶어 두었다.

그 시기 튜링의 임무는 에니그마 암호를 해독하는 것이었다. 나치 독일은 에니그마 기계라는 이름으로 알려진 비밀에 싸인 장치를 이용해 군사용 무선 통신을 암호화했다. 연합군은 독일의 무선 신호를 낚아채긴 했지만 그 내용을 전혀 이해하지 못했다. 내용을 파악해야만 독일 잠수함의 어뢰에서 연합군의 배를 구할 수 있었으나, 에니그마 기계와 그 기계가 만들어 낼 수 있는 530억 가지의 조합 때문에 독일의 무선 통신은 연합군에게 아무 의미 없는 말일 뿐이었다.

적군의 통신을 해독하는 기술은 영국의 오래된 유산이다. 1324년에 잉글랜드의 왕 에드워드 2세는 국경을 넘는 편지는 들어오는 것이든 나가는 것이든 전부 취합해 런던에서 먼저 읽어야 한다는 명령을 내렸다. 당연하게도 영국 궁전에 머물던 외국 외교관들은 자신이 쓴 편지를 암호화하기 시작했다.

훗날 엘리자베스 1세는 이에 대응해 영국 첩보부 설립을 감독했다. 여왕의 개인 점성술사가 여왕의 첩자가 빼돌리는 데 성공한 편지들을 해독하는 임무를 맡았다. 이러한 관행은 수

세기 동안 이어졌다. 비밀의 내용이 중요해질수록 암호 역시 더욱 복잡해졌다.[17]

1938년, 영국의 군사정보부인 MI6가 버킹엄셔에 있는 국가 재산이었던 블레츨리 파크를 인수했다. 그리고 신호 정보 및 암호 해독 부문 전체를 녹색의 반구형 구리 지붕을 가진 이 붉은 벽돌 저택으로 보냈다. 점성술사가 암호를 해독하는 것은 더 이상 시대 풍조가 아니었다. 이제는 튜링처럼 '교수 같은' 타입의 가급적 천재인 남성들이 암호를 해독했다. 모두가 알다시피 천재는 기이하게 행동할 자격이 있다. 그 행동이 회의에서 방독면을 쓰는 것이든, 다른 사람이 자기 컵을 훔쳐 갈 거라는 독특한 믿음을 갖는 것이든 말이다.

이제 누군가가 옥스퍼드와 케임브리지의 열람실에서 어깨를 툭툭 치며 블레츨리 파크의 군사 암호명인 '스테이션 X'로 출근하라고 말을 건네는 이들은 이런 유형의 남자였다.

제2차 세계대전이 발발하기 전에 폴란드의 수학자인 마리안 레예프스키Marian Rejewski가 이미 악명 높은 독일의 에니그마 암호를 푸는 데 성공했다. 폴란드 엔지니어들은 메시지를 해독할 수 있는 아날로그 컴퓨터를 만들었으나, 1938년에 독일이 에니그마 기계를 개량했다.

독일군의 신호는 다시 판독이 불가능해졌다. 1939년 여름, 폴란드는 레예프스키의 작업물을 영국에게 넘겼다(나치 독일과 소련이 폴란드를 침략하기 직전이었다).**18** 폴란드에서 만든 기계는 마침내 튜링의 책상 위에 도착했고, 튜링은 이 기계를 이용해 새 버전을 만드는 임무를 맡았다. 몇 년에 걸쳐 이 작업은 일급 비밀인 200개 이상의 기계를 낳았고, 이 기계들은 블레츨리 파크에 흩어진 여러 건물에서 끊임없이 에니그마 암호를 해독 했다.

암호 해독 작전에 소집된 남성들은 튜링처럼 대개 민간인 이었다. 이들은 자기 소유의 옷을 입고 자전거로 출퇴근할 수 있었으며(원한다면 방독면도 쓸 수 있었다), 심지어 본인이 원하 면 남는 시간에 자기 연구를 할 수도 있었다. 이들은 상류 대 학 출신의 명석한 사내들이었고, 지식인이 신체적으로 고된 군 생활을 면제받을 수 있다는 사실은 다른 무엇보다 중요한 불문율이다.

예를 들어 1798년 나폴레옹 보나파르트는 군사 작전 중에 150명이 넘는 프랑스 학자를 이집트 피라미드까지 끌고 갔다. 천문학자에서 식물학자에 이르는 수많은 학자가 별다른 열의 없이 원정에 참여했고, 학자들이 지적 능력이 뛰어나다는 이유 로 특별 대우를 받는 것에 속이 쓰렸던 일반 병사들은 심술궂 게 학자들을 '당나귀'라고 불렀다. 실제로 전투 중에 나폴레옹 은 이런 명령을 내렸다고 한다. "당나귀와 학자들은 가운데로!" 물론 이는 학자들을 보호하라는 뜻이었다.**19**

똑같은 논리에 따라 블레츨리 파크의 사령관들은 튜링 같
은 남자들에게 발맞춰 행진하라는 명령을 내리려 하지 않았다.
암호 해독가들은 매우 중요한 지식 노동을 하기 위해 이곳에
온 것이었기에 이들에게 앞마당 자갈밭에서 아침 운동을 하라
고 요구할 수는 없는 일이었다.

그러나 여성들은 자갈밭에서 아침 운동을 해야 했다.[20] 전
쟁 당시 블레츨리 파크의 직원 중 75퍼센트가 여성이었고, 거
대한 암호 해독 기계를 작동한 사람 또한 주로 여성이었다.

블레츨리 파크의 엔지니어들은 결국 세계 최초로 프로그
래밍 가능한 전자 컴퓨터를 개발했다.[21] 이 컴퓨터는 레버와
버튼을 이용해 프로그램되었고, 왕립여성해군Women's Royal Naval
Service 소속 여성 자원가들의 손에 작동되었다.

이로써 이 여성들은 세계 최초의 프로그래머가 되었다.

이들은 일주일 내내 3교대로 일했다. 오전 8시에서 오후
4시까지, 오후 4시부터 자정까지, 자정부터 오전 8시까지였다.
전쟁 중에 이들은 밤새 기계를 작동한 후에도 아침 운동을 해
야 했고, 몹시 추운 일요일 아침에 발맞춰 교회까지 행진해야
했다.

오랫동안 프로그래밍은 지시를 따를 능력만 있으면 되는
작업으로 여겨졌다. 그건 여성이 잘하는 일이라고, 사회는 생
각했다. 여성은 고분고분했고, 정해진 규칙에 따라 꼼꼼히 과

제를 수행할 수 있었다. 그것이 여성의 본성이었다. 여성은 패턴에 따라 성실히 뜨개질과 바느질을 했고, 조리법에 따라 요리를 했다. 게다가 여성은 아이들을 가르치는 일에도 능했다. 컴퓨터 분야의 선구자 중 한 명이었던 미국의 아이다 로즈Ida Rhodes는 1973년에 자신의 프로그래밍 능력을 가르치는 능력에 빗댔다.

"저는 수학을 전혀 모르는 사람에게 매우 복잡한 수학을 가르치는 훈련을 이미 받은 상태였습니다. 그러니 기계도 사실 일종의 학생일 뿐이었죠."[22]

1950년대에 영국 IBM은 이른바 '여성 시간girl hour'이라는 것을 이용해 자사 컴퓨터의 조립 비용을 측정했다. 역사학자 마 힉스Mar Hicks는 당시 컴퓨터를 만드는 노동력이 거의 여성이었기에 IBM이 전체 인건비를 여성의 낮은 시급으로 산출할 수 있었으리라는 점을 지적했다.[23] IBM은 실제로 그렇게 했다.

1960년대가 되자 영국의 공무원들은 '동일 노동 동일 임금'이라는 정부의 새 규제를 따라야 했다. 이러한 규제는 공공 부문의 컴퓨터 직종에 문제를 일으켰는데, 이 분야에는 남성의 수가 극히 적었기 때문이다.

영국 재무부는 컴퓨터 분야에 동일 노동 동일 임금 원칙을 적용할 수 없다고 주장했다. 여성의 임금 수준을 맞출 기준으로 삼을 '남성 급여 체계'가 없다는 것이었다.[24] 이러한 이유로 여성의 낮은 임금이 기준이 되었다. 프로그래밍 분야가 저임금이기 때문에 여성이 이 분야에 몰려든 것일까, 아니면 수많은 여성이 이 자리에 지원했기 때문에 이 분야가 저임금이 된 것일까?

정확히 알기는 힘들다.

프로그래머는 제2차 세계대전 이전에는 존재하지 않았던 직업이다. 그렇기에 특별히 남성성과 연관되지도 않았다. 그 누구도 여성이 이 일에 적합하지 않거나 부적격한 이유를 떠올리지 못했다. 어쩌면 남성들이 6년간 전쟁터에서 포탄에 날아다니느라 너무 바빴던 것일지도 모르겠다. 말하자면, 가부장제는 이 직업에서 눈을 뗐다. 게다가 컴퓨터 프로그래밍은 남성에게 그리 매력적인 직업처럼 보이지 않는 듯했다. 이 일은 지루했고, 전시에는 자갈밭에서 하는 아침 운동과, 전후에는 집안일 및 자녀 양육과 쉽게 겸할 수 있는 일로 여겨졌다.

여러 면에서 컴퓨터를 다루는 일은 여성이 지닌 본성의 연장선상에 있다고 여겨졌다. 이는 어떤 직업이 저임금인 이유를 정당화할 때 쉽게 꺼내 들 수 있는 유용한 수사법이다. 그 직업에 필요한 능력을 여성의 생물학적 자질로 규정할 수 있다면, 당연히 여성은 그 일을 하면서 더 높은 임금을 요구할 수 없지 않겠는가?

예를 들어 19세기의 양말 산업에는 여성 노동자와 남성 노동자가 다 있었다. 여성은 양말의 발가락을 꿰매는 일을 맡았는데, 이는 기술적으로 더 복잡한 작업이었다. 알고 보니 여성은 이 일에 무척 능했고, 그로 인해 고용주들은 발가락을 꿰매는 능력을 '타고난 여성적 자질'로 이해하기 시작했다. 그리고 '타고난 여성적 자질'은 경제적 측면에서 정식 '기술'로 대우할 필요가 없다.[25]

즉 여성에게는 임금을 적게 줘도 된다는 뜻이었다. 이는 매우 실용적인 생각이었다. 적어도 공장 주인에게는.

이런 식의 추론 때문에 여성은 곤란한 처지에 놓였다. 여성 노동자 개개인이 일을 잘하지 못하면 그건 여성 전체가 임금을 적게 받아야 한다는 증거가 되었다. 저거 봐, 여자들은 남자만큼 일을 못 한다고!

그러나 동시에 정확히 반대의 주장도 할 수 있었다. 여성 노동자 개개인이 일을 잘하면, 그 또한 여성이 임금을 적게 받아야 한다는 증거가 되었다. 그게 뭐든 간에 일에 대한 자질은 전부 여성이 돈을 적게 벌어야 하는 증거로 간주되었다. 비결은 여성이 뛰어나게 잘하는 일을 전부 '타고난 여성적 자질'로 규정하는 것이었다. 여성은 그저 생물학적으로 실크 스타킹의 발가락을 깁고, 컴퓨터를 프로그래밍하고, 노인을 돌보는 일에 재능이 있을 수밖에 없다.

이러한 사고방식은 오늘날까지 이어지고 있다.

　노인과 아이 들을 돌보는 직업에서 사회는 심심치 않게 이런 추론에 기댄다. 사람들은 여성이 이러한 직업을 얻은 뒤 정식 교육을 많이 받지 않고도 일을 잘 해내는 모습을 본다. 그리고 그 사실을 증거로 삼아 이 직업이 '저숙련 노동'이며 그러므로 좋은 보수를 받을 필요가 없다는 결론을 내린다.

　반면 어떤 남성이 '무언가에 타고난 소질'을 보이는 것은 정반대의 증거가 된다. 남성이 좋은 대우를 받아야 할 이유가 되는 것이다.

　19세기의 양말 공장에서는 남성 노동자의 '기술'을 많이 이야기했다. 이와 달리 여성 노동자는 '속도'와 '정확성'의 측면에서만 논의되었고, 여성이 잘하는 일은 본성의 연장선상으로 묘사되었다. 여성은 어쩌다 보니 빠르고 정확한 손가락을 갖게 된 수동적 객체로 남았다. 여성의 몸은 저절로 움직였다.

　한편 남성은 이와 매우 다른 방식으로 자기 일에 활발히 참여했다. 이들은 일을 배우며 '기술'을 쌓았다. 즉시 남성이 보수를 더 많이 받아야 한다는 경제 논리가 뒤따른 것도 놀라운 일이 아니다.

실리콘밸리가
영국에 없는 이유

1960년대 중반의 어느 시점부터 컴퓨터 작업의 이미지가 바뀌기 시작했다. 프로그래밍 업무는 대체로 전과 비슷했지만, 프로그래밍 산업이 사회에서 더 중요한 위치를 차지하게 된 것이다.

갑자기 국가의 부가세 납부 시스템에서 크루즈미사일 프로그램에 이르기까지 모든 것이 새 컴퓨터로 처리되고 있었다. 많은 남성 관리자의 머릿속에 이 장치가 매우 중요할 수도 있겠다는 생각이 떠오르기 시작했다. 이 중요한 컴퓨터를, 미니스커트를 입고 줄담배를 피우며 저임금을 받는 여성들의 손에 맡겨 놔도 되는 걸까?

무슨 조치를 취해야 했다.

남성들이 컴퓨터에 관심을 가질 수 있도록 장려하는 공적 제도가 마련되었다. 남자들은 코드를 배울 필요가 있었다. 적어도 조금은 말이다.

적절한 사회 계층 출신의 전도유망한 젊은 남성들이 프로그래밍의 기초를 배우게 할 수 있다면, 이들이 이 분야에서 공공 부문 관리직을 차지하리라는 생각이었다.[26]

이미 프로그래밍 방법을 알던 여성들은 이제 사실상 자기 상사가 되게끔 젊은 남성들을 교육하는 일을 맡게 되었다. 남성은 그들이 속한 성별과 사회 계층 덕분에 관리 업무를 쉽게 해낼 수 있을 것이라 여겨졌다.

그들이 컴퓨터에 대해 뭣도 모른다는 점은 별문제가 되지 않았다.

이때부터 여성이 이 산업을 우르르 떠나기 시작했다는 사실은 어쩌면 그리 놀랍지 않을 수 있다. 이들에겐 승진의 기회가 전혀 없었다.

여성들이 갑작스레 컴퓨터 업무에서 탈출한 것이 너무나도 눈에 띄는 현상이었기에, 영국의 젊은 사업가 스테퍼니 셜리Stephanie Shirley는 이를 사업 기회로 삼았다. 1964년에 그는 여성 프로그래머에게 재택근무의 기회를 제공하는 회사를 설립했다. 이 산업을 떠난 이들의 낭비되는 재능을 이용하자는 것이 그의 생각이었다.[27]

셜리의 회사 프리랜스 프로그래머Freelance Programmers는 곧 공공 및 민간 부문 고객을 위한 소프트웨어를 만들기 시작했다. 이 회사에 속한 프로그래머는 모두 집에서 일했다. 이메일과 줌Zoom이 등장하기 훨씬 전이었으나, 이 시스템은 먹혀들었다. 회사는 프로그래머들에게 고객의 전화가 올 때마다 녹음한 타자기 소리를 배경에 틀어 두라고 권했다. 이렇게 하면 '진짜' 사무실에서 작업이 진행되고 있다는 인상을 줄 수 있는 한편, 아이들이 우는 소리를 가릴 수도 있었다.

1990년대에 상장되었을 때 이 회사의 기업 가치는 23억 파운드였다.

그러나 행정 조직의 전산화를 관리하게 될 것이라는 기대를 한 몸에 받은 그 전도유망한 젊은 남성들에게는 무슨 일이 일어났을까? 별일이 없었다. 공교롭게도 그들 중 다수가 컴퓨터 작업에 별 관심이 없었다. 이들은 관리직이 되기 위해 특별히 교육받았으나, 대부분 다른 일자리 제의를 받자마자 이 일을 그만두었다.

즉, 역사학자 마 힉스의 말마따나 영국 정부가 젊은 남성의 교육에 들인 돈은 그냥 배수구에 흘려보내는 편이 더 나을 뻔했다. 여러 면에서 그쪽이 경제적으로 더 현명한 선택이었다.

영국 정부는 젊은 남성에게 투자하고 여성을 쫓아냄으로써, 컴퓨터 산업이 경제에서 매우 중요해지고 있던 바로 그 시기에 컴퓨터 노동 시장의 인력 부족을 발생시키는 대단한 위업을 달성했다.

사람들은 기술이 발전하면서 여성이 영국 중앙은행의 관리직에 오르는 상상도 못 할 일이 벌어질까 봐 겁이 났다. 실제로 겁을 너무 많이 집어먹은 나머지, 블레츨리 파크에서 세계 최초로 프로그래밍 가능한 컴퓨터를 개발함으로써 영국이 얻은 기술적 동력을 위험에 빠뜨릴 각오까지 되어 있었다.

게다가 우리 모두는 현대적 컴퓨터 개발에 그토록 중요
한 역할을 한 앨런 튜링에게, 그 꽃가루를 두려워하던 명석
한 수학자에게 무슨 일이 벌어졌는지 안다. 그는 '엄중한 외설
행위'(즉 동성애)로 유죄를 선고받고 화학적으로 거세되었다.
1954년 6월 8일 그는 침대에서 죽은 채로 발견되었고, 그의 옆
에는 반쯤 먹다 남은 사과가 놓여 있었다. 사람들은 그가 청산
가리로 음독자살했다고 생각했다.[28]

오늘날 실리콘밸리는 버킹엄셔에 있지 않다.

여기에는 여러 이유가 있다.

1980년대 중반부터 컴퓨터 분야에 종사하는 여성의 수가
전 세계적으로 서서히 감소하기 시작했다. 다른 기술 및 과학
분야에 종사하는 여성의 비율은 늘고 있었는데도 말이다. 프로
그래밍은 여성 중심 분야에서 남성 중심 분야로 바뀌었고, 그
와 동시에 지위가 낮은 분야에서 지위가 높은 분야로, 저임금
분야에서 고임금 분야로 변신했다.

물론 이처럼 직업의 성별이 바뀐 것이 역사상 처음은 아니
었다. 고대부터 19세기 말까지 비서직은 남성을 위한 높은 지
위의 직종이었다.[29] 유럽에 있는 대부분의 국립 미술관에는 기
다란 깃펜을 들고 반바지 아래로 근육질의 종아리가 불룩 튀
어나온 왕의 비서를 그린 거대한 초상화들이 걸려 있다. 그러
나 1920년대의 어느 시점인가부터 비서는 여성을 위한 직종이

되었다.**30** 여성 비서들은 줄지어 앉아 격렬하게 타이핑을 했고, 그 대가로 형편없는 보수를 받았다.

수 세기 동안 사람들은 일에 필요한 체력을 토대로 직업의 성별을 나누었다. 어딘가에 신체적 질서가 있고, 그 질서가 경제 질서까지 결정했다. 여성이 보수를 적게 받는 것은 그들이 남성만큼 무거운 무게를 들 수 없기 때문에, 그러므로 남성만큼 결과물을 낼 수 없기 때문이었다.

왜 우리는 경제적 가치가 당연히 체력에서 나온다고 생각하는 걸까? 체력은 경제적 가치를 창출할 수 있는 유일한 신체적 특성이 아닌데 말이다.

예를 들어 손가락이 작은 것은 많은 작업 현장에서 최소한 체력만큼 중요할 수 있었다. 단순히 말해서 이건 어떤 종류의 상품을 만드느냐의 문제였다. 그러나 손가락이 가늘기 때문에 여성이 돈을 더 받아야 한다고 주장하는 사람은 아무도 없었다. 우리가 경제적으로 높이 평가해야 한다고 배워 온 신체적 특성은 주로 남성이 가진 특성이기 때문이다.

그렇다고 모든 남성이 여성보다 체력이 더 강한 것도 아니다. 우리가 남성적으로 여기는 직업이 여성적으로 여기는 직업보다 더 강한 체력을 요구하는 것도 아니다. 노인을 돌보는 여성은 넘어지거나 침대에서 몸을 뒤집어야 하는 환자를 들어야 하지만, 그렇다고 이들의 급여나 지위가 높아지지는 않았다.

마찬가지로 여성은 50리터들이 우유통을 들 수 있어야 했지만 50킬로그램짜리 시멘트 포대는 들 필요가 없었다. 우유가 오래전부터 여성성과 연관되었다고 해서 50리터들이 우유통이 마법처럼 50킬로그램짜리 시멘트 포대보다 가벼워지는 것은 아닌데도.

시간이 흐르면서 사람들은 50킬로그램짜리 시멘트 포대를 드는 것이 남성의 허리에도 좋지 않다는 사실을 깨달았다. 그래서 시멘트를 25킬로그램짜리 포대에 담아 팔기 시작했다.

이런 방법도 있다.

체력을 기준으로 어떤 직업이 여성적이고 남성적인지를 결정한다는 생각은 대부분의 노동 시장에서 사라지고 없지만, 이제 '전문적 역량'이 어떤 직업의 보수를 결정한다는 가정이 그 자리를 대신했다. 사람들은 남성이 여성보다 더 전문적이라고 생각한다. 여성은 어린 시절부터 독려해야만 코드를 배우지만 남성은 자연스럽게 코드를 익힌다.

2017년, 엔지니어인 제임스 다모어James Damore는 여성이 애초에 IT 업계에 적합하지 않다고 암시하는 메모를 작성한 뒤 구글에서 해고되었다.[31] 그는 모든 것이 여성의 생물학적 기질 때문이라고 주장했다. 여성은 보통 사교적이거나 예술적인 직업을 선호하고, 사물보다는 사람에 더 관심이 많다는 것이었다. 여성은 더 신경질적이기도 했는데, 이러한 이유로 컴퓨터를 가까이하지 말아야 했다. 또는 적어도 여성의 본성에 반하여 구글에서 고소득 일자리를 얻도록 격려받지 말아야 했다.

다모어의 메모는 대대적 분노를 일으켰다. 그러나 많은 이들이 어떤 면에서는 그가 옳다고 생각했다. 다모어는 여성과 컴퓨터가 양극단에 있다고 보는, 서구에 만연한 사고방식을 거론했다는 이유로 혼자 죄를 뒤집어쓴 것이었다.

경제학자들은 여성이 남성보다 돈을 적게 버는 이유에 대해 주로 여성이 보수가 낮은 산업을 선택하기 때문이라고 설명한다. 슬프게도 여성은 컴퓨터에 관심이 없다. 다모어 같은 사람들은 이것이 여성의 뇌가 생겨 먹은 방식과 관련이 있다고 믿는다. 여성은 그저 프로그래머처럼 사고할 능력이 없다. 아니면 고소득 프로그래머처럼 사고할 능력이 없거나.

프로그래밍이 저소득 직종이었을 때 여성은 분명히 그런 능력이 있었다.

일부는 여성에게 프로그래머가 되라고 충분히 장려하지 않는 사회에 문제가 있다고 생각한다. 여성은 비디오게임을 충분히 많이 하지 않는다. 여자애들은 봉제 인형을 갖고 노는 대신 디지털 무기로 서로를 학살하는 데 시간을 더 많이 써야 한다. 그러면 갑자기 여성이 모든 고소득 일자리를 차지하게 될 것이고, 그들의 여성성이 딱딱한 첨단 기술 산업을 '부드럽게' 만들어 줄 것이다. 이것은 학교에서 재능 있는 여학생을 가장 말 안 듣는 남자애들 사이에 앉혀 놓고 그 여학생이 모두를 차분하게 만들어 주리라 기대하는 것과 비슷하다. 여성의 임무는 자기 본연의 모습이 되는 것이 아니라 남자의 성질을 누그러뜨리는 것이다. 문제는, 여성이 생물학적으로 컴퓨터를 싫어하게 타고났다고 생각하는 사람과 여성이 컴퓨터를 싫어하도록 사회화된다고 생각하는 사람 모두가, 기술과 여성이 양극단에 있다는 오해를 똑같이 강화한다는 사실이다.

여성이 컴퓨터 분야에서 일하기 위해서는 반드시 자신의 성별을 극복해야 한다는 오해 말이다.

그러나 75년 전만 해도 컴퓨터는 여성이었다.

말 그대로.

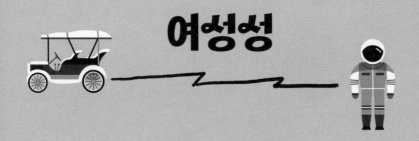

여성성

5장

고래 사냥과
페이스북의
공통점

아이나 비팔크Aina Wifalk는 가을에 병이 났다. 그 바이러스는 보통 그랬다. 그래서 부모들은 자녀에게 가을 낙엽 위에서 뒹굴지 말라고, 나무에서 떨어진 과일은 절대 먹지 말라고 당부했다. 사람들은 소아마비가 계절성 질병이라고 생각했다. 스웨덴에서 이 병은 '가을의 유령'이라는 이름으로 알려졌다.

소아마비는 보통 열과 함께 목덜미에 이상한 느낌이 들면서 시작되었다. 운이 나쁘면 바이러스가 혈류로 흘러들었다. 이렇게 되기까지 3~4일이 걸렸고, 그때쯤 환자는 지금 내딛는 발걸음이 본인의 마지막 걸음이 되리라는 것을 알지 못한 채 급작스레 자리에서 일어날지도 몰랐다.

그리고 근육이 마비된 채 바닥에 넘어졌다.[1]

폴리오 바이러스는 오래전부터 존재했다. 역사학자들은 이집트의 파라오조차 이 바이러스로 쓰러진 적이 있다고 믿는다. 그러나 소아마비가 최초로 급속히 확산한 것은 19세기 말

스웨덴에서였다.[2] 천연두와 이질, 성홍열로 인한 떼죽음이 막 사라진 때였다. 사람들은 이미 대량 생산되기 시작한 비누로 손을 씻고, 세탁이 훨씬 쉬운 저렴한 면 의류를 입고 있었다. 그때 폴리오 바이러스가 등장했고, 스칸디나비아는 순식간에 위험한 전염병의 온상이라는 악명을 얻었다.

병에 걸렸을 때 비팔크는 스물한 살이었다. 그가 어렸을 때 부모님이 약간의 농지를 임대한 지역에서 그리 멀지 않은 대학 도시인 룬드에서 막 공부를 시작한 참이었다. 그해는 1949년이었다.[3] 제2차 세계대전이 끝났고, 스웨덴은 얼마 전 비누와 세제 배급을 중단했다. 제조업이 호황을 이루고 있었다. 스웨덴은 가까스로 전쟁에서 물러나 있었기 때문에 유럽 다른 국가들과 달리 공장이 폭격으로 파괴되지 않았다. 이제 스웨덴인은 만두를 넣은 고기 수프를 먹으며 경제가 성장하는 모습을 지켜보았고, 정부는 새로운 포괄적 복지국가에 투자하기 시작했다.

젊은 비팔크에게는 구체적인 꿈이 없었다. 그런 것을 생각해 볼 시간이 없었다. 일하며 학비를 마련하느라 너무 바빴기 때문이다. 그는 교육이 더 나은 삶으로 향하는 열쇠라고 생각했다.

룬드에 있는 간호학교에 입학하고 얼마 지나지 않은 9월 4일, 비팔크는 그가 감기라고 생각한 병에 걸렸다. 목이 뻣뻣했고 몹시 피곤했다. 며칠 후 허리 아래에서 통증이 느껴졌다. 경

런처럼 찌르르한 방사통은 곧 걱정스러울 만큼 줄기차게 발 쪽
으로 타고 내려갔다. 그로부터 일주일 뒤 비팔크는 전염병 병원
에 입원했고, 오른쪽 다리를 들어 올릴 수 없었다.

　몸이 마비되어 오른팔과 복부, 두 다리를 움직일 수 없었
다. 참기 힘들 만큼 통증이 극심했는데, 특히 밤 시간에, 그중에
서도 고관절이 그랬다. 비팔크는 자신의 두 다리를 내려다보았
다. 다리가 그곳에 있음을 알았지만 더 이상 느낄 수는 없었다.

　10월에 비팔크는 걷지도 서지도 못했다. 의사들은 처음에
는 가죽을 덧댄 의료용 천 코르셋을, 그다음에는 석고로 된 코
르셋을 입혔다. 비팔크는 무릎을 편 채로 다리를 들어 올리지
못했고, 팔로 몸을 지탱해야만 똑바로 앉을 수 있었다. 그로부
터 4개월 뒤 그는 보행 보조기 두 개에 의지해 다시 걷기 시작
했다. 한 걸음 한 걸음이 투쟁이었고, 1미터 1미터가 승리였다.
이렇게 아파 본 사람만큼 인간이 이 세상을 누비는 데 무엇이
필요한지를 깊이 생각하는 사람은 별로 없다. 2월 말이 되자 비
팔크는 보행 보조기를 목발 두 개로 바꾸었다. 양쪽 겨드랑이
에 하나씩 끼는 목발이었다.

　이것이 비팔크가 장차 15년간 걸어 다닌 방법이었다.

　비팔크는 간호사가 되지 못했다. 그 대신 베스테로스중앙
병원의 정형외과 병동에서 상담사로 일했다. 멜라렌 호숫가
에 있는 그 작은 마을에서 그는 새로운 삶을 시작했다. 아파트

9층으로 이사했고 차를 타고 커다란 호수 옆을 달렸으며 목발을 짚고 시내를 걸었다. 낮에는 환자들을 위해 열심히 일했고 저녁에는 장애인 단체 설립에 시간을 쏟았다. 때때로 병원은 그가 처한 현실을 이해하지 못했고, 그럴 때면 비팔크는 병원이 확실히 이해하도록 만들었다. 예를 들어 이동 문제를 겪는 사람들이 병원에 들어올 수 있게 하고 싶다면 경사로를 설치하는 것이 좋은 아이디어일 수 있었다.

비팔크는 일요일 아침마다 수영을 하러 갔다. 그때마다 적십자에서 지역 수영장으로 자원봉사자들을 보내 비팔크가 옷을 갈아입는 것을 도와주었다. 솔직히 그에게는 수영복을 입고 벗는 것이 수영보다 더 힘들었다.

몇 년 후 비팔크는 휠체어로 쉽게 접근 가능한 1층 아파트로 이사하고 사회복지 행정국에서 새 일자리를 구했다. 개를 키우고 싶었지만 영원히 그럴 수 없으리라는 걸 알았다. 1960년대에 그는 크고 작은 문제에서 주변 환경을 개선하는 데 집착적으로 매달렸다. 예를 들면 집에 침입자가 들어왔을 때 알아차릴 수 있도록, 정원으로 연결된 문에 소의 목에 다는 방울을 달았다. 정말로 누가 침입했을 때 그가 무엇을 할 수 있었을지는 알 수 없지만 말이다. 또한 그는 싱크대 아래 블라인드를 설치했는데, 쓰레기봉투가 보이는 것이 싫었기 때문이다.

비팔크는 잘 자지 못했다. 밤은 통증이 찾아오는 시간이었다. 고통이 밤새 물결처럼 밀려들었고, 기껏해야 한 번에 90분 정도밖에 잠들지 못했다. 비팔크는 부작용이 염려되어 진통제를 먹지 않았고 자기 생각과 함께 머무는 것도 좋아했다. 그는 목발이 어깨를 지치게 하고, 그 이유로 통증이 이렇게 심하다는 것을 알았다. 비팔크가 가진 것과 같은 신체는 세상을 자유롭게 돌아다녀선 안 됐다. 보이지 않는 곳에 숨어 있어야 했다. 그것이 사회의 결정이었다.

그러나 비팔크에겐 다른 계획이 있었다.

1960년대 말, 이제 41세가 된 비팔크는 지방의회 작업장의 디자이너인 군나르 에크만Gunnar Ekman에게 연락해 바퀴 달린 보행 보조기를 만들어 달라고 부탁했다.4 이 보행기에는 바퀴 네 개와 손잡이, 브레이크, 위에 앉을 수 있는 선반이 필요했다. 또한 접을 수 있어야 했는데, 보행기를 차에 실어서 어디든 가져가고 싶었기 때문이다. 에크만이 비팔크의 설명에 따라 새 보행기를 디자인하고 제작했다. 이렇게 현대식 보행기가 탄생한 것이다.

걷지 못하던 자가 목발을 집어 던지고 걷기 시작했다.

최소한, 아이나 비팔크는 그랬다.

그날 베스테로스에서 태어난 보행기가 세계 최초의 보행기라고 말하긴 어렵다. 역사의 많은 발명품이 그렇듯 답은 콕 집어 말할 수 없다. 비팔크는 몰랐지만 그전에도 이와 유사한 보행 보조기 특허가 여럿 있었다. 그러나 그중 어느 것도 비팔크의 보행기처럼 유행하지 못했다. 보행 보조기에 바퀴를 단다는 아이디어도 중요하지만, 그가 떠올린 것은 자신과 같은 사람들을 위한 새로운 삶의 비전이었다.

비팔크의 보행기는 병원 복도에서 먼지만 쌓여 가는 물건이 아니었다. 죽음을 기다리는 대기실과 다름없는 음울한 노년기에 뼈가 약한 노인들이 침대에서 화장실까지 몇 미터를 걸어갈 수 있도록 이따금 도와주는 도구가 아니었다. 비팔크의 눈에 이 보행기는 함께 **살아갈** '동료'였다. 빨래의 물기를 짜거나 화분에 물을 주거나 커피를 마시러 갈 때 늘 곁에 있을 것이었다. 현대식 보행기는 비팔크의 신체가 가진 한계와 자유를 향한 그의 열망에서 탄생했다. 그가 속한 사회 계층과 신체, 성별이 달랐더라면 사람들은 틀림없이 그를 '사업가 정신의 소유자'라고 불렀을 것이다. 그러나 그들은 그러지 않았다.

그 대신 비팔크는 본인의 의지와 달리 일찍 은퇴해야 했다.

22억 달러 특허를
포기한 사연

스웨덴의 여름은 연중 가장 좋은 때라고들 한다. 베스테로

스 주민 대부분처럼 아이나 비팔크도 겨우내 멜라렌 호수를
내다보며 얼음이 녹아 깨지기 시작하는 소리를 기다렸다. 6개
월간의 어둠은 사람을 태양에 목마르게 한다.

스웨덴인들은 1938년부터 3주일의 법정 연차 휴가를 즐겼
다. 전쟁이 끝난 뒤 한 열성적 사업가가 평화로 땅에 발이 묶인
수많은 비행기를 이용할 수 있겠다는 생각을 떠올렸다. 그는
그 비행기들을 전세기로 만들었고, 순진한 스웨덴인들은 곧 태
양이 내리쬐는 남유럽으로 단체 휴가를 떠날 수 있게 되었다.
스페인 마요르카의 호텔은 스웨덴식 커피를 내놓기 시작했고,
그리스의 타베르나는 스웨덴 민속무용 무대를 준비했으며, 아
바ABBA는 키프로스로 떠나는 패키지 여행비를 할인받는 대신
무료로 자신들의 첫 공연을 펼쳤다.[5]

비팔크도 스페인을 꿈꿨다. 그러나 그에게는 문제가 하나
있었다. 그의 보행기에는 여행 가방을 올려놓을 곳이 없었다.
그가 스페인에 갈 방법이 달리 뭐가 있겠는가? 가방을 올릴 선
반이 달린 보행기가 필요했다.

어느 날 비팔크는 베스테로스 지역 도서관에 있는 책 수레
에 주목했다. 도서관 직원이 그 수레를 이용해 여러 구역으로
책을 옮기고 있었다.[6] 비팔크는 통신판매로 똑같은 수레의 몸
체를 주문한 뒤 다른 사람의 도움을 받아 휠체어 바퀴를 달았
다. 새 보행기가 탄생했다. 이 장치가 비팔크를 스페인으로 데

려다줄 수 있을까? 비팔크는 잔뜩 신이 나서 새 보행기를 테스트했다. 그러나 실패였다. 새 보행기에 여행 가방을 올려놓자 바퀴가 회전하지 않았던 것이다. 개조한 도서관 수레로 옮기기엔 여행 가방의 무게가 너무 무거웠다. 바로 그때 비팔크가 냉장고 문을 열었다. 때마침 다른 계획에 앞서 냉장고의 성에를 제거한 날이었다. 비팔크는 냉장고 선반 하나를 꺼내 보행기에 달아 보았다. 그리고 여행 가방을 그 위에 올리자, 짜잔, 바퀴가 구르기 시작했다.

비팔크는 의기양양하게 스페인으로 여행을 떠났다.

머지않아 비팔크의 발명품은 전 세계 수많은 노인이 전에 없던 새로운 자유를 얻을 수 있게 도와주었다. 골다공증이나 관절염, 현기증이 있는 사람도 이 보행기로 집 안에서 거의 온전한 이동의 자유를 되찾을 수 있었다. 갑자기 이들에게 우유를 사러 상점에 갈 용기가 생겼다. 한 번에 다 걸어갈 수 없으면 보행기에 앉아 잠시 쉬면 됐다. 이 발명품이 15년간 양쪽 겨드랑이에 목발을 끼고 힘겹게 시내를 돌아다닌 여성에게서 나온 것은 우연이 아니었다. 자신을 위하지 않는 세상에 사는 사람은 그 세상을 개선할 방법을 더 쉽게 상상할 수 있을지 모른다. 자기 자신만이 아니라 모두를 위해서 말이다.

오늘날 우리가 키보드로 타이핑을 할 수 있는 것은 앞이 보이지 않는 친구인 카롤리나 판토니 다피비차노Carolina Fantoni da

Fivizzano와 의사소통할 방법을 찾고자 했던 이탈리아의 발명가 펠레그리노 투리Pellegrino Turri 덕분이다. 그는 세계 최초로 기계식 타자기를 만들었고, 이 타자기 덕분에 두 사람은 친구가 먼저 하인에게 편지 내용을 받아쓰게 하지 않고도 서로 편지를 주고받을 수 있었다.[7]

이와 비슷하게 세계 최초의 이메일 프로토콜은 청력 문제가 있었던 미국인 빈트 서프Vinct Cert가 개발했다. 그는 이메일의 잠재력을 금방 간파했는데, 이메일의 도움을 받으면 자신이 일터에 있을 때 가족들이 수화기에 대고 고함을 치지 않아도 연락을 주고받을 수 있었기 때문이다.[8]

우리가 스마트폰의 화면을 손가락으로 넘길 수 있는 것 역시 또 다른 미국인인 웨인 웨스터먼Wayne Westerman의 공이다. 그는 오른손의 신경이 손상되어 마우스를 사용할 수 없었기 때문에 터치 패드로 컴퓨터를 제어할 수 있는 기술을 개발했다. 그리고 2005년에 이 기술을 애플에 팔았다.[9]

그로부터 2년 뒤, 잡스는 최초의 아이폰을 출시했다.

＊

전 세계 보행 보조기 시장의 가치는 약 22억 달러다.[10] 세계 인구의 평균 연령이 점점 높아지고 노년에 대한 인식이 바뀜에 따라 이 수치는 향후 수십 년간 급속히 늘어날 전망이다.

즉, 비팔크의 발명품은 전 세계에 지대한 영향을 미쳤다. 그러나 그의 은행 잔고에는 그리 지대한 영향을 미치지 못했다. 오늘날 비팔크의 이름으로 장애가 있는 사업가들에게 보조금을 주거나, 접근성을 고려한 디자인 연구에 자금을 지원하는 재단은 존재하지 않는다. 그는 직접 개발한 보행기로 그나마 벌어들인 적은 돈을 스페인 코스타 델 솔에 있는 스웨덴 교회에 기부했다.

그 패키지 여행이 정말로 마음에 쏙 들었던 것이다.

비팔크의 문제는 돈이 없다는 것이었다. 이는 곧 자기 아이디어로 돈을 벌어들일 수 없다는 뜻이었다. 그는 직접 보행기 한두 대를 제작하고 냉장고 선반으로 디자인을 개선할 수 있었으며, 일상에서 보행기를 밀며 베스테로스의 중심가를 오갈 수도 있었다. 그러나 이 보행기를 전 세계에 판매될 수출품으로 만들려면 차원이 다른 금액이 필요했고, 비팔크에게는 그만한 돈이 없었다. 그렇다고 그에게 투자하려는 사람이 나타날 것 같지도 않았다. 비팔크는 이 사실을 잘 알고 있었다. "젊은 남자들 사이에서, 장애가 있는 여자인 내 말을 누가 들어주겠어요?"

비팔크는 보행기에 특허를 내지 않았다. 그 대신 오늘날의 약 750파운드에 해당하는 금액과 특정 제조사의 판매량에 대한 2퍼센트의 로열티에 자기 아이디어를 팔았다.[11]

"내가 너무 친절했죠." 훗날 비팔크는 이렇게 이야기했다.

그래요, 아이나. 그렇게 말할 수도 있겠죠.

오늘날이었다면 비팔크에게 여성 사업가 대상 강좌를 추천해 줄 사람, 그에게 '린 인lean in'✦하고 '다른 사람이 당신의 목소리를 듣게' 하고 '스스로를 믿으라'고 조언해 줄 사람이 있었을 것이다. 협상 기술에 관한 책, 투자자의 마음을 끄는 발표 자료 만드는 법에 관한 책을 건네줄 사람도 있었을 것이다. 그러나 문제는 그게 아니다. 문제는 우리의 금융 체제 자체다.

그리고 그 금융 체제가 조직적으로 여성의 아이디어를 배제하는 방식이다.

✳

많은 소기업이 신용을 어떤 형태로든 전혀 이용하지 않는다. 당신이 사과 주스를 만들어 판다고 해 보자. 당신은 주스가 팔려 나갈 때마다 철컹 소리와 함께 금전등록기에 돈을 집어넣고, 오후에 사과 공급자가 가게에 들르면 금전등록기에서 돈을 꺼내 사과값을 지불한다.

이렇게 회사를 운영하는 것도 물론 가능하지만, 이런 식으

✦　여성에게 기회를 향해 '달려들라'고 권하는 셰릴 샌드버그의 책 제목.

로는 규모를 키우기가 무척 어렵다. 만약 당신이 주스 공장을 세우고 싶다면 은행 대출을 받아야 하며, 확장 계획이 없다 해도 미래에 무슨 일이 일어날지는 알 수 없는 법이다.

사과 공급자가 말벌 떼에 습격당할 수도 있다. 말벌 떼가 가차 없이 동네의 꿀벌들을 학살하는 동안, 당신은 어쩔 수 없이 멀리 떨어진 곳에서 비싼 값에 사과를 구매해야 한다. 그때가 당신에게 은행이 필요한 순간이다. 은행은 90일간 마이너스 통장을 열어 줄 것이다.

주스 만드는 기계가 고장 날 수도 있다. 이럴 때 영업을 중단하지 않으려면 새 기계를 사야 한다. 그리고 30일 이내에 금액을 지불하기로 합의할 수 없다면 자금 상황이 매우 빠듯해질지도 모른다.

즉 신용은 경제에서 위험을 관리하는 수단이다. 가장 좋은 상태의 신용은 더 강한 행위자(예를 들면 은행)가 나서서 일시적으로 더 약한 행위자(사과 주스 생산자)를 도와주는 형태를 띤다. 그러나 경제 체제가 무너지면(꽤 자주 일어나는 일이다) 보통 신용 경색이라고 알려진 것이 발생한다.

2008년의 글로벌 금융 위기가 대표적인 사례다. 이 금융 위기는 미국 주택 시장의 정신 나간 신용 장치가 무너지면서 발생했다. 어느 날부터 은행들이 갑자기 다른 은행에 돈을 빌려주지 않으려 했다는 뜻이었다. 전 세계 대부분의 신용 시장이 꽁꽁 얼어붙었고, 전에는 신용 거래에 의지할 수 있었던 회사들이 더 이상 신용 대출을 받을 수 없게 되었다.

사업을 확장할 수 없었고, 많은 회사가 직원을 내보낼 수밖에 없었다. 일자리를 잃은 사람들은 더 이상 상품과 서비스를 구매할 월급이 없었고, 그 상품과 서비스를 팔던 회사들은 다시 직원을 해고할 수밖에 없었다. 실업률이 높아졌고, 이는 국가가 실업 급여로 더 많은 돈을 지출해야 하는 한편 세금으로 거둬들이는 돈은 줄었다는 뜻이었다. 적자가 급증했다. 신용 경색은 악순환을 일으키는 고약한 습성이 있다. 개입이 없으면 경제 전체가 수년간 침체될 수 있다.

문제는 이 세상의 여성들이 영원한 신용 경색 속에 살고 있다는 사실이다. 현재 여성이 소유한 모든 사업체의 약 80퍼센트가 필요한 신용 대출을 받지 못하고 있는 것으로 추산된다. 이것은 오늘날의 금융 체제가 여성을 위해 만들어지지 않았기 때문이다.

코트디부아르에 사는 한 여성 농부는 자신이 경작하는 땅이 본인 소유가 아니라 임대이기 때문에 은행 대출을 받지 못한다. 은행은 그에게 대출을 보증할 '담보'가 없다고 말한다. 여성은 땅이나 부동산 같은 재산을 소유할 가능성이 훨씬 적기에 신용 대출을 승인받을 가능성도 훨씬 낮다.

전 세계에서 여성이 남성보다 재정 위험이 더 큰 것으로 간주된다. 여성은 남성보다 돈이 없고 자산도 더 적다. 거기에다 종종 자녀를 임신하고 출산하기까지 하는데, 여기에는 그 자체의 경제적 위험이 따른다.

게다가 많은 여성이 미용실과 카페, 탁아소처럼 덜 '진지하다'고 여겨지는 종류의 사업을 시작한다. 이처럼 '하찮은' 산업에서 사업을 시작하지 않는다면, 보통 개인 병원이나 회계 법인 같은 지루하고 안정적인 사업을 꾸릴 것이다. 이러한 사업은 테크 스타트업이 가진 위엄이 없으며, 투자자들이 바라는 성장 잠재력이 있다고 여겨지지도 않는다. 그 결과 종종 우선순위에서 밀려나고, 특히 큰돈이 필요한 경우에는 더더욱 그렇다.

투자를 받으려면 무엇보다 경제적으로 유능해 보여야 한다. 우리는 경제적으로 유능한 사람 하면 남자를 떠올린다. 우리가 투자하거나 신용을 보증하기로 선택하는 사람은 곧 우리가 믿기로 선택한 사람이다. 그리고 그 사람은 보통 여성이 아니다. 만약 여성이라면, 그 사람은 대개 백인이다.

집단의 측면에서 여성이 남성보다 돈과 경제적 기회가 더 적지 않은 국가는 지구상에 단 한 곳도 없다.[12] 남자는 돈이 있고 여자는 돈이 없다는 사실은 우리가 사는 세상의 근본을 형성하는 여러 요인 중 하나다. 이는 자연스럽게 여러 혁신 중 어떤 것이 실현되고 어떤 것이 실현되지 않는지를 결정하는 데 크나큰 영향을 미친다.

물론 여성 사업가가 대출이나 신용, 투자를 얻지 못하는 지극히 타당한 이유들이 있다. 그러나 그런 요소들을 다 제하고 난 뒤에도 여성은 여성이고, 그러므로 다르게 대우받는다는 사실은 변하지 않는다. 그 여성의 피부가 검거나 갈색이라면, 또는 장애가 있다면 상황은 더욱 열악해진다. 훨씬 더. 보통 사업을 시작한 후 여성이 남성보다 수익을 빨리 내는데도 그렇다.

2008년의 신용 경색으로 세계 경제가 10년간 침체되었다. 한편 현재 진행형인 여성 신용 경색으로 세계 경제는…… 영원히 침체되고 있다. 물론 가끔은 이렇다 할 대출이나 투자 없이 맨땅에서부터 사업을 일궈야 하는 것이 좋을 때도 있다. 그러나 많은 산업에서 그렇게 할 수는 없다. 위험이 너무 크다. 그 결과 많은 여성이 포기한다. 그런데도 우리는 세계 지도자들에게 긴급 정상회담을 열고 심각한 얼굴로 자리에 앉아 마이크의 바다 앞에서 여성 신용 경색 문제를 논하라고 요구하지 않는다. 그 어떤 중앙은행 총재도 여성의 신용 문제를 해결하기 위해 수조의 자금을 투입하려 하지 않는다. 영원히 계속되는 신용 경색 속에서 여성들은 아이나 비팔크처럼 행동한다. 즉 이들은 자기 발명품을 싼값에 팔거나 사장되게 내버려 둔다.

여기에는 막대한 결과가 따른다. 그러나 그 결과가 얼마나 중대한지 이해하려면 먼저 북극과 남극의 차디찬 바다로 떠나야 한다.

우리는 고래 사냥을 떠날 것이다.

극단적으로
기울어진 운동장

1800년대에 고래잡이는 사람이 종사할 수 있는 가장 지저분하고 위험하고 폭력적인 일 중 하나였다. 그리고 가장 수익성이 좋은 일이기도 했다.[13]

미국의 고래잡이배는 알래스카 근처 북극이나 먼 태평양으로 떠났다. 선원들은 그 장엄한 생명체를 발견하면 모선보다 더 작고 낮은 포경선에 올라타 파도를 넘고 빙산을 지나 노를 저으며 끈질기게 고래를 쫓았다.

그들의 목표는 고래에게 가까이 다가가 작살로 찔러 죽이는 것이었다. 그러려면 작살의 침을 고래 지방에 꽂는 동시에 다른 한쪽 끝에 달린 줄을 계속 붙잡고 있어야 했다. 노 젓는 배에서 줄 하나로 4만 5000킬로그램이나 나가는 고래를 끌어당기는 것은 누가 봐도 불가능했다. 그래서 선원들은 일단 갈고리가 고래에 걸리면 그냥 기다리며 버텨야 했다. 작살에 걸린 고래는 벗어나려고 몸부림을 쳤다. 당연히 몹시 힘든 경험이었지만 작은 배에 탄 선원들은 그저 이겨내야 했다. 고래는 속절

없이 파도 위에서 2~3시간 동안 선원들을 끌고 다녔고, 고래가
이 죽음의 춤을 포기한 후에야 선원들은 (만약 살아남았다면)
고래를 모선으로 인양할 수 있었다.

고래가 죽임을 당한 것은 당시 경제에서 중요한 역할을 했
던 고래 지방 때문이었다. 선원들은 고래 지방을 갑판 위에 있
는 거대한 통에 넣어 기름으로 바꾸었고, 이 기름은 세계 전역
의 빛을 밝히는 데 쓰였다.

고래기름은 한결같이 새하얀 빛을 내며 타오른다. 큰 배를
해안으로 안내하는 등대는 당시 고래 지방을 끓여 만든 기름
으로 빛을 냈다. 뉴욕시의 가로등도, 광부들이 지구 배 속에 있
는 석탄을 캐내러 터널로 기어 들어갈 때 사용한 램프도 마찬
가지였다. 산업혁명 때 사용된 톱니바퀴는 (말 그대로) 뜨거운
물건이었고, 생산량이 늘면 기계의 온도도 높아졌다. 이 바퀴
들에는 기름을 잘 발라 주어야 했는데, 고래기름은 뜨거운 온
도에도 끄떡없었다.

고래들이 죽어야 했던 것은 바로 이러한 이유 때문이었다.

고래잡이의 산물이 사회에서 매우 중요한 역할을 했기에
고래잡이는 이윤이 말도 안 되게 높은 산업이 되었다. 19세기
중반에 미국 고래잡이배에 투자하면 농업에 투자할 때보다 세
배 높은 수익을 낼 수 있었다. 그러나 이 게임은 큰돈이 있어야
참여할 수 있는 게임이었다.

고래잡이배를 알래스카로 보내려면 초기 투자금 3만 달러가 필요했다. 이는 평균 규모의 공장을 여는 비용의 거의 열 배에 달하는 금액이었다. 물론 미국에는 자산가들이 있었고, 당연히 그들은 고래잡이에 관심이 있었다. 그러나 그들의 재산도 무한한 것은 아니었다.

게다가 고래잡이 투자는 위험했다. 북극해에서 노 젓는 배를 타고 최후의 발악을 하는 고래에게 수 시간 매달려 있다 보면 여러 문제가 생기리라는 것을 어렵지 않게 짐작할 수 있다. 고래잡이배 세 척 중 한 척꼴로 손해가 발생했다. 이처럼 막대한 이익이 발생할 가능성과 막대한 위험의 조합에서 새로운 산업이 태어났다. 바로 벤처 캐피털이었다.

새로 등장한 투자자 집단이 여러 명의 자산가를 찾아가 비교적 소액의 투자를 부탁하겠다는 아이디어를 떠올렸다.[14] 미국의 벤처 캐피털에 관한 권위 있는 저서에서 톰 니컬러스Tom Nicholas 교수는 초기 '벤처 투자가들'이 소액의 돈을 모아 펀드를 만들고, 이 펀드를 이용해 배를 사서 선장을 고용한 방식을 자세히 설명한다. 선장의 책임은 배를 이끌고 고래가 있는 곳으로 갔다가 다시 고향으로 돌아오는 것이었다. 선장이 임무를 해내면 벤처 투자가들은 투자자들과 캐리carry, 즉 수익을 나누었다. '캐리'는 오늘날까지도 벤처 캐피털에서 쓰이는 용어다.

이 새로운 체제 덕분에 자산가들은 투자금을 여러 척의 고래잡이배에 분산할 수 있었다. 배 두 척이 실패하고 한 척이 항구로 돌아올 경우, 보통 세 번째 배에서 나온 수익이 나머지 두 척으로 잃은 돈을 상쇄하고도 남았다. 벤처 투자가들 덕분에 이제 더 많은 고래잡이배가 자금을 지원받을 수 있었다.

결국 이 배들이 바다를 거의 싹쓸이했다.

시간이 지나고 우리는 더 이상 고래기름으로 도시를 밝히지 않게 되었다. 여성들은 고래수염으로 만든 크리놀린✦을 내다 버렸고, 공장에서는 기계에 다른 윤활유를 바르기 시작했으며, 벤처 투자가 모델은 한 세기가 지난 후에야 다시 모습을 드러냈다.

그러나 이번에는 기세가 더욱 맹렬했다.

✳

옛날 옛적의 고래잡이였던 벤처 투자가들이 캘리포니아로 떠난 것은 제2차 세계대전이 끝나고 개인용 컴퓨터가 개발되던 시기였다.

그들이 정박한 곳은 실리콘밸리라는 이름으로 알려지게 되었다.

✦ 스커트를 부풀리는 바구니 모양의 버팀대.

　오늘날에는 많은 청년이 사업가가 되고 싶어 하지만, 1950년 대 미국에서 그런 선택은 정신 나간 짓으로 여겨졌다. 평생을 돌봐 주고 은퇴할 때 금시계를 채워 주는 안정적인 대기업의 고소득 일자리가 수백만 개나 있는데 왜 '자기 사업'을 하겠는가? 사업가 정신은 자기 창고에서 컴퓨터를 만드는 별난 히피들에게나 어울리는 것이었다. 그러나 경제에는 그런 괴짜들에게 기꺼이 돈을 투자할 사람이 필요하다.

　경제는 아직 검증되지 않은 인물과 기술, 상품에 투자를 고려해 줄 사람이 필요하다. 그렇게 미국의 테크 업계가 새로운 고래잡이가 된 것이다. 테크 업계는 큰돈이 필요하고 위험 부담도 컸지만, 제대로 된 기업에 돈을 건 사람에게 막대한 이윤을 안겨 줄 가능성도 있었다.

　벤처 투자가들은 돈을 마련했고, 실리콘밸리의 신생 기업이 인맥과 사업 계획을 꾸릴 수 있도록 도왔다. 이처럼 테크 사업가와 벤처 투자가가 맺은 동맹은 오늘날 우리가 살아가는 디지털 경제의 핵심이 되어 세상을 바꾸어 놓았다.

　1800년대에 고래잡이배가 해안으로 귀환하면 보통 선원들이 캐리의 20퍼센트를, 투자자들이 80퍼센트를 가져갔다. 그러나 배의 선장은 전체 투자금의 2퍼센트를 미리 받았는데, 그 돈으로 긴 여정에 필요한 음식과 물건을 비축하라는 뜻이었다. 즉 선장은 고래잡이의 성공 여부와 상관없이 자기 몫으로

2퍼센트를 가져갔다. 여러 면에서 벤처 캐피털은 오늘날에도 이런 식으로 돌아간다.[15]

보통 벤처 투자가들이 회사에 투자하는 금액의 약 2퍼센트가, 회사의 앞날과 상관없이 투자가들의 주머니로 들어간다. 이 2퍼센트는 벤처 투자가가 제공하는 서비스의 수수료다. 그들의 서비스가 회사의 성공에 중요한 역할을 할 수 있긴 하지만, 실제로 이 수수료는 어떤 동기를 일으킬까?

물론 그 답은, 벤처 투자가들이 투자금을 최대한 불리고 싶어 한다는 것이다. 만약 이들이 어떤 회사에 1천만 파운드를 투자한다면, 그 회사가 수익을 내든 못 내든 이들은 매년 1천만 파운드의 2퍼센트를 자기 몫으로 챙길 것이다.

즉 이들이 훨씬 작은 회사에 50만 파운드를 투자한다면 보장되는 연수입은 겨우 1만 파운드뿐이다. 그러므로 이들은 작은 규모의 투자를 100번 하는 것보다 초대형 투자를 10번 하는 것이 더 이익이다. 10번의 초대형 투자 중 한 개만이 안전하게 해안으로 돌아온다 해도, 벤처 투자가들은 캐리의 20퍼센트를 가져갈 것이고, 그 금액은 아마 나머지 회사에서 발생한 손실을 상쇄하고도 남을 것이다.

즉 세계를 지배하겠다는 야심이 없는 회사는 매력적인 투자 대상이 아니라는 뜻이다. 투자자들은 무시무시한 성장 잠재력을 원한다. 이들은 차세대 페이스북을 발견하길 원한다. 무게가 4만 킬로그램에 달하는 고래에게 작살을 꽂고 그 망할 잭 팟을 전부 집에 가져가고 싶어 한다. 벤처 투자가들은 이런 위험한 게임을 매우 쉽게 한다. 특히나 이들은 고래잡이배의 선장과 달리 자기 목숨을 걸지 않기 때문이다.

심지어 자기 지갑도 걸지 않는다.

그러나 이 모든 것이 아이나 비팔크 및 그의 보행기와 무슨 관련이 있단 말인가? 1970년대의 스웨덴 중부에 벤처 캐피털이 넘쳐흘렀던 것도 아닌데. 비팔크가 신청한 자금은 완전히 종류가 달랐다. 그러나 비팔크 본인도 '젊은 남자들 사이에서, 장애가 있는 여자'에게 투자하고 싶어 하는 사람은 아무도 없다는 것을 알았다. 그리고 이러한 경제적 사실(오로지 전 인구의 매우 작은 부분집합에서 나온 아이디어만 투자받을 가능성이 있다는 것)은 그동안 벤처 캐피털 덕분에 당혹스러울 정도로 스케일이 커졌다. 여성에게 이미 불이익을 안기는 기존 제도에 더해, 벤처 캐피털과 그 고래잡이 논리가 상당히 극단적인 상황을 불러온 것이다.

영국에서 벤처 캐피털 자금의 1퍼센트 미만이 오직 여성들끼리 창업한 스타트업으로 흘러든다. 영국 재무부에서 의뢰한 2019년 보고서에 따르면, 영국 벤처 투자가들이 맺은 계약의 83퍼센트에서 계약을 체결한 창업팀에 여성이 단 한 명도 없었다.[16]

영국에서 벤처 캐피털 투자금 1파운드당 창업자가 전부 여성인 팀이 가져가는 금액은 1펜스 미만인 반면, 창업자가 전부 남성인 팀은 89펜스를, 여성과 남성이 섞인 팀은 10펜스를 가져간다.

"스웨덴의 벤처 캐피털 분배는 두 성별 사이에서 여전히 한쪽으로 치우쳤다"라고, 2020년에 경제지 《다겐스 인두스트리 Dagens Industri》가 말했다.[17] 2019년, 스웨덴 벤처 캐피털에서 1퍼센트가 겨우 넘는 금액이 여성이 창업한 회사에 투자되었다. '치우쳤다'는 표현이 매우 흥미롭다. 우리는 98퍼센트가 넘는 돈이 남성에게 흘러간다는 말을 하고 있다. 뭐, 괜찮다. 그냥 '치우쳤다'고 해 두자.

유럽연합의 나머지 국가에서도 매우 유사한 '치우침'이 드러나는데,[18] 예를 들면 창업자가 전부 남성인 테크 기업이 벤처 캐피털 자금의 93퍼센트를 가져간다. 미국에서는 벤처 자금의 3퍼센트 미만이 창업자가 전부 여성인 사업체에 주어진다.[19] 미국에 있는 사업체 중 거의 40퍼센트가 여성 소유라는 점을 고려하면 매우 충격적인 사실이다.[20] 상황은 바뀌고 있지만 그 속도가 매우 느리다. 현재의 추세대로라면 여성은 25년 후에야 벤처 캐피털 자금의 겨우 10퍼센트를 손에 쥘 수 있다.

그러나 이게 정말 그렇게 중요한가? 결국 벤처 캐피털의 지원을 받는 회사는 전체 회사의 극히 일부일 뿐인데 말이다.

이 문제는 중요하다. 우리가 이 회사들에게 경제 전체에 적용되는 게임의 규칙을 정할 힘을 부여하기 때문이다. 지난 몇십 년간의 기술 혁명으로 원래는 실물 경제에 속했던 산업들이 오로지 주머니 속 기계 안에 존재하는 새로운 디지털 경제의 일부가 되었다.

역사상 처음으로 한 회사가 억만 명의 고객을 가진 시장을 만들어 낼 수 있게 되었다. 이제는 사용자가 8억 명인 소셜 네트워크나 190개국에서 서비스되는 데이팅 사이트, 거의 전 세계가 이용하는 영상 플랫폼을 만드는 것이 가능하다. 벤처 투자가들이 붙잡고 싶어 하는 것이 바로 이런 거대한 물건들이다.

이는 고래잡이 논리에 완전히 부합한다.

오늘날 사업가들은 그 어느 때보다 벤처 캐피털에 더 의존한다. 누가 이 자금을 지원받는가 하는 문제가 우리가 어떤 자동차를 운전할지, 어떤 획기적인 치료를 받을지, 우리가 점점 더 큰 힘을 넘기고 있는 로봇이 어떤 논리를 따를지를 결정한다. 이것이 바로 여성이 이 경기장에 발조차 제대로 못 들여놓는 것이 그토록 큰 문제인 이유다.

21세기가 시작될 즈음 테크 기업이 해안으로 귀환하는 데(즉 상장하는 데) 걸린 시간은 보통 3년이었다. 이제는 거의 10년이 걸린다.[21] 구글이 증권거래소로 향하는 긴 여정에서 받은 벤처 캐피털 투자금은 스웨덴의 전동 킥보드 회사인 보이Voi가

2019년 한 해 동안 받은 투자 금액보다 적었다.[22] 갑자기 생긴 8500만 달러로 스톡홀름의 거리에 전동 킥보드를 뿌릴 수 있게 된 놈들과 어떻게 경쟁할 수 있겠는가?

경쟁이 안 된다.

8500만 달러 수표를 가진 기업은 천하무적이다. 이 기업이 스톡홀름의 보도 교통량에서 우리가 책을 구매하고 선거 운동을 벌이고 미디어에 자금을 대는 방법에 이르기까지 모든 것의 규칙을 다시 쓸 기회를 얻는다.

2019년 기업 공개에 보기 좋게 실패해 오명을 얻은 스타트업 위워크WeWork를 예로 들어 보자. 이 사태로 위워크에 투자한 소프트뱅크SoftBank는 이 무너지는 회사에 최소 50억 달러를 더 쏟아부었다. 이 금액은 같은 기간에 미국에서 창업자가 전부 여성인 회사가 투자받은 벤처 캐피털 자금보다 약 150만 달러 더 많다.[23]

벤처 캐피털 투자의 97퍼센트 이상을 남성이 가져간 결과, 현재 우리의 소프트웨어와 앱, 소셜 미디어, 인공지능, 하드웨어는 전부 남성의 손으로 만들고 자금을 대고 개발하고 있다. 남성들에게는 아무 문제가 없다. 그러나 여성을 배제하는 체제에는 문제가 있다.

벤처 캐피털과 실리콘밸리가 연합을 맺었다는 것은 곧 단일 회사의 사업 계획에 따라 산업 전체의 규칙이 정해질 수 있다는 뜻이다. 그리고 이 벤처 캐피털 투자가 압도적으로 남성에게 흘러갈 때, 우리는 젊은 여성이 직접 개발한 앱에 재정 지원을 받지 못하거나 아이나 비팔크가 자신의 보행기로 부자가되지 못한 것, 또는 여성들이 수익을 내고 있는데도 대출을 받지 못해 네일 숍을 확장하지 못하는 것보다 훨씬 큰 문제에 직면하게 된다.

지워지고 배제된
아이디어

　모든 아이디어와 발명품이 규모가 작고 균질한 집단에서나올 때, 우리가 사는 세상이 도시에 사는 백인 중산층을 위해 만들어진 서비스와 회사로 가득 차는 것은 놀라운 일이 아니다. 이러한 회사의 창립자들은 훌륭한 사업가로 칭송받지만, 정말로 우리는 이보다 더 나을 수는 없는 걸까?

　몇 년 전부터 우리는 '고양이 집사를 위한 우버' '농부들을위한 틴더' '역사 다큐멘터리를 위한 넷플릭스' 같은 것들, 무려 성능이 더 뛰어난 아이폰의 네 번째 카메라, 한 줌의 남성을 지구 역사상 그 누구보다 부자로 만들어 줄 경제를 혁신과 동일시하기 시작했다. 그때부터 이 남성들은 노동 시장과 민주주의,

미디어의 게임 규칙을 완전히 바꿀 수 있게 되었다. 여기에 그만한 가치가 있었을까? 다르게 해 볼 수는 없었을까?[24]

아이나 비팔크의 이야기를 들은 사람은 보행기가 비팔크에게서 나올 수밖에 없었다는 생각을 하지 않을 수 없다. 그는 본인이 경험한 질병과 장애 때문에 보행기를 생각해 낼 수 있었다. 다양성은 훌륭한 아이디어의 등장에 매우 중요한 요소다. 그러나 요즘에는 그렇지 않으며, 이 문제는 결코 차별의 문제만이 아니다. 이 문제는 우리 금융 제도의 근간에 놓여 있다.

자금 지원을 받는 데 어려움을 겪는 회사들은 계획이 더 소박하다. 이들의 계획은 수익을 내리라 쉽게 예상할 수 있는 실용적인 계획이다. 이 회사들은 대개 여성이 설립하는 유형의 회사이며 고래잡이 논리에 부합하지 않는다.

여성이 경제적으로 배제되는 현실은 우리 형편에 맞지 않는 낭비다. 현재 인류는 역사상 가장 심각한 집단 혁신의 문제에 직면해 있다. 1860년대부터 우리는 5000억 톤의 온실가스를 대기로 배출하는 한편 전례 없는 방식으로 숲을 개간하고 땅을 착취해 왔다. 이로써 지구가 이산화탄소를 흡수하는 것이 점점 더 어려워지고 있고, 그 결과 지구가 인간이 살 수 없는 곳이 될 위험에 처했다. 혁신과 새로운 기술은 기후 위기를 해결하는 데 반드시 필요한 요소다. 우리에겐 가능한 한 많은 아이디어가 필요하다.

그러나 우리는 금융 체제를 바꾸는 대신 여성에게 더 큰 위험을 감당하라고 가르치고 있다. 남성 투자자들 앞에 서서 '짓밟고' '파괴하고' '지배하고' '장악할' 잠재력이 있는 아이디어를 소개하는 것. 이것이 그들이 말하는 방식이고, 그러므로 자금을 지원받고 싶다면 반드시 따라야 하는 방식이다. 페이스북의 모토는 '빠르게 움직이고 깨부숴라'였다. 충분히 커지고 충분히 빨라지면 결국 이윤은 따라올 것이다. 결과에 얽매이지 말고 그저 독점을 추구하며 당신을 방해하는 모든 것을 짓밟아라. 그 사업가는 슈퍼히어로로 묘사된다. 혁신이라는 명목하에 다른 모든 사람에게 적용되는 규칙을 무시할 권리, 아니 의무가 있는 슈퍼히어로로. 이것이 우리를 현재의 상황에 처하게 한 이상이다. 그러나 반드시 이런 식이어야 할 필요는 없었다.

가부장제의 비극은 인간의 경험을 둘로 쪼갠다는 것이다. 우리는 인간 삶의 어떤 측면은 여성적이고 어떤 측면은 남성적이라고, 남성적인 것이 여성적인 것을 대체해야 한다고 말한다. 그 결과 사회에서 남성이 여성의 우위에 서게 되었을 뿐만 아니라, 경제에서 우리가 '여성적'이라 칭하는 가치들이 밀려나게 되었다.

그동안 우리가 남자아이들을 키워 온 방식은, 다른 무엇보다 '여성적'으로 여겨질 수 있는 자기 안의 모든 특성을 차단하고 거부하고 억압하라고 말하는 것이었다. 울지 마, 그렇게 예민하게 굴지 마, 꽃 앞에 서서 감탄하지 마. 그러나 당연하게도 이런 특성들은 전부 인간 삶의 모습이다.

동시에 우리가 남성에게 허락하지 않는 모습이다.

경제에서도 우리는 똑같이 행동한다. 감정과 의존성, 유대감처럼 여성적인 것으로 코드화된 가치들과 '부드럽다'라고 간주되는 모든 것은 경제적 가치를 창출한다고 여겨지지 않는다. 심지어 이런 것들은 경제라는 단단한 세상 속에 존재할 권리가 없다. 만약 존재한다면, 반드시 부차적인 것이 되어야 한다. 기업의 사회적 책임과 환경에 대한 배려, 사회 정의는 전부 좋은 것들이지만, 시장 지배와 사생결단의 승자 독식 경쟁 같은 것에 비하면 별 볼 일 없는 잔챙이일 뿐이다. 우리는 어떤 희생을 치르더라도 이러한 경제 논리(남성적인 것이 여성적인 것을 대체하는 논리)를 지탱하려 하면서 너무나도 많은 것을 잃는다.

거기엔 우리 자신도 포함된다.

혁신이 '짓밟는' 대신 '치료'할 수는 없을까? 새로운 발명품이 '파괴'하는 대신 '도움'을 주면 안 될까? '지배'하는 대신 시장 생태계에 '기여'할 수는 없을까?

하나의 사회로서 우리가 투자하기로 선택한 대상은 우리가 소중하게 여기는 것(그리고 우리가 소중하게 여기지 않는 것)이 무엇인지를 잘 보여 준다. 우리는 현재 어떤 문제를 해결하는데, 아니 누구의 문제를 해결하는 데 수백만 달러를 쏟아붓고 있는가? 그리고 누구의 문제를 보지 **않고** 있는가?

　　고래잡이 논리는 남성적이다. 이 논리가 생물학적으로 남성적이기 때문이 아니라, 우리가 남성적인 것으로 코드화하도록, 그러므로 여성적이라고 코드화한 것보다 더 큰 중요성을 부여하도록 배운 수많은 가치를 담고 있기 때문이다. 그 결과 이 논리의 바깥에 있고자 하는 회사들은 똑같은 기회를 누리지 못한다. 실제로 그동안 우리는 '여성적'이라고 묘사되는 가치들을 경제에서 배제해 왔다. 우리는 그 가치들을 사적 영역('돌봄' '치료' '도움' '보존'이 허용되는 장소)에 속하는 것으로 치부한다. 심지어 당신이 여성이라면, 그러한 영역에 속하라고 요구하기까지 한다. 이와 달리 시장은 '짓밟고' '파괴하고' '지배'하기 위한 장소다. 지금껏 살펴봤듯이 이와 같은 혁신의 정의는 많은 여성 사업가를 배제한다. 그러나 이것이 가장 최악은 아니다.

　　가장 최악은 수많은 발명이 개발되지 못한 채 남아 있다는 것이다.

＊

　　1998년, 88세의 잉그리드 덴마크 여왕이 왕실의 여름 별장에서 열린 호화로운 결혼식에 참석했다.[25] 그는 레이스 천으로 된 청록색 드레스를 입고 이와 잘 어울리는 민트색 보행기를 밀었다.

덴마크에 거주하는 노인 여성들의 이동성에 큰 영향을 미친 중요한 순간이었다. 당당하게 보행기를 끌고 왕실의 대규모 잔치에 참석한 잉그리드 여왕의 이미지 덕분에 북유럽 지역 대부분에서 여성들의 보행기 사용이 표준화되었다.

넘어질까 봐 두렵다고 해서 원하는 것을 놓칠 필요는 없다. 다른 사람처럼 걷지 못한다고 해서 집에 숨어 있을 필요도 없다. 무엇 때문이든 청록색 레이스 드레스를 포기할 필요가 전혀 없다.

자신의 발명품이 마침내 주류의 자리에 등극한 그날은 아이나 비팔크가 사망하고 15년이 지난 해였다. 그렇다. 비팔크의 보행기는 세상 속으로 굴러 나갔다. 그러나 (이유가 뭐건 간에) 사회의 틀에 맞지 않는다는 이유로 자기 아이디어를 세상에 내놓지 못한 사람이 얼마나 많을까?

아이나 비팔크의 이야기는 적어도 역사에 기록될 수 있었다. 그러나 기록되지 못한 수많은 해결책들이 존재한 적 없는 이야기로 남았다. 우리의 세상을 발명하는 사람은 누구이며, 그렇게 하지 못하는 사람은 누구인가?

그리고 우리 모두가 치러야 할 대가는 무엇인가?

6장

인플루언서는
어떻게 해커보다
부유해졌나

세 가지 색조의 첫 번째 립스틱은 개당 29달러였고 30초 만에 완판되었다. 이 상품은 다음 날 이베이eBay에 거의 열 배의 가격으로 올라왔다. 시장은 립스틱과 그에 맞는 립라이너로 구성된 이 립 키트를 갈구하고 있었다. 이 상품의 아이디어는 원래의 입술 선 바로 바깥에 펜슬 라이너를 칠하고 그 안을 립스틱으로 채워서 입술을 더 도톰해 보이게 하라는 것이었다. 화장 기술도 립스틱 컬러도 전혀 새로운 것이 아니었지만, 수요가 어마어마하게 커지면서 인터넷의 모든 판매 사이트에서 가격이 천정부지로 치솟았다.[1]

4개월 뒤 카일리 제너Kylie Jenner는 세 가지 색조로 된 또 다른 립스틱 키트를 출시했고 이번에는 10분 만에 완판되었다. 당시 겨우 스무 살이었던 제너는 몇 년 뒤 자기 회사 지분의 절반을 6억 달러에 매각하게 된다. 사람들은 그가 과장된 수치와 이런저런 거짓말로 사업을 쌓아 올렸다고 수군댔지만 그건 중요치 않았다.2 그가 이 사업으로 번 돈은 여전히 진짜였으니까.

카일리 제너는 열 살이라는 어린 나이에 텔레비전에 처음 등장했다. 자신이 어쩌다 태어난 가족의 리얼리티 프로그램[✦]에서 본인 역할로 데뷔한 것이다.3 당시 이 프로그램은 전 세계 190여 개 국가 중 160곳에서 방송되었다. 매주 세계는 텔레비전을 틀고 킴Kim과 코트니Kourtney, 클로이Khloé, 켄달Kendall, 카일리, 그리고 이들의 어머니인 크리스 제너Kris Jenner의 일상을 지켜보았다. 가족의 남자 구성원들은 이 시리즈에서 소품 같은 역할을 했다. 프로그램의 주인공은 여성이었다. 집에 차려 놓은 체육관에서 운동을 하며 프라페를 마시고 인스타그램을 훑는 킴과 코트니, 커다란 용기에 포장해 온 샐러드를 소파에서 우물우물 먹는 클로이, 추리닝 바지를 입고 밍크 털로 만든 엄청나게 긴 인조 속눈썹을 붙인 채 개인용 제트기를 타고 날아가는 켄달.

이 북미의 자매들은 2010년대에 서구의 이상적 여성상을 규정했다. 영국 모델인 트위기Twiggy가 1960년대에 그랬듯이 말이다. 당시의 유행은 신나는 런던을 배경으로 한 날씬한 실루엣과 동그랗고 큰 눈이었다. 이제 유행은 흠 하나 없는 피부와 고양이 같은 눈매, 톡 튀어나온 광대뼈, 얇은 허리, 두툼한 입술

✦ 〈4차원 가족 카다시안 따라잡기Keeping Up with the Kardashians〉.

이 되었다. 엉덩이는 말할 필요도 없다. 바로크 시대 화가인 페테르 파울 루벤스가 붓을 내려놓은 1600년대 이후 둔부가 주류 문화에서 이렇게 중심을 차지한 적은 없었다. 킴과 코트니, 클로이, 켄달, 카일리는 이 새로운 이상의 상징이 되었다.

이 자매들은 수백만 명의 여성이 자신에게 어울리는 눈썹을 찾고 특별 제작한 브러시로 성실히 다듬을 수 있도록 도왔다. 또한 이들은 자기 얼굴에 보톡스를 맞는 모습을 방송하면서 이 유독 물질의 주입을 표준화했고, 거울 앞에 90분 동안 앉아서 다양한 색깔의 블러셔를 광대뼈에 발라 보는 행동을 허용 가능한 것으로 만들었다. 또한 이들은 믿을 수 없을 만큼 부유해지기도 했다.

특히 카일리가 그랬다. 자매들 중 가장 어린 카일리 말이다.

2010년대에 카일리 제너처럼 인스타그램 팔로어 수가 독일 거주자 수보다 많으면 매우 쉽게 회사를 세우고 성공을 거둘 수 있었다. 팔로어가 많으면 가장 치열한 경쟁의 대상인 관심을 이미 소유한 셈이었다. 그렇다면 벤처 캐피털도 필요 없었다.

카일리 제너는 젊은 여성에게 가닿는 것이 점점 더 어려워지던 시기에 그들의 상상력을 사로잡았다. 젊은 여성들은 전통적인 광고 전략이 다다를 수 없는 자기들만의 디지털 세상 속에 숨어 있었다. 여전히 그들에게 말을 걸 수 있다는 사실이 제너에게 경제 권력을 안겨 주었다. 본인조차 놀랐을 거대한 권력이었다.

2018년 2월, 제너는 트위터에 이렇게 썼다. "더 이상 스냅챗Snapchat 안 쓰는 사람 있어? 나만 그런 건가…… 그렇다면 좀 슬픈데."[4] 이 트윗은 제너가 더 이상 소셜 플랫폼 스냅챗을 좋아하지 않는다는 의미로 받아들여졌고, 시장에서 '당장 팔아!'라는 연쇄 반응을 일으켰다. 하루가 채 끝나기도 전에 스냅챗의 주식 가치가 6퍼센트 하락했고 13억 달러의 시장가치가 날아갔다.[5]

2015년에 제너가 립스틱을 팔기 시작했을 때 사람들은 이미 인터넷상에서 제너의 입술을 두고 2년째 토론을 벌이고 있었다. 제너가 필러 주사를 맞았을까, 안 맞았을까? 사람들은 유리컵 주둥이에 자기 입을 대고 제너의 것처럼 입술이 부풀 때까지 공기를 빨아들였다. 마침 메이크업 산업은 거대한 구조적 변화를 거치고 있었다. 젊은 여성들은 자기 어머니가 쓰는 로레알L'Oréal와 메이블린Maybelline을 버리고 소셜 미디어나 유튜브의 메이크업 튜토리얼에서 본 새로운 브랜드의 새로운 상품을 추구했다. 이들이 본 콘텐츠 속에서는 그들 나이대의 여성이 스마트폰 카메라를 앞에 두고 눈두덩이에 음영을 넣고 눈썹을 다듬었다. 제너가 이용한 것은 오래된 것에서 디지털로의 이러한 움직임이었다.

이제 제너는 자신을 둘러싼 관심(스냅챗의 주식 가치를 곤두

박질치게 한 바로 그 관심)을 자기 상품을 판매하는 데 활용했다. 그 상품 역시 우연히도 그의 가장 유명한 신체 부위, 즉 입술과 관련된 것이었다.

곧 돈이 쏟아져 들어왔다.

2018년, 미국의 잡지 《포브스》는 카일리 제너를 세계 최연소 자수성가형 억만장자로 선정했다. 전에는 페이스북의 창립자인 마크 저커버그Mark Zuckerberg에게 돌아간 타이틀이었다. 가장 어린 나이에 가장 큰 부자가 되는 방법이 저커버그처럼 하버드대학교의 기숙사에서 웹사이트를 만드는 것에서 제너처럼 로스앤젤레스에 있는 자기 어머니의 유명한 식탁에서 립스틱을 판매하는 것으로 바뀐 듯 보였다. 자본주의에서 인플루언서가 해커를 대상으로 승리를 거둔 것 같았다. 디지털 혁명이 우리를 이러한 현실로 이끌 것이라고 누가 상상이나 했겠는가?

2010년, 미국의 유명한 투자가 피터 틸Peter Thiel이 다음과 같은 말로 실망을 드러냈다. "우리는 하늘을 나는 자동차를 원했지만 그 대신 140자를 얻었다."**6** 물론 사용자가 140자로 자신을 표현할 수 있게 함으로써 성공을 거둔 소셜 플랫폼, 트위터를 겨냥한 말이었다. 정말 이것이 혁신의 정점일까? 오늘날 틸은 이렇게 말할 수도 있을 것이다. '우리는 하늘을 나는 자동차를 원했지만 그 대신 반짝반짝 빛나는 다섯 가지 인스타그램 필터 뒤에 있는 카일리 제너를 얻었다.'

2010년대는 인터넷이 뭔가 새로운 것을 할 수 있음을 보여준 시기였다. 많은 사람에게 다가가는 텔레비전의 능력과 평범한 전화 통화의 친밀함을 겸비한 것, 이게 바로 소셜 미디어였다. 그리고 이 소셜 미디어로 여성이 지배하는 경제가 탄생했다.

이 10년 동안 전문 블로거와 엄마 사업가, 인플루언서, 인스타그램 스타들이 여성의 사업적 성공을 상징하게 된 한편, 애플과 구글, 페이스북, 마이크로소프트 같은 주요 테크 기업들의 여성 직원 수는 여전히 충격적일 만큼 적었다.[7]

또한 소셜 미디어는 전에는 사적 영역에 속했던 여러 활동의 일대 변화를 불러왔다. 갑자기 음식을 만들고 가족 휴가를 계획하고 상을 차리고 꽃꽂이를 하고 아이들이 입을 옷을 고르는 일이 사업 아이템이 되었다. 소셜 미디어 플랫폼은 비교적 평범한 여성이 결혼 생활과 자녀 양육, 소비자로서의 선택을 이용해 완전히 새로운 방식으로 돈을 버는 것을 가능케 했다.

흥미로운 점은 전통적으로 여성이 하던 노동에 별 가치를 두지 않던 사회에서 이러한 변화가 발생했다는 것이다. 음식을 만들고 가족 휴가를 계획하고 상을 차리고 꽃꽂이를 하고 아이들이 입을 옷을 고르는 일은 일반 경제 이론에서 '경제 행위'로 간주되지 않는다.[8] 이러한 노동은 눈에 보이지 않으며 '경제적 타당성'이 부족하다고 추정된다. 그런데 갑자기 이 노동을 중심으로 완전한 사업을 세울 수 있게 된 것이다.

심지어 남자가 되지 않고서도 그럴 수 있었다. 과거에는 오로지 남성이 (유제품 생산과 요리 등) 전통적인 여성 중심 분야에 발을 내디딜 때만 돈이 들어오기 시작했다. 그러나 이번에는 달랐다. 이 새로운 사업 모델은 뉘셰핑과 나이로비, 오르후스, 모스크바 등 여기저기에서 모습을 드러내기 시작했다.

제너가 아닌 사람들의 경우 상황은 보통 이런 식으로 전개된다. 젊은 중국인 여성이 생화학을 공부하러 이탈리아로 유학을 간다. 쇼핑광인 그는 곧 유럽 디자이너의 제품을 중국보다 유럽에서 훨씬 싸게 살 수 있다는 사실을 발견한다.[9] 또한 그는 중국 중산층 사이에서 명품 수요가 얼마나 급증하고 있는지도 잘 안다. 그렇다면 밀라노에서 아르마니 스커트와 샤넬 구두를 사서 중국 소비자에게 판매하면 어떨까?

2010년대에 이처럼 서구의 명품을 판매하는 전문 바이어가 도처에서 등장했다. 이들은 소셜 미디어의 도움을 받아 중국 시장에 명품을 팔았고, 자신의 삶을 쇼윈도 삼아 스타일과 패션 분야에서 키운 역량을 구매 가능한 서비스로 제공했다.

이들은 피팅룸에서 셀카를 찍었고, 고풍스러운 길 위에서 뽐내며 걷는 자기 모습을 영상에 담았다. 자신이 판매하는 상품에 걸맞은 삶을 전시하며 디지털 부티크 속의 살아 있는 마네킹이 되었다.

패션에 대한 개인적 관심에서 시작된 일이 갑자기 유럽에 다섯 명의 바이어가 있고 중국에 소비자 전용 서비스 라인이 있는 사업으로 변할 수 있었다.

'화려한 노동Glamour labour'[10]은 2010년대에 여성 인플루언서들이 개척한 노동 유형을 가리키는 용어로, 현재 점점 더 많은 산업에서 반드시 필요한 조건이 되고 있다. 화려한 노동은 소셜 플랫폼에 전시하는 삶 속에서 팔로어의 관심을 끌기 위해 자기 자신과 자신의 몸을 큐레이션하는 것을 뜻한다. 화장과 스타일링, 운동, 눈썹 문신, 그 외에 신체적 자아를 가상의 자아와 어울리게 만들려는 모든 노력이 이러한 노동에 속한다. 그러나 이것은 머릿속 전략의 문제이기도 하다. 다른 사람들이 손에 쥔 화면 속에서 자기 삶이 특정 방식으로 보일 수 있도록 머리를 써야 하는 것이다.

화려한 노동은 킴과 켄달, 카일리, 코트니, 클로이가 걸출한 지구력을 보이는 분야다. 이들의 전략은 퍼스널 브랜드를 만들어 다양한 플랫폼 위에서 퍼뜨린 다음, 그동안 끌어낸 엄청난 관심의 힘을 이용해 제품을 판매하는 것이다.

카다시안 가족은 유명한 것으로 유명하다는 말을 많이 한다. 그러나 그건 사실이 아니다. 킴, 클로이, 카일리, 코트니, 켄달은 소비하는 것으로 유명하다. 이들은 일종의 소비계 아이돌이다. 이들이 창출에 크나큰 역할을 한 사업 모델이 모계 중심 가족에게서 나온 것은 우연이 아니다. 이 가족은 어머니인 크리스 제너가 수장이 되어 엄격하게 통제하는 하나의 조직이다.

쇼핑하는 여성,
타락하거나 해방되거나

"인류의 마땅한 연구 대상은 남성이다…… 그러나 시장의 마땅한 연구 대상은 여성이다"라고, 1929년 당시 급성장하던 광고 산업의 세계 최초 업계지였던 《프린터스 잉크Printers Ink》가 말했다.[11] 메시지는 너무나도 명확했다. 소비자는 여성이다. 물론 인류는 언제나 남성이지만.

현재 많은 국가에서 남성이 여성보다 옷에 더 많은 돈을 쓴다. 그러나 쇼핑에 들이는 시간은 보통 여성이 더 많다. 전 세계 소비의 가장 큰 부분을 좌우하는 사람은 여성이다. 음식과 옷, 기저귀, 커피 테이블, 세제, 콘택트렌즈 용액을 구매하는 사람은 여성이다. 여성이 돈이 많아서가 아니라, 가정에 필요한 물품을 조달하는 경제적 임무가 여성에게 주어지기 때문이다. 여기서 소비가 어느 정도는 일이라는 사실을 알 수 있다.

쇼핑은 가정이 굴러가기 위해 반드시 이뤄져야 하는 일 중 하나다. 달걀이 다 떨어졌고 수조에 조류 제거 용품이 새로 필요하다는 것을, 또는 바닥에 매트를 깔면 아이들이 부엌 의자에서 떨어졌을 때 멍이 덜 들 수도 있다는 것을 누군가는 알아차려야 한다.

오늘날 여성은 남성보다 이런 것들을 더 많이 신경 써야 한다고 요구받는다. 이것은 여성의 삶에 따라오는 정신적·감정적 노동의 일부다. 화장실 휴지가 떨어지지 않도록 관리하는 사람은 대개 여성이며, 모두가 알다시피 화장실 휴지는 실제로 떨어지기 전까지는 아무도 아쉬워하지 않는 물품이다. 그러나 사회의 최고 소비자로서 여성이 수행하는 역할은 여성에게 그 어떤 특별한 메달도 안겨 주지 않는다. 오히려 그 반대다. 민간 소비는 종종 더럽거나 하찮은 것으로 표현된다.

전통적인 서사에서 직장에 출근하는 사람은 남성이었다. 건물을 세우고, 은행 거래를 하고, 새로운 것을 만들고 개발하는 사람은 남성이었다. 그러면 여성은 남성이 벌어온 돈을 쓰며 가정 경제를 꾸렸다. 정치적 좌파와 우파는 오랫동안 이 이야기의 핵심에 동의해 왔다. 보수주의 사상가들은 남성이 높고 지적인 것을 나타내는 한편 여성은 기반과 물질적인 것을 나타낸다고 보았다. 반면 사회주의자들은 보통 생산을 집단적이고 남성적이며 창의적이고 유용한 것으로 여겼고, 소비는 여성적이고 개인적이며 여러 면에서 무의미한 것으로 여겼다.

심지어 오늘날에도 많은 남성이 본능적으로 쇼핑 개념과 거리를 두려 한다. 남자가 매달 레코드판 구매에 100파운드씩

쓰면 그건 '쇼핑'이 아니라 '음악에의 관심'이다. 남자가 몇 시간 동안 자기 오토바이에 잘 어울리는 액세서리를 찾아 헤매면 그는 '쇼핑에의 열정'이 아니라 '속도를 향한 열정'을 지닌 것이다. 여성인 국가수반이 가격이 5000파운드인 핸드백을 들면 미디어에서 쇼핑 중독자라고 비난받을 테지만, 한 벌에 1000파운드가 넘는 양복을 열두 벌 소유한 남성 정치인에게는 그 누구도 눈 깜박하지 않을 것이다.

옷장이 디자이너 핸드백으로 가득 찬 쇼핑 중독 여성의 이미지는 경제적 무책임의 줄임말이 되었다. 그러나 명품 핸드백은 중고 가치가 구입 가치보다 큰 경우가 많다. 반짝거리는 새 볼보Volvo와 비교해 보라. 자동차는 대리점에서 나오는 순간 놀라운 속도로 가치가 떨어지기 시작한다.

소비자 권력은 여성이 실제로 소유한 최초의 경제 권력 중 하나였다. 20세기 초에 스웨덴 여성들은 투표권이 없었지만 소비자 연합은 구성할 수 있었다. 예를 들어 우유에 액체 분뇨가 가득하거나 상인이 쓰레기를 채운 소시지를 판매하면 여성들은 소비자로서 변화를 일으키고자 노력할 수 있었다.[12]

마찬가지로 1700년대에 영국 여성들은 노예제에 반대할 수 있는 선택지가 없었다. 선거에서 투표할 수도, 국회의원으로 입후보할 수도 없었다. 그러나 이들은 쇼핑을 통해 노예선의 존재에 항의할 수 있었다. 알려진 것처럼 영국 중산층 부인들은 노예제를 반대하는 구호가 찍힌 브로치와 코담뱃갑, 난로 장식, 쿠션을 구매했다. 물론 이들의 실천은 도시에 사는 위선적 문화 엘리트들의 곧 사라질 감상적 유행으로 치부되었다. 그러나 이들이 달리 무엇을 해야 했을까?

영국 여성들은 더 나아가 노예들이 끔찍한 환경에서 원료를 수확하는 설탕을 보이콧했다. 물론 이 모든 행동이 얼마나 큰 차이를 낳았는가에 대해서는 논란이 있을 수 있다. 그러나 영국의 중산층 여성들이 가정용품의 주요 구매자로서 자신들이 가진 권력을 사용했다는 사실은 부인할 수 없다.[13]

✳

마찬가지로 여성은 역사상 경제에서 임금 변동보다 가격 변동에 더 관심이 많았다. 물품 가격이 여성의 일상생활에 더 큰 영향을 미쳤기 때문이다. 여성들이 거리로 쏟아져 나온 것은 보통 빵값이 올랐을 때였다. 1789년의 프랑스 혁명 때도 그랬고,[14] 1917년 러시아의 2월 혁명 때도 그랬다.[15] 즉 여성의 소비자 권력은 오래전부터 무시해선 안 될 세력이었다. 그런데도 여성의 소비는 사회의 진전이 아닌 도덕적 타락의 특징으로 묘사되곤 한다.

1852년 파리에 현대식 백화점이 생겼을 때[16] 평론가들은 프랑스 여성들이 속절없이 넘어갈 것이라고 단언했다. 쇼윈도의 매력은 여성들에게 거의 성적이기까지 하다는 것이었다. 여성은 타고난 성향상 허영심이 많고 충동적이었다. 여성은 아름다움과 관능, 편리함에 이끌리므로 유혹과 관련해서는 대체로 신뢰할 수 없는 존재였다.

아담이 사과를 깨물어 먹게 한 사람이 누구였는지 우리 모두 기억하지 않는가?

처음 문을 연 백화점들은 적어도 정신력이 약한 사람들(즉 여성)에게는 매우 위험할 수 있는 여러 중요한 혁신을 갖추고 있었다. 백화점 개념의 핵심 특징은 꼭 무언가를 살 필요 없이 그곳에 들어올 수 있다는 것이었다.

백화점은 그 자체로 하나의 구경거리였고, 고객을 사면의 벽 안에 최대한 오래 붙잡아 둘 수 있도록 고안된 오락의 세계였다. 백화점 곳곳에 화려한 계단과 눈부신 거울, 각종 유혹이 자리했다. 결정적으로, 안에 들어와 멍하니 쳐다보기만 해도 아무 문제가 없었다. 이렇게 쇼핑은 취미 생활이 되었다. 이러한 충격적 변화가 어디로 이어질지 많은 이들이 궁금해했다.

신식 백화점의 또 다른 중요한 혁신은 고정 가격이었다.[17] 백화점에서는 원하는 모자를 구매할 때 협상이나 실랑이를 할 필요 없이 가격을 즉시 확인할 수 있었다. 이로써 거래의 속도가 빨라졌다.

백화점의 콘셉트는 크기와도 관련이 있었다. 사람들은 백화점을 층층이 돌아다녀야만 원하는 물건을 찾을 수 있었다. 마치 여성이 길을 잃기를 백화점이 바라는 것 같았다.

에밀 졸라Émile Zola는 급성장하던 파리의 백화점을 주제로 고전 소설 《여인들의 행복 백화점》을 썼다. 이 저명한 프랑스 작가는 파리 좌안에 있는 유명 백화점 르 봉 마르셰Le Bon Marché에서 몇 주간 조사를 했다. 졸라가 이해했듯이 이 백화점은 프랑스 여성들이 교회를 떠나기 시작한 바로 그 시점에 파리에 문을 열었다. 그의 눈에 이건 우연이 아니었다. 그는 쇼핑이 어느 정도는 여성의 새로운 종교가 되었다고 말했다.[18]

여성은 영혼을 완벽하게 가꾸는 것을 그만두고 그 대신 신체를 완벽하게 가꿀 것을 독려받았다. 패션과 신체, 아름다움에 대한 숭배가 생겨났고, 백화점은 그러한 숭배의 신전이었다.

그러나 졸라가 깊이 탐구하지 못한 사실은, 교회와 백화점에 매우 구체적인 공통점이 있다는 것, 여성이 교회와 백화점에 끌리는 이유를 설명해 줄 무언가가 있다는 것이었다. 말하자면 교회와 백화점은 여성 신체가 비교적 안전하게 돌아다닐 수 있는 공공장소였다. 신식 백화점은 부유한 프랑스 여성들에게 지금껏 누리지 못한 권리, 바로 **한가롭게 산책할** 권리를 제공했다. 갑자기 여성들은 성적인 공격과 희롱의 위험을 저울질하지 않고도 공공장소를 하릴없이 배회할 수 있었다. 마치 길거리에 있는 것처럼, 그러나 훨씬 더 안전하게 돌아다닐 수 있게 된 것이다. 간단히 말해서 백화점은 여성이 남자 없이도 두려움 없이 드나들 수 있는 공공장소였다.

그러나 노동계급 여성들은 여전히 계산대 뒤에서 무례한 대접을 받았다. 백화점이 모두에게 자유를 의미한 것은 결코 아니었다. 그러나 국가가 여성에게 안전한 공공장소를 만들려고 하지 않을 때 민간 부문은 그러고자 노력했다.

그리고 그 대가로 쏠쏠한 돈을 벌었다.

미국인인 해리 고든 셀프리지Harry Gordon Selfridge는 1906년 런던에 대형 백화점 셀프리지Selfridges를 열며 이를 일종의 페미니스트적 행동으로 이해했다.[19] 지금도 여전히 옥스퍼드 스트리트의 서쪽 끝에 자리한 이 백화점에서 쇼핑의 의무는 즐거운 것이 되었다. 이 미국인 사업가는 백화점을 품격 있으면서도 그리 비싸지 않은 레스토랑으로 가득 채웠고, 이곳에서 여성 소비자들은 방해받지 않고 혼자 식사할 수 있었다. 런던의 다른 시설에서는 절대 불가능한 일이었다. 셀프리지 백화점은 여성이 책을 빌릴 수 있는 도서관과 함께 독서 공간과 응급처치 시설을 마련했다. 건물 중심에는 조용하고 조명이 은은한 공간이 있었다. 셀프리지는 여성들이 푹신한 의자에 등을 기대고 앉아 눈을 감고 쉬는 모습을 상상했다.

그날의 쇼핑으로 다시 돌아가기 전에 말이다.

　물론 이 모든 것의 뒤에는 상업적 논리가 있었다. 사업가였던 셀프리지는 당연히 고객을 백화점 안에 최대한 오래 붙잡아 두고 싶었다. 그렇다고 해도, 그가 만들어 낸 도시 공간 안에서 일부 여성이나마 전보다 훨씬 자유롭게 돌아다닐 수 있었다는 사실은 변하지 않는다. 즉 쇼핑이 여성 해방으로 향하는 길의 일부라는 개념은 적어도 부유한 백인 여성에게는 전혀 새로운 것이 아니다.

　졸라는 소비가 사회 전체를 타락시킬 수 있는 수치스러운 것이라 경고했고, 셀프리지는 소비가 여성 해방으로 향하는 길이 될 수 있다고 생각했다. 많은 분야에서 이 논쟁이 여전히 뜨거운데, 다만 이제는 다음의 질문에 더 가까워졌다. 카일리 제너는 롤 모델인가, 아니면 우려되는 사례인가? 그가 5천만 달러짜리 분홍색 개인용 제트기를 타고 날아다니는 것은 사람들에게 '영감'을 주는가, 아니면 그저 후기 자본주의의 또 다른 증상일 뿐일까? 우리는 판결을 내릴 수 없다. 과거에도 그랬고, 오늘날에도 그렇다. 그러나 이 질문은 과거보다 현재에 더 중요할지도 모른다. 이제는 더 이상 파리에 있는 잘 만든 백화점만의 문제가 아니기 때문이다. 신기술이 등장하면서 소비자 논리가 전에 없던 방식으로 우리 삶 전체에 퍼지고 있다.

　19세기의 백화점에서 고정 가격은 대단한 화제였다. 그러나 요즘 우리는 온라인으로 잡지 기사를 읽으며 이미지를 클릭

해 즉시 방금 본 상품을 구매할 수 있는 페이지로 넘어간다. 이
것이 바로 우리가 점점 더 많은 시간을 보내는 소셜 플랫폼이
돈을 버는 방식이다. 이처럼 우리가 주머니 속에 넣고 다니는
기술과 상업이 통합되었다는 사실이 21세기 초반에 우리가 세
상을 경험하는 방식의 중심에 자리하게 되었다.[20]

　　만약 소비자가 여성이라면, 그리고 우리 세계의 점점 더 많
은 부분이 소비 가능해지고 있다면, 이 사실은 여성에게 더 큰
권력을 줄까, 아니면 피해를 줄까? 이건 중요한 문제다.

새롭고도 익숙한
친밀감의 전략

　　인플루언서는 자기 삶의 구성 요소를 판매하는 대가로 돈
을 받는다. 팔로어들은 그의 공황장애와 새 고양이 이야기를
계속 듣고 싶어 하는 동시에, 그가 게시물 속에서 이야기를 할
때 앉아 있는 소파 역시 구매하고 싶어 한다.

　　소셜 플랫폼은 다양한 소비자의 선택을 보여 주는 정도('내
가 산 블라우스 좀 봐 봐!')를 넘어설 만큼 발전했다. 이제 사람들
은 소셜 플랫폼에서 다른 이의 소비 선택을 보고 즉시 그가 보
여 준 것의 '일부'를 구매할 기회를 얻는다. 이는 실로 상업의 혁

명이다.

요즘에는 주변 세상을 '스캔'할 수 있는 스마트폰 앱들이 있다.[21] 현재 감탄하며 바라보고 있는 유리병의 사진을 찍어서 앱에 입력하면 그 병의 구입처 정보를 알 수 있다. 이렇게 소매 산업은 전 세계를 클릭 가능한 하나의 쇼윈도로 바꾸는 꿈을 꾼다. 만약 시내에서 본 어떤 사람의 재킷이 마음에 들면 그 사람의 사진을 찍어서 그 재킷을 살 수 있는 링크를 즉시 찾을 수 있고, 이렇게 현실을 디지털 세상처럼 쇼퍼블shoppable♦하게 만들 수 있다. 모든 것이 해리 고든 셀프리지의 백화점처럼 변할 것이고, 단일한 상업 논리에 종속될 것이다.

2010년대는 소비와 생산의 경계를 흐릿하게 만들었고, 사람들은 점점 더 '프로슈머prosumer'라는 새로운 범주를 논하기 시작했다.[22] 프로슈머는 소비자나 생산자 중 하나가 아닌, 그 둘을 합친 것을 의미했다. 많은 여성이 바로 이 접경지대 위에서 자기 회사를 세웠다.

인플루언서는 프로슈머다. 그는 비타민을 소비하는 동시에 비타민을 먹는 셀카를 찍어서 그 비타민을 광고한다. 그의 주요 임무는 자신이 광고비를 받았든 안 받았든 간에 어쨌든 그 비타민을 먹을 것이라고 팔로어를 설득하는 것이다. 자신도 당

♦ 콘텐츠에 바로 상품 구매 링크를 연결하는 것.

신들과 같은 평범한 소비자임을 시청자가 믿게 하는 것이 비결이다. 그가 평범한 소비자인 것은 사실이며, 또한 사실이 아니기도 하다.

실제로 모든 인스타그램 사용자는 어느 정도 프로슈머다. 우리는 인스타그램을 이용하지만 자기 콘텐츠를 통해 인스타그램을 만들어 내기도 한다. 물론 문제는 이게 정말 새로운 현상이냐는 것이다. 지난 세기의 수많은 혁신이 다양한 방식으로 소비와 생산의 경계를 밀어붙였다. 패스트푸드 음식점을 예로 들어 보자. 소비자는 이곳에서 식사를 하는 동안 공동 생산자가 된다. 이들은 음식을 자기 자리로 들고 가야 하고 식사를 마친 뒤에는 알아서 자리를 치워야 한다. 이를 통해 음식점은 더 낮은 가격을 제공할 수 있다.

이케아Ikea도 마찬가지다. 자기 거실에서 최선을 다해 선반을 조립하는 이케아의 소비자는 한편으로 가구 제작자이기도 하다.

사람들은 보통 소비와 생산을 독립된 두 개체로 보지만 실제로는 거의 그렇지 않다. 2010년대가 되자 이 경계는 더더욱 흐릿해졌고, 여기서 여성을 위한 여러 기회가 생겨났다.

결국 경제에서 여성의 근본 서사는 여성이 사적 영역에 속한다는 것, 남성은 나가서 유급 노동을 하지만 여성은 집에 머문다는 것이었다. 역사상 장기간에 걸쳐 실제로 그러했던 적은 한 번도 없었지만(여성 역시 거의 언제나 공식 경제 안에서 일했다) 명백히 우리는 현실을 그렇게 인식한다.[23] 남성은 공적 영역에 나가 있고, 여성은 사적 영역에 속한다고 간주한다.

그러나 2010년대가 되자 신기술이 사적 영역의 상당 부분을 공적으로 만들었다. 이제는 아침 식사 사진을 찍어 모두가 볼 수 있도록 온라인에 올릴 수 있다. 어떤 사람들은 그런 사진을 올림으로써 심지어 제법 큰돈을 벌 수 있음을 알게 되었다. 딸기를 정교하게 썰어서 눅눅한 치아시드 위에 예쁘게 장식할 능력만 있다면 말이다.

마찬가지로 자기 라이프스타일을 계속 온라인에 보고하는 실력이 출중하다면 결혼 생활과 육아도 풀타임 직업이 될 수 있었다. 이 새로운 경제의 특징은 거의 모든 바탕이 시청자와 감정적 유대를 쌓는 능력에 있다는 점이었다. 이 시기에 '개인적'이라는 말은 전에 없던 상업적 의미를 띠게 되었다.

출산과 양육이 그 예다. 2010년대는 서구 세계가 엄마됨에 크게 집착한 시기였다. 여성 유명인 중 누가 임신했는지, 누가 임신이 가능하고 누가 불가능한지, 그들이 자녀를 어떻게 키우기로 결정했는지가 전부 대단한 화두였다. 사람들은 소셜 미디어의 프로필 사진을 배 속 아기의 초음파 사진으로 바꾸었다. 개념과 의견, 도전, 문제로서의 엄마됨이 이처럼 완전히 새로운 방식으로 대중에게 전시되자 디지털 세상과 사적인 세상이 하나로 합쳐졌다.

여성 유명인들은 이처럼 디지털상에 엄마로서의 모습을 드
러냄으로써, 가닿을 수 없는 이상향에서 소비자가 공감할 수
있는 사람으로 변신했다. 엄마됨은 유명 인사의 화려함과 인터
넷의 친밀함에 대한 수요를 결합하는 방식이었다.24 킴과 카일
리, 클로이, 켄달, 크리스가 낳은 자식은 총 열두 명이다. 거의
모든 차원에서 엄마됨은 이들이 가진 브랜드의 중심에 있다.
이들은 화려한 사업가인 어머니상을 제시한다. 이들이 딸의 이
름을 따서 최신 제품의 이름을 짓고 온라인에서 딸과 함께 포
즈를 취하면 주문이 쏟아져 들어온다.

젊은 여성들이 카일리 제너의 립스틱을 구매한 이유는 그
에게서 진정성을 느꼈기 때문이다. 그들에게 제너는 로레알의
최신 광고 속 모델과 달리 진짜였다. 그 모델이 제너와 똑같이
생겼다 해도 젊은 여성들은 그의 인간관계 이야기를 귀 기울여
듣거나, 초음파실에서 파란 젤 범벅이 된 그의 임신한 배를 관
심 있게 바라보지 않았을 것이다. 사람들이 제너에게 공감한
것은 그가 자기 삶을 공유했기 때문이며, 엄마됨은 그 과정에
서 큰 부분을 차지했다.

물론 이러한 사실은 여러 면에서 역설적이었다. 그토록 오
랫동안 진지한 시장의 정반대에 있다고 여겨진 엄마됨이, 갑자
기 결코 하찮지 않은 상업적 중요성을 띠게 된 것이다.

역사상 여성은 부모로서의 정체성과 직업적 정체성이 본래 대립한다고 여겨졌지만 남성은 그렇지 않았다. 사람들은 직업을 갖고 가족을 부양하는 것이 좋은 아버지의 핵심 요소라고 생각한다. 그러나 여성에게는 같은 논리가 적용되지 않으며, 2010년대의 수많은 여성에게 엄마로서의 정체성을 이용해 회사를 설립하는 것은 이 간극을 메우는 하나의 방법이 되었다.

제너의 회사는 부엌 식탁에서 시작되었다. 그러나 이 식탁은 끊임없이 영상과 사진의 배경이 되는 곳이었다. 사적 영역은 여전히 여성의 일터였지만, 기술은 갑자기 이 사적 영역을 공적 영역으로 옮겨 놓았다. 어떤 면에서는 엄청난 혁신이었다. 더 많은 여성이 결코 자신을 위하지 않는 노동 시장의 대안을 직접 만들어 낼 수 있었으니까.

그동안 사업은 어느 정도 여성의 '탈출구'이기도 했다. 여성 사업가 비율이 가장 높은 대륙인 아프리카에서 사업은 보통 차별에 대응하는 방식이다. 여성은 남성보다 직업을 구하기 힘들고, 많은 고용주가 요구하는 정식 기술이 없는 경우가 많다. 또한 여성은 가정과 자녀를 돌볼 일차적 책임을 지는데, 이는 곧 세상에 존재하지 않는 유연한 일자리가 필요하다는 의미다. 그러니 여성들은 직접 그러한 일자리를 만들어 낸다.

마찬가지로 유럽 여성들도 종종 다르게 일하겠다는 결정을 내린다. 여성 변호사가 자신이 남성 동료들보다 월급을 적게 받는 데 진절머리가 날 수도 있고, 아니면 그저 직원들이 하루에 12시간씩 사무실에 남아 있어야 하는 기업 문화에 동의하지 않을 수도 있다.

기술 발전으로 집에서 회사를 설립하고 운영하는 것이 쉬워지면서 여성 사업가가 늘어났다. 실제로 2010년대에 사업은 종종 새로운 페미니즘으로 칭송받았다. 이렇게 새로 등장한 여성 사업가들 중 사람들의 입에 가장 많이 오르내린 사람은 당연하게도 집에서 일하는 여성, 가족들의 단편적 일상을 공유하고 자신이 소비한 물건을 자랑하며 돈을 버는 여성이었다. 물론 이 방식은 젠더 역할의 연장선상으로 보이는 것까지는 아니더라도, 여성의 젠더 역할과 가장 쉽게 결합할 수 있는 종류의 사업이었다. 그러나 여기에는 대가가 따랐다. 사적인 삶이 공적인 것이 되었고, 온라인에 공유하는 자잘한 정보들이 거대 테크 기업의 소유가 되었다. 여성인 제너는 어쩌면 인스타그램의 가장 큰 소득원이었을지 모른다.

그러나 인스타그램을 소유한 것은 마크 저커버그다.

근래에 매우 사적인 순간들을 공유하는 것은 하나의 사업 전략이 되었다. 비결은 결함 없는 겉모습을 취약한 내면과 결합해, 그 결함 없는 겉모습이 **외부적인** 것임을 드러내는 것이었다. 그렇다면 그들이 광고하는 상품을 구매함으로써 그 겉모습을 내 것으로 만들 수도 있었다. 이러한 종류의 친밀함은 잘 먹혀 드는 사업 전략일 수 있지만, 한편으로는 당신 스스로를 점점 더 포기하라는 압박이 될 수 있다. 당신과 친밀감을 공유한다고 느끼는 팔로어들이 결국 어떤 소유 의식을 가질 수도 있기 때문이다.

그러나 어쩌면 우리가 너무 앞서 나가는 것일지 모른다. 어쨌거나 친밀감을 판매 전략으로 활용하는 것은 전혀 새로운 현상이 아니다. 남성 또한 이 전략을 사용한다. 고객과 감정적 관계를 쌓는 것은 결코 여성이 발견한 전략도, 독점하는 전략도 아니다. 여성이 소셜 플랫폼을 이용해 판매로 이어질 관계를 쌓을 수 있듯이, 남성도 자기 사업에서 다양한 수단을 통해 친밀감을 불러일으키려 애쓸 수 있다.

회식 때 술을 마시며 거나하게 취하는 것은 잠재적 동업 관계에서 친밀감을 쌓는 전략이자, 전통적으로 남성적이라고 간주될 만큼 고전적인 전략이다. 함께 떡이 되도록 술을 마시면 유대감이 형성된다. 스트립 클럽(아마 남성이 사업을 하는 가장 진부한 장소) 역시 또 다른 사례다.

무엇 때문에 이성이 가슴을 노출하는 쇼에 고객을 데려가는 것일까? 그 답은 친밀감이다. 물론 무대 위 여성과의 친밀감을 말하는 것은 아니다. 그들은 바라볼 대상이다. 스트립 클럽을 탐험하는 것은 다른 남자들과 친밀감을 쌓기 위해서다. 이곳에서는 숨겨진 모습을 드러내는 경험을 공유하게 되고, 이렇게 생긴 친밀감은 미래 동업 관계의 토대가 될 수 있다.

여기에 몇 가지 중대한 위험이 따른다는 사실은 쉽게 알아챌 수 있다.

연구에 따르면 10대 소녀들의 자존감은 소셜 플랫폼에서 보내는 시간이 많을수록 낮아진다. 동시에 이러한 플랫폼의 발전은 여성이 전통적으로 여성적인 기술을 이용해 돈을 버는 방식으로 여겨지기도 한다. 아름다움과 가정, 자녀 양육, 베이킹을 이용해 회사를 세우는 것이, 학교에서 돌아온 아이들을 집에서 맞이하고 싶은 마음이 뭐가 문제란 말인가? 우리는 조지 클루니 같은 남성 유명인이 자기 취미(데킬라!)를 상업화해 5억 달러를 벌었다고 그를 비난하지 않는다. 그러나 물론 여기에는 차이가 있다.

여성들은 어린 시절부터 다른 사람이 자신을 어떻게 생각하는지 고려하라는 권고를 듣는다. 역사상 매력은 여성에게 꼭 필요한 경제적 요소였지만 남성에게는 그렇지 않았다. 여성은 남성만큼 자립의 기회가 많지 않았기에 타인의 선의에 더 많이 의지해야 했다.

오늘날에도 전 세계 많은 지역에서 남편을 잃은 인기 없는 여성이 재산 상속의 권리를 보장해 줄 법이나 제도가 없을 때 공동체에서 쫓겨나는 경우가 많다. 이와 유사하게 제인 오스틴의 책들도 무도회에서의 인기와 만년에 스스로를 건사할 능력이 직접 연결되어 있음을 보여 준다. 결국은 남자를 즐겁게 해야 한다. 그렇게 할 수 없다면 적어도 공동체 내에서 남자들이 소외감을 느끼게 해서는 안 된다. 그렇다면 여성이 남들이 자신을 어떻게 생각하는지에 집착하는 것이 그렇게 이상한 일일까? 수 세기 동안 사람들의 호감을 사는 일이 여성의 경제적 생존 가능성을 결정했는데 말이다.

그렇다면 많은 여성이 타인의 판단을 알아차리는 육감을 지닌 것도 놀라운 일이 아니다. 그리고 이러한 능력은 디지털 경제에서 잘 활용될 수 있는 것으로 드러났다. 자신을 호감 가는 인물로 포장하고 감정적 유대감을 쌓는 여성의 능력은 갑자기 소셜 미디어에서 현금화할 수 있는 것이 되었다. 제너가 20년 전에 태어났다 해도 그는 아마 부자가 되었을 것이다. 그러나 이만큼은 아니었을 것이다. 여성 슈퍼모델과 텔레비전 스타는 당시에 백만장자가 될 수 있었지만, 억만장자가 되기란 거의 불가능했다.

2010년대에 큰돈을 번 인플루언서들은 제너처럼 소비의 아이돌 역할을 맡은 사람들이었다. 상품의 정글 속에서 길을 잃은 사람들이 자신이 신뢰하는 사람의 추천에 따라 유모차를 구매하는 것은 그리 이상한 일이 아니다. 그렇다면 블로거 엄마가 상품 광고로 돈을 벌지 말아야 할 이유가 어디 있는가? 남성들이 소유한 주간지는 그 일을 수십 년간 해 오고 있는데 말이다. 유명한 여성 영화배우가 자신을 둘러싼 관심을 이용해 직접 출시한 운동화를 팔면 왜 안 되는가? 그 배우에게서 눈을 떼지 못하는 사람들을 이용해 돈을 버는 행위가 왜 남성이 소유한 할리우드 스튜디오만의 것이어야 하는가?

분홍색 제트기는 더 나은 세상으로 날지 않는다

소비는 여성적인 것으로 코드화된 행위다. 그러나 우리가 여성과 관련된 다른 것들처럼 이 소비자 논리를 거부하거나 무시한다고 말하긴 힘들다. 오히려 그 반대다. 소비자는 여성적이라고 코드화된 정체성 중에서 보편성을 획득하기 시작한 몇 안 되는 것 중 하나다. 이와 함께 민간 소비는 우리 경제에서 점점 더 결정적인 역할을 맡게 되었다.

1940년 5월 10일, 윈스턴 처칠이 영국 총리가 되었다. 유럽은 전쟁이 한창이었고, 의회 연설에서 새 총리는 다음과 같은 유명한 말을 남겼다. "내가 바칠 것은 피와 노력, 눈물과 땀밖에 없습니다."[25] 이로부터 60년 후, 조지 W. 부시 미국 대통령이 2001년 9·11 테러라는 또 다른 위기 상황에서 연설을 했다. 이 연설에서 그는 미국 국민에게 매우 다른 행동을 촉구했는데,

바로 '쇼핑'을 하러 가라는 것이었다.[26] 처칠은 국민의 노동 윤리에 호소했고, 부시는 소비자로서의 국민에게 말을 걸었다. 여러 면에서 부시의 연설은 타당했다.

1940년대의 영국 경제는 정확히 처칠이 말하고자 한 자기희생적 노동 윤리로 굴러가고 있었다. 그러나 2001년의 미국은 생산 시설이 대부분 지구 반대편의 노동자들에게 넘어가 있었다. 이 시기에 미국인이 열심히 일하지 않았다는 뜻은 아니다. 그러나 그 일은 대개 서비스 부문의 저임금 일자리였다. 즉 소비가 신용과 저금리에 힘입어 성장을 이끌었고, 이 모든 것은 결국 2008년의 금융 위기로 이어졌다.

지난 수십 년간 수많은 경제학자가 노동 시장의 '여성화'를 이야기했다.[27] 여기서 '여성화'는 더 많은 여성이 유급 노동에 참여하게 되었다는 뜻일 뿐만 아니라, 노동 시장 전체가 더 '여성적'으로 변했다는 뜻이다. 이 말은 노동 시장이 더 분홍색으로 변했다든가 사랑스러워졌다든가 한 달에 한 번 히스테리를 부리게 되었다는 뜻이 아니다.

노동 시장이 더 불안정해졌다는 뜻이다.

유연하고 임금이 적으며 집에서 일하는 직업이 갈수록 늘고 있다. 전통적으로 '직업'이라는 단어가 의미했던 일(하루에 8시간씩 공장에서 일하고 그 임금으로 가족을 먹여 살릴 수 있는 일)이 많은 경제에서 점점 찾기 어려워지고, 그 대신 저임금의 파트타임 일자리, 즉 전에는 여성에게 적합하다고 여겨졌던 일이 널리 퍼지고 있다. 어쨌거나 여성은 남성만큼 돈을 벌 '필요'가 없다고, 과거에 사람들은 생각했다.

마찬가지로 많은 경제가 점점 더 소비 중심으로 바뀌면서 '여성화'되고 있다. 남성과 여성 모두 자신의 경제적 정체성을 다른 무엇보다 소비자로 인식하라고 독려받는다. 2001년에 부시 대통령이 미국인을 소비자 역할로 안내한 것이 그토록 자연스러웠던 이유다.

배리 로드Barry Lord는 저서 《예술과 에너지Art & Energy》에서 이에 대해 논하며 이러한 변화가 1970년대에 시작되었다고 말한다.[28] 우리의 소비자 정체성은 우리 사회가 석유에서 동력을 얻기 시작한 바로 그 무렵에 문화적으로 점점 더 중요해졌다.

석유는 저렴한 소비재의 폭발적 생산을 가능케 했고, 이러한 소비재의 매매가 경제에서 점점 더 중요한 부분을 차지하게 되었다. 이러한 변화는 우리의 문화적 정체성에도 스며들었다. 우리는 더 이상 생산과의 관계를 통해서가 아니라 소비자로서 스스로를 바라보게 되었다. 경제에서 우리의 주요 역할은 소비자였고, 그러므로 위기가 발생했을 때 우리가 시민으로서 할 수 있는 일은 쇼핑하는 것이었다. 거기에 우리의 힘이 있었고, 이 점에서 우리 모두는 어느 정도 '여성'이 되었다.

말하자면 백화점이 우리를 집어삼킨 것이다.

로드는 우리의 정체성이 에너지 소비와 얽혀 있다고 주장한다. 극도로 강력한 오늘날의 소비자 정체성은 화석 연료 사회에서 비롯되었다. 새로운 경제적 정체성을 찾지 못하는 한 우리는 화석 연료에서 벗어날 수 없을 것이다.

만약 지금처럼 스스로를 다른 무엇보다 소비자로 바라본다면 우리는 기후 위기의 해결책을 찾지 못할 수 있다. 우리는 세상을 소비하는 것이 아니라 세상을 보호해야 한다. 그리고 이 문제에서 카일리 제너는 아마 별 도움이 되지 않을 것이다.

지금까지 이 책은 우리가 그동안 여성적인 것으로 코드화해야 한다고 학습해 온 많은 것들이 더 나은 평가를 받아야 한다고 주장했다. 바퀴 달린 가방에서 전기차에 이르기까지, 여성적으로 간주되는 모든 것을 낮잡아보는 행동은 아무 도움이 되지 않을 뿐만 아니라 실제로 우리를 방해한다. 금속처럼 단단한 것만이 기술이라는, 뒤지개보다 창이 먼저 등장했을 것이라는 우리의 완강한 주장처럼 말이다.

한편 '장악하고' '짓밟고' '파괴하는' 것이 혁신이라는 논리는 여러 측면에서 비인간적인 경제를 낳았다. 대안을 찾으려면 젠더에 대한 생각을 바꿔야 하는데, 우리의 젠더 관념이 우리가 무엇을 소중히 여기고 무엇을 무시하는지를 크게 좌우하기 때문이다. 개인의 삶에서도 그렇고, 경제 전체에서도 그렇다.

립스틱 판매로 6억 달러를 벌어들이는 주체가 여성이라는 이유만으로 해방이 저절로 찾아오지는 않는다. 제너의 개인용 제트기가 분홍색이라는 이유만으로 배기가스를 덜 배출하는 것은 아니다. 즉 똑같은 세상을 분홍색으로 칠한 다음 이를 진보라 칭할 문제가 아니라는 것이다.

제너는 그동안 경제에서 여성에게 할당되어 온 소비자 역할의 극단적 버전을 보여 주며, 이 버전은 개인용 제트기처럼 전통적으로 남성적인 부의 상징(비록 색깔은 다르지만)으로 여겨졌던 것과 결합되었다. 어쩌면 이건 그 자체로 격분할 일은 아닐지 모른다. 우리는 여성의 소비에 분노하는 데 이미 충분한 시간을 쏟았다. 그러나 이러한 소비를 해방과 헷갈려서는 안 된다.

여성 해방은 백화점의 소비자 논리를 전 세계로 확장하는 것을 의미하지 않는다. 여성 해방은 여성에게 남성과 똑같은 조건에서 모든 경제 분야에 접근할 수 있는 기회를 주는 것이다.

이것은 규모가 훨씬 큰 프로젝트이자, 거의 모든 것을 바꾸어 놓을 프로젝트다.

신체

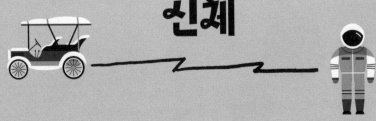

7장

인간을 닮은
기계,
기계를 닮은 인간

태초에 우주에는 오로지 얼음과 불뿐이었다. 남쪽에는 불타오르는 땅인 무스펠하임Muspelheim이, 북쪽에는 꽁꽁 언 땅인 니플하임Niflheim이 있었고, 불과 얼음 사이에는 지혜가 존재하는 뻥 뚫린 공허, 긴눙가가프Ginnungagap가 넓게 펼쳐져 있었다. 바이킹들은 이 세 원천(얼음, 불, 무無)에서 세상이 태어났다고 믿었다.

어느 날 무스펠하임의 불길에서 나온 불똥이 니플하임의 얼음과 만났다. 아마 이건 그저 시간문제였을 것이다. 그때는 현재 우리가 아는 **시간**이 존재하지 않았을 테지만 말이다. 얼음과 불이 섞인 곳에서 물이 생겨났고, 이 물에서 암소와 거인이라는 두 생명체가 나타났다. 거인의 이름은 이미르Ymir였다. 그는 암소의 젖을 마시고 잠이 들었고, 그의 겨드랑이로부터 흐른 땀에서 서리 거인들이, 그의 발에서 머리가 여섯 개 달린 끔찍한 존재가 태어났다.

이처럼 얼음과 불이 만나서 일으킨 혼란에서 천지창조가 시작되었다.

영양분을 얻기 위해 거인 이미르는 암소의 젖을 마셨고 암소는 소금 덩어리를 핥았다. 어느 날 암소가 커다랗고 축축한 혀로 소금을 핥는데 그 속에서 신인 부리Buri가 태어났다. 부리는 오딘Odin과 빌리Vili, 베Vé라는 세 손자를 보았다. 이 세 명이 최초의 신이었고, 이들은 사촌인 서리 거인들과 함께 긴눙가가프의 공허에서 자라났다. 훗날 이미르를 죽여야겠다고 결심한 것이 바로 오딘과 빌리, 베였다. 세 사람은 직접 벼린 검으로 자신들의 조상을 죽였다. 이들이 두 동강 낸 이미르의 경동맥에서 차가운 푸른색 피가 솟구쳤고, 다른 거인들은 이 피에 빠져 죽었다.

세 사람은 이미르의 시신으로 세상을 만들었다. 이미르의 살은 땅이 되었고 뼈는 산이 되었으며 피는 바다와 호수가 되었다. 이미르의 정수리를 긴눙가가프의 꼭대기에 올려 하늘을 만들었고, 무스펠하임의 불길에서 나온 불똥으로 하늘에 별을 박았다. 이미르의 시신을 먹어 치우던 구더기 네 마리를 하늘의 가장자리에 두었는데, 이 구더기들이 각각 동서남북의 네 방위가 되었다.

기름진 땅에서는 생명수가 자라났다. 거대한 물푸레나무인 위그드라실Yggdrasil이었다. 위그드라실의 가지는 하늘을 뒤

덮고 무스펠하임의 불길과 니플히임의 얼음을 전부 감싸 안았
다. 이때 오딘은 자기 도끼로 위그드라실의 조각을 깎아 최초
의 인류를 만들었다. 남자의 이름은 아스크Ask, 여자의 이름은
엠블라Embla였다.

　　지금쯤 눈치챘겠지만, 바이킹들은 상상력이 결코 부족하
지 않았다. 그렇기에 그들이 이토록 따분한 인류 탄생 신화를
떠올렸다는 사실이 더욱 흥미롭다. 오딘은 땀을 흘리거나 소금
을 핥음으로써 우리를 세상에 내놓지 않았다. 그는 도끼로 우
리를 깎아 냈다. 인류는 신비가 아닌 기술의 산물이었다. 세상
은 소금을 핥는 암소와 쿵쿵대는 서리 거인들에게서 나왔을지
몰라도, 신은 바이킹들이 보트와 집을 만든 것과 거의 똑같은
방식으로 인류를 만들었다.

신은 기술로
인간을 빚지 않았다

　　인공지능 전문가인 조지 자카다키스George Zarkadakis는 인류
탄생에 대한 개념이 종종 수상쩍을 만큼 그 사회의 지배적 기
술과 유사하다는 점을 지적한다.[1] 성경은 신이 "땅의 흙으로 사
람을 지었다"라고 전한다.[2] 이와 유사하게 초기 그리스인들은

프로메테우스가 물과 흙으로 인간을 빚었다고 생각했다. 이집 트 신화에서 신들은 점토로 아이들을 빚어 어머니의 포궁에 넣었고, 수단에서는 신이 서로 다른 색의 점토를 사용해 인간을 만들었기 때문에 사람들의 피부색이 서로 다른 것이라고 생각했다. 자카다키스는 이러한 점토의 비유가 생존이 작물 수확량에 달려 있고 점토로 만든 도기가 경이로운 첨단 기술이었던 농경 사회에서 특히 흔하다고 말한다.

시간이 지나며 우리의 비유는 바뀌었다.

고대 그리스의 기술자들은 복잡한 운하망과 수로, 관개 조직을 개발했다. 알렉산드리아의 크테시비우스Ctesibius of Alexandria 가 만든 물시계에는 움직이는 바늘과 함께 물의 무게를 이용해서 음악을 연주하는 물 오르간이 달려 있었다. 최초의 증기 기관이 이집트에서 개발되었고, 상부 메소포타미아의 이스마일 알-자자리Ismail al-Jazari는 네 명의 기계 연주자가 탑승한 배를 만들었다. 이 기계 연주자들은 호수 위에 떠서 왕을 위해 음악을 연주했다.

만약 물과 증기, 전문적인 공학 기술이 사물을 움직이게 할 수 있다면, 인간이 똑같은 방식으로 움직인다는 생각 또한 타당하지 않을까? 우리는 점점 더 스스로를 액체나 증기로 움직이는 구조물로 바라보기 시작했다.

히포크라테스는 의학을 발전시켰고, 피와 황담즙, 흑담즙,

점액이라는 서로 다른 액체가 인간의 몸을 다스린다고 믿게 되었다. 실제로 수압의 비유는 오늘날까지 사용되고 있으며, 우리의 감정을 묘사하는 데 특히 자주 사용된다. 우리는 무언가에 마음이 '차오를' 수 있으며, '압박감이 너무 심하'거나 감정의 '배출구'가 필요하다고 말할지 모른다. 어느 정도 우리는 감정이 엔진 속의 증기처럼 우리 안에서 점점 커진다고 여전히 생각한다.

17세기에 프랑스 철학자 르네 데카르트는 피렌체의 유명한 프란치니 형제가 지은 생제르맹앙레 왕실 정원을 거닐었다. 이 이탈리아인 형제는 분수 제작의 전문가였는데, 여기서 말하는 분수는 작은 물줄기를 한가하게 내뱉는 개구리 조각상이나, 동네 새들의 화장실 역할을 하며 졸졸 흐르는 연못이 아니었다. 이 분수는 수압을 이용한 조각상, 즉 물의 힘으로 움직이고 음악을 연주하고 춤을 추는 오토마타automata◆였다. 생제르맹앙레에 있는 정원들은 신비한 통로와 동굴이 가득한 진정한 미로였다. 이곳에서 사람들은 기계 동물들과 만나고 물 오르간의 영롱한 소리를 들을 수 있었다. 이것들은 그 시대의 가장 눈부신 기술적 업적이었고, 왕자와 교황의 명령에 따라 유럽의 대부분 지역에 세워졌다.

◆ 스스로 움직이는 기계.

데카르트는 결국 신체가 '조각상이나 기계'와 다름없다는 매우 영향력이 큰 개념을 정립했다.[3] 그는 이렇게 썼다. 이 수압 조각상들을 보라! 이들이 움직이고 연주하는 것을 보라! 이들이 얼마나 살아 움직이는 것 같은지 보라! 인간이 이런 기계를 만들 수 있다면, 당연히 신은 더 복잡한 것을 만들어 낼 수 있지 않겠는가? 그렇다면 인간의 본질은 복잡한 기계가 아닐까?

중세와 르네상스 시대에 기계 조각상들은 유럽 전역의 시계와 오르간 위에서 춤을 췄다. 이 기계들은 보통 가톨릭교회의 후원을 받아 제작되었는데, 가톨릭교회는 오래된 제작 매뉴얼의 번역과 새로운 판본 제작에 자금을 지원하면서 이 기술의 발전에 크게 투자했다. 심지어 가엾은 예수가 우리 모두의 죄를 대신해 고통스러워하며 온몸을 비틀고 얼굴을 찡그리는 기계 십자가도 있었다.

대성당의 시계는 그저 퉁명스럽게 열두 번 댕댕 울리지 않았고, 기계로 구현할 수 있는 온갖 장관을 뽐냈다. 천사들이 나무로 된 성모에게 문을 열어 준 뒤 고개 숙여 인사하고 트럼펫을 불었다. 톱니바퀴로 움직이는 성령이 날아서 지나갔고, 자동으로 움직이는 가브리엘이 등장하는 한편 무시무시한 짐승들이 눈알을 굴리고 혀를 날름거렸다. 마지막으로 베드로가 다른 성인들과 함께 나타나 열두 개의 망치로 시간을 알렸다. 당연히 기계가 만들어 낸 이 장관은 당시 사람들에게 깊은 인상을 남겼다. 한때 바이킹이 신이 도끼로 인간을 깎아 냈다고 믿었듯이, 이제 사람들은 신이 거대한 연장 세트로 우리를 조립했을 거라고 상상하기 시작했다. 이론상 우리의 근육과 뼈, 장기를 톱니바퀴 및 회전축과 교환하면 왜 안 되겠는가?

왕실 정원을 거닐던 데카르트는 똑같은 물이 서로 다른 조각상의 완전히 다른 움직임을 일으킨다는 사실에 주목했다. 단 하나의 힘이 리라를 연주하는 아폴로와 그 옆 동굴에서 날개를 퍼덕이는 새들에게 동력을 제공했다. 단 하나의 물줄기가 전 세계에 생기를 불어넣는 듯했다. 데카르트는 인간의 신체가 똑같은 방식으로 작동할 것이라고 상상하기 시작했다. 그는 우리의 신경이 배관처럼 몸 전체에 퍼져 있고, 몸 전체에 힘을 공급하는 무언가가 이 배관을 통해 흐를 것이라고 추론했다. 유일한 문제는 그것이 무엇이냐는 것이었다. 한편 우리의 근육과 힘줄은 '엔진과 스프링' 같은 것이었고, 우리의 가슴 속에서 심장은 시계태엽처럼 째깍째깍 움직였다.

데카르트는 수압으로 움직이는 조각상의 수도관처럼 우리의 뇌와 몸 사이에 신경이 퍼져 있을 것이라고 생각했다. 우리 몸에 무언가가 닿으면 신체 반응이 이 신경을 타고 머리로 올라갔다. 나중에 그는 우리의 감정 또한 같은 방식으로 작동할 것이라고 믿게 되었다. 두려움과 자만심, 슬픔과 사랑 모두 일종의 기계적 반응이어야 했다. 시계 제작자가 자기 시계를 이해하고 설명하는 것과 똑같은 방식으로, 인간의 눈물과 용기도 전부 이해하고 설명할 수 있었다.

오늘날 사람들은 데카르트의 이러한 생각을 쉽게 비웃을지 모른다. 확실히 그는 수압 조각상에 지나치게 빠져 있었다. 그러나 그의 눈에 이 논리는 완벽히 타당해 보였는데, 그는 기계 안에서 자기 모습을 보았기 때문이다. 우리 인간은 지금도 여전히 기계 안에서 자기 모습을 발견한다.

예를 들어 1900년대 초반에는 뇌를 일종의 전화 교환국으로 묘사하는 것이 흔했는데,[4] 이는 분명 통신의 중요성이 점점 커지면서 비롯된 현상이었다. 우리는 이제 신경을 액체가 흐르는 수도관이 아니라 우리 머릿속에 있는 생물학적 교환국에 신호를 보내는 무언가로 이해했다. 예를 들어 뜨거운 난로를 만지면 '앗 뜨거'라는 신호가 뇌로 전달되고, 뇌는 번개 같은 속도로 손을 떼라는 명령을 전송한다. 물론 시간이 지나면서 우리는 이 모든 과정이 훨씬 더 복잡하다는 사실을 깨달았다. 우리는 수압 조각상도, 전화 교환국도 아니었다. 그러나 우리는 그 당시 제작 가능한 가장 복잡한 기계의 더 복잡한 버전으로 스스로를 이해하는 행동을 몇 번이고 계속 반복했다.

왜 그랬을까? 이런 비유가 보통 매우 유용하다는 것이 한 이유일 수 있다. 그러나 왜 우리는 바로 그 비유를 선택했을까? 왜 우리는 창조 신화 속에서 스스로를 그토록 기술의 산물로 바라보고 싶어 했을까? 예를 들면 우리 인간이 이 세상에 아이들을 내놓는 방식과 비슷하게 신들이 이 세상에 인간을 내놓았다고 왜 상상하지 못했을까? 최소한 신이 깎고, 빚고, 조립하고, 구멍을 내서 인간을 만들었다는 그 모든 시나리오만큼은 논리적이지 않나? 물론 그러한 비유는 창조 권력을 남성의 손이 아닌 여성의 포궁에 놓는다.

　그건 무서운 일이다.

✳

　L. 론 허버드L. Ron Hubbard는 1954년에 사이언톨로지교를 창시했다. 논란이 많은 이 종교는 성공한 SF 작가였던 허버드가 4년 전에 발표한 자기계발서 《다이아네틱스: 정신 건강의 현대 과학》에서 나왔다. 이 책이 우리에게 흥미로운 이유는 허버드가 사용한 비유 때문이다. 그는 이 책에서 인간의 뇌가 '컴퓨터'처럼 작동한다고 단언한다.[5]

　더 나아가 허버드는 끊임없이 '프로세스' '회로' '기억장치' 같은 용어로 인간의 사고를 묘사한다. 전부 컴퓨터의 세계에서 훔쳐 온 것들이다. 허버드는 사람이 컴퓨터를 고치는 것과 똑같은 방식으로 자신의 정신을 '고칠' 수 있다고 말한다. 최상의 상태로 돌아가기만 한다면 우리의 뇌는 모든 관련 자료를 떠올려서 상상 가능한 모든 문제를 우리 대신 처리해 줄 수 있다. 안타깝게도 우리의 시스템은 그동안 누적된 버그로 가득하지만 이 버그들은 청소할 수 있다. 말하자면 스스로를 '디버그de-bug'◆해서 더욱 잘 기능할 수 있는 것이다.

"사이언톨로지 교인인 제게는 삶의 문제를 처리할 기술이 있습니다." 영화배우 존 트라볼타는 사이언톨로지교의 웹사이트에서 이렇게 말한다.6 실제로 오늘날에도 사이언톨로지 교인들은 자신들의 은밀한 방법을 '기술'이라고 부른다. 인간은 스스로를 다시 프로그래밍할 힘이 있는 컴퓨터. 사이언톨로지교는 극도로 현대적인 형태의 종교일지 모르지만, 이러한 점에서 도끼를 든 바이킹들의 신 오딘과 무척 비슷하다. 우리는 당대의 지배적 기술 안에서 자신을 발견한다.

자신의 뇌를 종종 '생물학적 컴퓨터'로 묘사한다는 점에서 요즘은 모두가 어느 정도 사이언톨로지교의 교인이라 할 수 있다. 우리는 자신이 컴퓨터처럼 '정보를 처리'하거나 '재부팅'된다고 생각하며 '하드웨어'와 '소프트웨어' 같은 용어를 끌어다 자신에게 적용한다. 컴퓨터에서 프로세서와 스크린, 그래픽 카드, 메인 보드 같은 물리적 구성 요소는 보통 '하드웨어'라 불리고, 기계가 따르도록 코드화한 지시 사항은 '소프트웨어'라 불린

◆ 버그를 제거하는 작업.

다. 마찬가지로 몇십 년 전부터 우리는 신체를 일종의 하드웨어로, 생각을 일종의 소프트웨어로 간주하라고 독려받았다. 물론 뇌에는 몸이 필요하지만, 그건 컴퓨터 프로그램에 장치가 필요하고 기생충에 나무가 필요한 것과 마찬가지일 뿐이라고, 우리는 생각한다. 그 결과 우리는 지능이(또는 이 점에 있어서는 인간성까지) 신체와 무관한 것이라고 여기게 되었다. 신체는 우리의 '자아'를 싣고 다니는 로봇 같은 것이다. 우리는 바로 이 개념을 바탕으로 수많은 것들을 추론해 왔다. 물리학자 스티븐 호킹 Stephen Hawking이나 우주학자 맥스 테그마크Max Tegmark 같은 우리 시대 위대한 사상가들은 미래에 인간 신체가 아닌 다른 것에 우리의 의식을 '업로드'할 수 있을 것이라 예측했다.[7]

이러한 결론은 인간이 컴퓨터처럼 기능한다는 생각에서 나온 것이다. 만약 지능과 성격이 일종의 소프트웨어라면 이것들을 신체가 아닌 다른 장치에서 '운영'하는 것이 가능해야 한다. 인간의 본질은 그저 생물학적 감옥에 갇힌 고등 소프트웨어일 뿐이다. 그러나 기술 덕분에 미래에는 신체를 더 뛰어난 것으로 교체하는 일이 가능해질 것이다. 오래된 컴퓨터의 자료를 성능이 더 좋은 최신 모델로 옮기는 것과 비슷하다. 이로써 우리는 자기 신체에서 벗어날 수 있고, 신체에 따라오는 노화와 질병, 심지어 죽음마저 피할 수 있을 것이다. 이 지점에서 우리는 다시 종교의 영역으로 돌아갈 수밖에 없다. 이건 인류가 마침내 지상에서 영생을 획득하는 경이로운 이야기다. 과학의 언어로 쓰였다는 점만 다를 뿐.

　문제는 인간을 수압 조각상으로 바라본 데카르트의 생각을 오늘날 우리가 괴상하게 여기듯, 후세도 이 생각을 괴상하게 여길 것인가, 아니면 우리 뇌와 자기 자신을 더욱 잘 이해하게 되는 첫걸음으로 여길 것인가다.

　컴퓨터가 처음 등장했을 때 '전자 두뇌'라는 이름으로 불린 데는 실제로 타당한 이유가 있다. 컴퓨터는 논리적 과정을 실행했고 미가공 자료로 새로운 지식을 생산했다. 간단히 말하자면 컴퓨터는 '생각'하는 것처럼 보였다. 수학자이자 컴퓨터 분야의 선구자였던 요한 폰 노이만John von Neumann은 이미 1958년에 저서 《컴퓨터와 뇌The Computer and the Brain》를 집필해 당시의 컴퓨터와 인간 뇌 사이의 수많은 유사점을 제시했다. 이 새로운 언어가 엄청난 과학적 성취의 기틀을 마련하긴 했지만, 어떤 비유가 유용하다고 해서 그 비유가 꼭 사실인 것은 아니다.

　뇌는 디지털 기기가 아니며, 뇌세포는 켜고 끌 수 있는 2진법의 객체가 아니다. 우리 뇌와 컴퓨터 사이에는 수많은 차이가 있으며, 그중 가장 중요한 차이는 뇌에 몸이 있다는 것이다. 실제로 뇌는 그 자체로 몸이다. 그것도 맥락 속에 존재하는 몸. 뇌는 포궁 안에서 발달하기 시작하는 바로 그 순간부터 나머지 신체 및 주위 환경과 상호작용한다.

이 사실을 그냥 무시해 버릴 순 없다.

옛날옛적에 우리는 더 이상 스스로를 흙과 수압으로 이해하지 않게 되었다. 그리고 자신이 전신이나 전화 통신망, 전기 장치라는 생각을 더 이상 하지 않게 된 것처럼, 언젠가는 우리를 컴퓨터로 바라보는 것 또한 그만두게 될 것이다. 새로운 은유가 자리 잡을 것이고, 그 은유는 인류가 컴퓨터와 같다는 생각이 오늘날의 기술을 반영하듯 미래의 기술을 반영할 것이다.

그러나 인간이 '컴퓨터와 같다'라는 생각은 이미 그에 따른 결과를 낳았다. 인간이 육체를 가진 프로그래밍 가능한 로봇이라는 개념은 우리가 경제를 조직하는 방식에 크나큰 영향을 미쳤다. 그 영향을 살펴보려면 2020년 초봄, 즉 전염병이 전 세계를 강타한 순간으로 되돌아가야 한다.

팬데믹이
블랙 스완이라고?

2월 11일, 중국 밖에서 확인된 코로나19 확진자는 총 400명이었다. 5주 뒤 환자는 9만 명이 되었다. 1월 22일, 영국은 코로나19의 위험 평가도를 '매우 낮음'에서 '낮음'으로 올렸다. 13주 뒤 영국인 4만 1000명이 사망했다. 즉 모든 것이 통제 아래 있다가 갑자기 그렇지 않게 되었다. 바이러스는 난데없이 튀어나온 것처럼 보였다. 그러나 사실은 전혀 그렇지 않았다.

학교 선생님들은 이러한 종류의 성장을 설명하고자 할 때 종종 수련을 예로 든다. 어느 포근한 여름날 저녁, 수련 한 송이가 만개한 호수를 떠올려 보자. 그리고 오늘이 6월 1일이며, 호수에 핀 수련이 매일 두 배로 늘어난다고 상상해 보자. 다이어리의 날짜가 6월 30일이 될 때 호수가 수련으로 가득 찬다면, 호수 표면의 절반이 수련으로 뒤덮이는 날은 언제일까? 정답은 6월 29일이다.

사람들 대부분이 이를 어렵지 않게 이해한다. 수련이 매일 두 배로 늘어난다면 당연히 6월 29일과 30일 사이에 호수의 50퍼센트를 덮었던 수련이 100퍼센트로 늘어날 것이다. 호숫가에 있는 모든 사람이 이런 극적인 변화를 그저 지켜볼 수밖에 없겠지만, 사실 수련은 6월 1일과 2일 사이에 그랬듯 '그저' 두 배로 늘어났을 뿐이다.

그렇다면 다음 질문. 6월 30일에 수면이 완전히 수련으로 덮였고 6월 29일에 수면의 50퍼센트가 수련으로 덮였다면, 수면의 1퍼센트만이 수련으로 덮인 날은 언제일까? 정답은 6월 24일이다. 아까와 달리 사람들 대부분에게 이 정답은 본능적으로 어딘가 잘못된 것처럼 느껴질 것이다. 어떻게 6일 만에 1퍼센트에서 100퍼센트로 늘어날 수 있지? 그러나 이것이 바로 기하급수적 성장exponential growth의 작동 방식이다.

호수 표면의 99퍼센트가 수련으로 뒤덮이지 않은 6월 24일에 우리는 6일 뒤 호수 전체가 수련으로 덮이리라곤 꿈에도 생각지 못했을 것이다. 이것이 바로 팬데믹이 찾아온 2020년 2월에 많은 이들이 처한 상황이었다. 우리는 창문 밖으로 수련 몇 송이를 바라봤지만 겨우 몇 주 뒤에 수련이 사방을 뒤덮으리라고는, 전 세계 수많은 사람이 중환자실에서 목숨을 건 사투를 벌이는 동안 나머지는 집 안에 피신하라는 권고를 들으리라고는 상상하지 못했다.

이때쯤 경제학자와 금융 전문가들이 자신들이 예측하지 못한 것을 지칭하는 편리한 용어인 '블랙 스완'을 부르짖기 시작했다.

'블랙 스완'이란 무엇인가?[8] 이것은 2007년에 나심 니콜라스 탈레브가 정의해 널리 퍼뜨린 은유다. 탈레브는 저서 《블랙 스완》의 첫 장에서 유럽인이 오랫동안 백조는 전부 흰색이라고 확신했던 이야기를 들려준다. 그러나 오스트레일리아에 도착한 유럽인은 갑자기 백조가 검은색일 수도 있다는 사실을 알게 되었다. 한 마리 검은 백조를 본 순간 그때까지 유럽인이 내린 결론이 일거에 무효가 되었다. 백조는 전부 흰색이라는 그들의 오래된 믿음은 수 세기에 걸친 수백만 번의 관찰에서 비롯되었지만, 그 결론을 뒤집는 데 필요했던 것은 겨우 검은색 백조 한 마리였다. 그 한 마리로 모든 것이 뒤바뀌었다.

탈레브는 '블랙 스완'이라는 용어를 사용해 우리가 예측하지 못하는 일들의 특징을 설명한다. 이것들은 우리가 생각하는 '일어날 수 있는 일'의 바깥에 있지만, 일단 일어나면 우리에게 매우 강력한 영향을 미친다.

첫째, 블랙 스완은 우리가 상상할 수 없다. 둘째, 블랙 스완은 우리가 아는 세상을 뒤집을 엄청난 결과를 초래한다. 세계무역센터로 날아간 비행기 두 대나, 오스트리아의 대공 프란츠 페르디난트가 사라예보의 건널목에서 암살당한 뒤 발발한 1차 세계대전처럼 말이다.

셋째, 우리는 블랙 스완을 소급해서 설명하고자 한다. 우리는 오사마 빈라덴이 위협적인 존재였음을 미리 간파해야 했다고, 페르디난트가 보스니아로 떠난 것은 잘못이었다고 생각한다. 탈레브는 이것이 인간의 본성이라고 말한다. 상상도 못 한 일이 발생하면 우리는 어떻게 해서든 그 사건을 설명하고자 한다. 그럴 수 없을 때조차도.

요약하면, 블랙 스완은 호수에 핀 수련과는 매우 다르다. 수련이 6월 30일에 호수를 완전히 뒤덮으리라는 것은 수련이 매일 두 배로 늘어난다는 사실을 아는 한 전적으로 예측 가능하다. 이와 달리 블랙 스완은 예측할 수 없다. 그렇기에 특정 검은 백조가 땅에 내려앉기 전에 미리 그 백조를 발견하는 것보다는 예측 불가능한 사건을 견뎌 낼 수 있도록 우리의 사회와 삶을 준비하는 것이 더 중요하다.

이것이 탈레브의 요점이다.

2020년의 팬데믹은 블랙 스완이었을까? 그렇지 않았다. 블랙 스완은 예측이 불가능해야 하지만, 이러한 팬데믹이 전 세계에 불어닥칠 가능성은 이미 수년 전부터 논의되고 있었다. 많은 이들이 이 특정 백조를 예측했다. 탈레브 본인도 이미 2007년에 세계적 팬데믹이 미래에 발생할 위험이 있다고 말했다.[9] 세계화된 세상에서 문제는 우리가 이러한 규모의 심각한 팬데믹을 경험할 것인가의 **여부**가 아니라, **언제** 경험할 것인가였다. 즉, 2020년의 팬데믹은 평범한 하얀색 백조였다.

그런데도 결국 우리는 이 지경에 처했다.

주요 병원들은 새로운 바이러스를 치료할 방법을 알지 못했고, 뉴욕의 간호사들은 개인 보호 장비가 부족해 쓰레기봉투로 몸을 휘감았으며, 사람들은 집에 임시로 마련한 작업장에서 마스크를 꿰맸다. 휴대폰을 몇 번만 누르면 원하는 모든 것을 주문할 수 있을 것 같았던 서구 경제에서 슈퍼마켓 진열대의 밀가루가 자취를 감추었다. 측정이 시작된 이후 처음으로 부유한 국가건 가난한 국가건 상관없이 전 세계에서 성장세가 하락했다. 현대 경제에서 가장 많은 사람을 고용한 서비스 부문이 스웨덴의 맘코핑에서 인도의 뭄바이에 이르는 전 지역에서 강제로 영업을 중단해야 했기 때문이다.

경제적 측면에서만 보면 이건 전례 없는 위기였다. 경제 위기는 보통 추상적인 것에서 구체적인 것으로 이동한다. 예를 들어 2008년의 글로벌 금융 위기는 너무 복잡해서 상품을 판매하는 금융 전문가조차 그 내용을 알지 못하는 금융 상품에서 시작되었다. 금인 줄 알았던 것이 사실은 대출 상환 능력이 없는 사람들의 모기지를 재포장한 것임을 시장이 뒤늦게 깨달았을 때 투자자들은 패닉에 빠졌다. 시장이 술렁이면서 미국 은행들이 연달아 무너졌고, 이 위기는 경제 전반으로 확산되며 실제 국민이 직업, 저축액, 집, 어떤 경우에는 목숨까지 잃는 치명적인 결과를 낳았다. 이것이 그동안 우리가 생각한 경제 위기였다. 말하자면 인간의 신체는 가장 마지막에 타격을 입었다.

그러나 2020년의 위기는 정확히 반대였다. 이것은 인간 신체에서 비롯된 글로벌 금융 위기였다. 사회의 가장 취약한 계층이 신종 바이러스로 줄줄이 사망하기 시작했고, 우리는 공식 경제의 상당 부분을 폐쇄하기로 결정했다. 오로지 성장만을 위해 달려온 비대한 경제에 자발적으로 급브레이크를 건 것이다.

요란한 끼익 소리와 함께 모든 것이 멈췄다.

이 사건은 경제가 인간의 몸에 기초한다는 매우 기본적인 사실을 똑똑히 상기시켰다. 지금은 너무 명백해 보일지 모르지만, 이러한 통찰에 충격을 받아 시장이 1500포인트 하락했던 2020년 3월을 떠올려 보라. 당시 수많은 경제학자가 바이러스의 확산으로 사람들이 감염되어 일하지 못할 수 있다는 사실을 갑자기 '블랙 스완'이라 일컫기 시작했다. 즉 이들은 팬데믹을 예측하기 힘들고 희귀한, 세간의 이목을 끌 사건으로 이해했다. 그러나 바이러스가 사람의 몸에서 몸으로 퍼져 나간다는 사실, 인간이 이렇게 취약하고 서로 연결되어 있다는 사실은 블랙 스완이 아니다. 이건 모든 인간의 삶의 조건이다.

도대체 이 사실을 어떻게 잊을 수 있었을까?

바이러스가 폭로한
긱 이코노미의 함정

2010년대의 디지털 혁명은 스마트폰을 일종의 리모컨으로 바꾸어 놓은 듯 보였다. 손에 쥔 스마트폰을 몇 번만 두드리면 청소부에서 운전사까지 예약 못 할 것이 없었다. 드라이클리닝 맡긴 옷을 찾아와 주고 화장을 해 줄 사람은 왜 못 찾겠는가? 필요한 건 그저 적절한 앱과 (당연히) 지불 수단뿐이었다. 우리는 이처럼 새로운 앱에 기반한 서비스를 전부 '혁신'이라 불렀고, 실제로 그중 다수는 매우 독창적이었다. 유일한 문제는 그

앱들의 다른 한쪽 끝에 사람이 있다는 사실을 우리가 자꾸 잊는다는 것이었다.

우리가 스마트폰의 버튼을 눌러 청소부를 부른다 해도, 그 사람이 지난주에 온 사람과 다르다 해도, 그는 여전히 사람이다. 그러나 이러한 긱 이코노미gig economy에 종사하는 노동자들은 그들을 부르는 데 사용된 기술과 마찬가지 취급을 받는다. 심지어 이들은 노동자라고 불리지도 않았고, 여러 '임무'를 완수하는 사람일 뿐이었다.

이들이 일하는 회사는 다음과 같은 다섯 가지 혁신 덕분에 존재할 수 있었다. 첫째는 고객이 화면을 두드려 원하는 것은 무엇이든 집으로 주문할 수 있는 스마트폰이다. 둘째는 일일 정원사에게 어디로 갈지 알려주는 디지털 지도 기술이다. 셋째는 업무를 관리하고 고객에게 알맞은 사람을 추천하는 알고리즘이다. 넷째는 기업 창립자들이 고래잡이 논리에 따라 바라건대 자기 부문에서 일종의 독점을 차지할 때까지 펑펑 쓸 수 있는 엄청난 규모의 벤처 캐피털이다. 마지막으로 다섯째는 불안정한 저임금 노동을 떠맡을 준비가 된 충분한 수의 사람들이다.

예를 들어 승차 공유 앱인 우버는 앱 하나로 운전기사 300만 명의 업무를 조직했고, 이 앱은 운전기사에게 어떤 손님을 태우고 어떤 길로 갈지를 (철저히 디지털로) 지시했다. 이는 곧 우버로 일을 하면 언제 얼마나 일할지, 누구를 차에 태울지를 결정할 수 있다는 뜻이었다. 운전기사 다수가 이 일의 이러한 측면을 좋아했다. 한편 운전기사들은 끊임없는 감시하에 놓이기도 했다. 앱은 그들이 어디 있는지, 얼마나 빨리 달리는지, 어떤 고객을 선택하는지 알았다. 지시를 따르지 않는 운전기사는 불이익을 받거나 아예 앱에서 차단될 수도 있었다.[10]

마찬가지로 아마존의 초대형 물류창고에서 물건을 골라내는 노동자들은 거의 전적으로 알고리즘이 제시한 경로를 따랐다.[11] 상품 스캔에 사용하는 작은 휴대용 장치는 본질적으로 상사와 다름없었다. 이 장치는 노동자가 한 시간에 상품 400개를 골라내고 있는지, 각 상품을 선반에서 내리는 데 딱 7초가 걸리는지 감시했다. 언제 화장실에 가는지, 정해진 길로 충분히 빨리 걸어가는지도 기록했다.

자금이 충분한 것으로 유명한 스웨덴 복지 제도의 홈케어 서비스에서 일하는 돌봄 노동자들도 이와 비슷한 노동환경에서 일했다. 이들은 보통 근무를 시작하기 겨우 5분 전에 핸드폰으로 그날의 일정을 받았다. 이처럼 디지털 시스템을 통해 받은 일정이 그날 하루의 움직임을 결정했다. 일은 여러 작은 업무로 쪼개졌고, 손안의 스마트폰이 각 업무를 정확히 몇 분간 수행해야 하는지 알려 주었다.[12]

시스템은 3층에 있는 암키스트 부인의 샤워를 일주일에 한 번 도우라고 지시했다. 이 일은 0.45시간 만에 끝나야 했다. 암키스트 부인은 하루에 세 끼를 먹어야 하는데, 각 식사에 0.15시간이 배정되었다. 또한 화장실도 다녀와야 했는데, 앱은 부인이 화장실에 가는 것을 하루에 다섯 번 도우라고 지시했다. 이러한 일정은 일을 가능한 한 작은 요소로 쪼개는 방식이었다. 마치 누군가가 업무를 코드화하려고 애쓴 것 같았다. 로봇이 현재 이런 종류의 일을 할 수 있는 것은 아니다(이 문제는 다음 장에서 더 자세히 다룰 것이다). 그러나 어쨌든 그랬다.

영국의 돌봄 노동자들은 보통 앱이 각 고객에게 할당한 정확한 시간에 따라 보수를 받는다. 이 고객에서 저 고객으로 이동하는 시간은 GPS를 이용해 계산하는데, 교통 체증이나 외투를 걸치는 시간, 자전거에 올라타는 시간은 대체로 고려하지 않는다. 마찬가지로, 전산화된 일정은 침구를 갈아야 하거나 커피가 쏟아졌을 때처럼 뜻밖의 상황에 대처할 여지를 남기지 않는다. 고객과 카드 게임을 하거나 강아지와 제라늄 꺾꽂이에 대해 한담을 나눌 여유는 더더욱 없다. 결국 이들의 업무는 돌봄이 아니라 기술이 안내하는 개별 업무의 집합에 가까워진다. 이러한 변화로 돌봄 노동자들이 지치는 것도 당연하다. 결국 우리는 알고리즘에 따라 움직이는 로봇이 아니지 않은가. 그러나 시스템은 우리를 그렇게 바라본다.

이런 식으로 업무를 편성하는 이유는 직원을 교체 가능한 것으로 만들기 위해서다. 목요일 아침에 누가 암키스트 부인

댁 문을 두드리는지는 중요치 않은데, 그 사람은 그저 0.45시간 동안 부인의 샤워를 돕고 부인이 화장실에 갈 수 있도록 0.15시간 동안 부축하면 되기 때문이다. 이것이 바로 2020년의 팬데믹에 이르러 곪아 터진 문제였다.

예를 들어 자기 집에서 돌봄 서비스를 받는 스웨덴 노인(즉 바이러스에서 가장 보호되어야 할 사람들)은 2주간 평균 16명이 넘는 사람을 만나는 것으로 드러났다.[13] 즉 노인들이 집에 몸을 숨겨도 아무 소용이 없었다. 수많은 낯선 사람이 앱의 지시에 따라 0.15시간 동안 화장실 이동을 도울 때 바이러스가 집에 침입했기 때문이다.

팬데믹의 한복판에서 우리는 노동자를 로봇인 양 대할 수 없다. 마치 디지털 서비스의 일부인 것처럼 화면만 몇 번 터치하면 택배를 배달하거나 집을 청소하는 사람이 찾아온다 해도, 그 사람은 디지털이 아니었다. 그에게는 여전히 몸이 있었다. 이것이 바로 신종 바이러스 앞에서 긱 이코노미의 모든 문제가 갑자기 탄로 난 이유였다. 이제 몸이 아프면 집에 머무는 것이 가장 시급한 국가적 과제였으나, 긱 이코노미의 노동자들은 그럴 수 없었다. 이들에게는 유급 병가의 혜택이 없었고, 보통은 발생한 문제에 책임을 지거나 최소한 손 소독제와 마스크 지급을 보장해 줄 인간 관리자조차 없었다.

모든 곳이 봉쇄된 이탈리아와 프랑스의 도시들에서 긱 이코노미 노동자들은 배달을 계속했다. 많은 이들이 자신에게 선택지가 없다고 느꼈다. 이들에게 집에 머물며 자신과 타인의 건강을 책임지는 것은 곧 수입을 전부 잃는 것을 의미했다.

홈케어 서비스에 종사하는 스웨덴의 돌봄 노동자들은 디지털 스케줄의 지시에 따라 방호복 없이 또 다른 취약 노인의 집에 들어가야 할 때마다 죽음의 사자가 된 것 같은 기분이 들었다고 말했다. 마치 이들에게 신체가 없는 것처럼 업무를 조직한다 해도, 이들은 기계가 아니었다. 홈케어 서비스는 그때까지 직원들을 특정 업무를 수행하는 교체 가능한 요소로 여겼지만, 노인들을 죽음에서 구하고 싶다면 더 이상 그럴 수 없었다. 택시 앱들은 고용주로서의 책임을 몽땅 회피하기 위해 수년간 법적 싸움을 벌여 왔지만, 적어도 바이러스를 더 퍼뜨리고 싶지 않다면 일시적으로나마 태세를 전환할 수밖에 없었다. 팬데믹에 뒤따른 경제 위기 역시 '블랙 스완'이 아니었다. 이 경제 위기는 인간 신체에 의존하는 경제의 본질이 일으킨 연쇄 반응이었다.

또한 그 사실을 잊으려는 우리의 노력이 일으킨 연쇄 반응이었다.

2010년대에 우리는 우리가 인간과 유사한 로봇을 만들고 있다고 생각했다. 전자 두뇌의 마이크로칩 속에 더 많은 트랜지스터를 욱여넣을 수 있게 된 덕분에 곧 사회 전체가 자동화

될 것이고 곧 기계가 모든 면에서 우리보다 우월해지리라 믿었다. 그러나 그건 그리 쉽지 않은 일로 드러났다. 우리는 아직 인간 같은 기계를 만들어 내지 못했다. 그 대신 인간을 기계처럼 부렸다.

그리고 이를 혁신이라 불렀다.

한없이 취약하고 연결된 존재들

스웨덴의 홈케어 서비스에 적용된 것이든 네덜란드 미용 업계의 사업 모델에 적용된 것이든, 우리는 최근에 우리가 노동자를 조직하는 방식이 신기술에서 비롯된 결과라고 생각했다. 그러나 사실은 그렇지 않았다.

배달원이 더 큰 자율성을 누리게 하는 디지털 기술이 존재한다고 해서, 그들이 아플 때 대신할 사람을 직접 찾아야만 하는 것은 아니다. 그 둘은 원인과 결과가 아니다. 오늘날 긱 이코노미에 종사하는 수많은 노동자가 자신을 대신할 사람을 찾지 못할 경우 회사에 벌금을 물어야 한다.[14] 그러면 당연히 사람들은 아파도 일할 수밖에 없다. 스타트업에서 프랑스 정부가 소유한 대기업에 이르기까지, 모든 곳에서 이와 유사한 시스템이 발견된다.**15** 논리는 똑같다.

이것이 바로 문제다.

여러 위험 중 하나는 이 문제가 진정한 혁신을 방해한다는 것이다. 이 회사들에는 창의적으로 생각할 동기가 없다. 직원들의 고용 조건을 조작해서 쉽게 돈을 벌 수 있기 때문이다. 이 회사들은 로봇을 개발하거나 로봇 사용비를 내지 않아도 로봇이 주는 혜택을 거의 다 누린다. 그저 인간에게 최저임금(또는 그 이하)을 주고 로봇처럼 일하게 하면 된다.

그러나 누군가가 로봇인 척한다고 그 사람이 정말 로봇이 되는 것은 아니다. 앱을 만들었다고 해서 노인을 돌보는 여성을 로봇 취급할 권리가 생기는 것도 아니다. 그 둘은 인과 관계가 아니다. 착취는 혁신과 똑같지 않다. 인간을 착취하는 것이 특별히 새로운 현상도 아니다.

인간 착취는 세계에서 가장 오래된 사업 모델이다.

이와 동시에 긱 이코노미에서 배울 점도 물론 있다. 수많은 연구 결과, 긱 이코노미에 종사하는 사람들은 자신의 재정 상태를 매우 불안해하긴 하지만 한편으로는 만족감도 크다. 많은 이들이 이러한 직업의 유연성을 높이 평가하며,**16** 이는 노동 시장의 미래를 고민할 때 진지하게 고려해야 할 요소다.

그러나 이 연구들은 주로 택시를 운전하거나 택배를 배달하는 노동자에게 초점을 맞춘다. 복지 체제가 갈수록 이러한 사고방식에 종속되고 있는데도, 우리는 여성 돌봄 노동자의 의견에 대해서는 아는 바가 훨씬 적다. 그러나 국제적 논의에서는 긱 이코노미가 특히 여성에게 제공하는 기회에 대해 많이 다룬다. 가정과 자녀 양육의 일차 책임자가 주로 여성이기 때문에 이들은 남성처럼 직업을 갖기가 힘들다. 긱 이코노미가 문제를 해결해 줄 수 있는 지점이 바로 여기다.

전에는 청소부로 풀타임을 일했던 여성이 이제는 여기저기서 돈을 벌 기회를 얻을 수 있고, 이로써 일과 어머니 역할을 겸하기가 훨씬 쉬워진다. 원래는 기회를 얻지 못했던 여성들이 긱 이코노미 덕분에 돈을 벌 수 있다는 주장은 어느 정도는 사실이다.

여성들은 유연성을 원하고, 신기술은 직접 회사를 세우지 않아도 유연성을 누리게 해 준다. 유일한 문제는 여성들이 여전히 식품 가격과 다달의 월세처럼 매우 유연하지 않은 것들을 감당해야 한다는 사실이다. 수많은 여성이 사회의 가장자리에서 살아가는 한, 전 세계의 그 어떤 앱도 이들에게 진정한 유연성을 제공할 수 없을 것이다. 이 여성들은 그저 구할 수 있는 잡다한 일을 닥치는 대로 하게 될 뿐이다. 몸이 아프더라도, 아이들이 아프더라도, 고객을 위해 일하는 것이 신체적으로 안전하게 느껴지지 않을지라도.

우리는 여성을 돕기 위해 복잡한 기술적 해결책을 줄줄이 생각해 내느라 뇌를 혹사하고 있다. 현금이라는 오래되고 훌륭한 발명품이 문제를 해결해 줄 수 있는데도 말이다. 세상이 돌아가는 데 그토록 중요한 일을 하는 대가로, 여성들에게 먼저 번듯한 임금을 지급하면 안 될까?

평생 고용과 나인 투 파이브nine-to-five의 시대로 돌아가야 한다는 뜻은 아니다. 그건 다른 사회에 기초한 모델이었다. 요점은, 새로운 것을 창조하려 할 때 현실에 기반해야 한다는 것이다.

우리의 현실은 인간의 신체다. 우리의 경제도 인간의 신체다. 일하는 몸, 돌봄이 필요한 몸, 다른 몸을 낳는 몸, 태어나고 나이 들고 죽는 몸. 몸은 인생의 여러 단계마다 도움이 필요하고, 사회는 이 도움을 조직할 수 있다. 그러므로 몸은 급진적이다. 몸의 존재를 인정하는 것은 우리 경제에 큰 영향을 미친다. 인간의 몸이 공통으로 지닌 필요를 중심으로 구성된 사회는, 오늘날 우리가 바라보는 사회, 우리가 유일한 가능성이라고 여기는 사회와는 근본적으로 다를 것이다.

몸을 진지하게 여긴다는 것은 곧 인간의 필요를 가장 중시하는 경제를 창출하는 것이다. 그렇게 되면 굶주림과 추위, 질병, 또는 의료 서비스와 보육 서비스의 부재 같은 신체적 문제들이 갑자기 가장 중요한 경제적 문제가 된다.

몸을 상기한다는 것은 곧 무력함과 전적인 의존이 인간 경험의 본질적 요소임을 상기하는 것이다. 몸이 다른 몸에서 태어난다는 것, 처음 포궁에서 세상으로 나올 때 몸의 생사가 전적으로 주변 환경에 달려 있다는 것을 상기하는 것이다. 노화가 거의 언제나 그렇듯 질병은 몸을 다시 의존적으로 만들 수 있다. 그리고 여기에는 아무 잘못도 없다.

　이것은 인간 삶의 일부다.

　인간의 몸은 우리가 취약하며 타인에게 의존한다는 불편한 사실을 상기시킨다. 우리가 그동안 '여성적'이라고 학습한 바로 그 특징들이다. 결국엔 이것이 바로 가부장제가 해 온 짓이다. 우리를 겁먹게 하는 인간 경험에 여성적이라는 딱지를 붙이고 무시하는 것. 지금껏 살펴봤듯이 이는 우리가 자신을 망각했다는 의미일 뿐만 아니라 우리 몸이 실제로 존재한다는 단순한 사실을 수용하지 않는 경제를 만들었다는 의미이기도 하다. 2020년의 팬데믹은 이러한 상황이 지속 불가능하다는 것을 만천하에 드러냈다.

　우리가 여성적이라고 여기는 것과 남성적이라고 여기는 것 사이에 구축한 위계질서는 다시 한번 그 추한 고개를 쳐들고 있다. 이 위계질서는 우리가 '여성적'이라 부르는 우리 안의 모든 것에서 도망치게 하고, 이는 다시 우리가 뇌를 컴퓨터로, 인간을 알고리즘에 좌우되는 로봇이나 수압 조각상, 전화 교환국, 혹은 그게 뭐든 실제로 우리를 세상에 내놓은 신체와는 아무 관련이 없는 것으로 여기게 만든다. 자기 몸을 내려다보고 그 존재의 의미를 받아들이는 것은 그 무엇보다 힘들다. 당신의 젠더가 무엇이건 간에.

그건 우리 자신뿐만 아니라 사회 전체에게도 힘든 일이다.

우리가 잃어버렸거나 보름달 빛 아래 격렬한 여신의 춤을 통해 되찾아와야 하는 '진실'이 포궁 안에 있다는 말이 아니다. 문제는 우리가 여성의 신체로 인간의 신체적 본질을 대변했다는 것이며, 더 나아가 바로 그 여성과의 연관성 때문에 우리의 신체적 현실을 부정했다는 것이다.

그 결과는 막심하다. 특히 경제적으로.

우리를 하나로 묶는 것은 대부분 인간의 몸에서 시작된다. 우리의 건강은 본인만의 것이 아니다. 이것이 팬데믹이 드러낸 불편한 진실이었다. 우리의 건강은 타인의 건강과, 지구의 건강과, 우리의 조상 및 미래 아이들의 건강과 연결되어 있다. 물론 경제의 건강과도 연결되어 있다. 쉽게 말하면, 우리는 더 큰 존재의 일부다.

데카르트는 생제르맹앙레의 수압 조각상들을 가리키며 인간이 이것들의 변형이라고 말했다. 알고리즘과 컴퓨터를 가리키며 우리가 이것들과 같다고 주장하는 오늘날의 사람들은 그와 무엇이 다른가? 이건 진심이 담긴 질문이다. 그리고 겸손함에 대한 요구다. 사실 우리는 우리 몸에 대해 아는 바가 별로 없다. 그렇다면 왜 우리에게 신체가 있다는 사실, 이 신체가 우리를 취약하게 만들고 서로에게 의존하게 만든다는 명백한 사실을 부정하는가?

바이킹의 신들이 우리를 도끼로 깎아 낸 것이 아니다. 우리는 수압 조각상도, 전화 교환국도, 컴퓨터도 아니다. 우리는 박동하는 선홍색 포궁에서 발버둥 치고 악쓰며 태어났다.

이 사실을 받아들여야 한다.

그리고 우리가 진실임을 아는 것에서부터 경제를 세워야 한다.

8장

체스는 이겨도
청소는 못하는
AI

아홉 살 난 세리나 윌리엄스Serena Williams가 로스앤젤레스 남부에 있는 컴프턴의 테니스 코트에서 미식축구 공을 던지고 있다. 그의 아버지가 언젠가는 첫째 딸인 비너스Venus Willians가 여자 테니스 정상을 차지할 것이고 둘째 딸인 세리나는 더 뛰어날 거라고 전 세계에 단언한 것이 이 무렵이다. 이로부터 겨우 7년 뒤 비너스가 혜성처럼 등장해 US 오픈 결승에 오르고, 모두가 그의 말을 믿기 시작한다.[1]

세리나와 비너스는 미식축구 공을 번갈아 서로에게 던진다. 네트 양쪽에서 각각 1미터 간격을 두고 시작했다가, 공을 던질 때마다 천천히 뒤로 물러난다. 자매는 결국 양쪽 베이스라인의 끝에 다다르고, 공은 자매 사이의 허공을 가르며 빠르게 날아간다.

자매를 지도하는 아버지는 중년이 되어서야 지역 도서관에서 빌린 비디오테이프를 보며 테니스를 배웠다. 그가 미식축구 공으로 하는 연습을 본 것도 그 비디오에서였다. 알고 보니 테니스 코트에서 미식축구 공으로 빠른 변화구를 던질 때 손의 움직임은 오버핸드 서브를 성공시킬 때 손의 움직임과 거의 똑같았다.

테니스에서 서브를 익히기가 그토록 어려운 이유는 공을 빠르게 네트 위로 넘겨야 할 뿐만 아니라 반대쪽 서비스 박스 안에 떨어지게 해야 하기 때문이다. 이건 그 자체로 무척이나 어려운 일이다. 네트 너머로 공을 가능한 한 힘껏 내리쳐야 하는데, 이때 공이 너무 빠른 속도로 날아가다 서비스 박스 밖으로 나갈 수 있기 때문이다.

물론 키가 크면 강력한 서브를 성공시키기가 훨씬 쉽다. 그저 최대한 팔을 휘둘러 공을 내리꽂으면 된다. 그러나 훗날 세리나 윌리엄스의 키는 겨우 175센티미터가 된다. 미식축구 공이 필요해지는 지점이 바로 여기다.

중요한 것은 스핀이다.

테니스 서브의 비결은 공을 플랫◆하게 때리지 않는 것이다. 그 대신 팔을 뒤로 쭉 뻗어서 점프한 뒤 라켓을 거의 내던지듯 공을 때려야 한다. 이러한 움직임이 공에 회전을 만들고, 공이 회전하면 공 주위의 공기도 회전한다. 그러면 공 아래에 상

◆ 라켓의 궤도와 공의 이동 방향이 수평이 되는 것.

대적 저기압이 형성되고, 공기가 상승하면서 공이 하강해 결국 정지하듯 서비스 박스 안으로 뚝 떨어지게 된다.[2]

근대 물리학의 아버지인 아이작 뉴턴은 17세기에 케임브리지에 있는 트리니티칼리지의 창문에서 테니스 경기가 펼쳐지는 정원을 내려다보다가 우연히 이 현상을 목격했다.[3] 세리나 윌리엄스의 아버지도 컴프턴의 지역 도서관에서 빌린 비디오 테이프를 보며 같은 것을 이해했다. 테니스 코트에서 미식축구공을 변화구로 던질 수 있는 사람은 그 손동작을 테니스 서브에 결합할 수 있을 터였다. 핵심은 반복이다. 즉 몸에 각인될 때까지 같은 것을 몇 번이고 되풀이하는 것이다.

인간의 많은 능력이 이러한 형태의 신체 지능과 근육 기억에서 나온다. 실제로 우리는 매일 이러한 지식에 의지해 삶을 살아간다. 그러나 인간을 닮은 기계를 발명하고자 할 때 인간의 신체는 종종 무시된다. 이 사실은 AI와 로봇에서 무인 자동차에 이르는 온갖 것에서 기술적 문제를 일으키는데, 이것이 바로 이 장에서 다룰 내용이다. 문제의 대다수는 우리의 젠더 관념에서 비롯된다. 이 문제들은 우리가 만든 정신과 신체의 구분과 관련이 있고, 이러한 구분은 대개 정신을 남성적인 것으로, 신체를 여성적인 것으로 상정하기 때문이다. 여기서부터 우리가 논의할 개념들은 이해하기 다소 까다로울 수 있다. 20세기 초반의 전기차를 보며 사람들의 여성성과 남성성 개념

을 비웃고, (**진정한** 차는 시끄럽고 위험해야 한다는) 당시의 생각
이 남자다움의 지배적 이상과 엮여 있음을 이해하는 것은 어렵
지 않다. 그러나 오늘날 우리가 비슷한 실수를 반복하고 있음
을 인식하기란 훨씬 더 어렵다.

그러나 그렇다고 우리가 실수를 안 하는 것은 아니다.

그러니 컴프턴의 테니스 코트에 있는 윌리엄스에게로 다시
돌아가자.

테니스 서브에 담긴
폴라니의 역설

당시 윌리엄스 가족에게는 노란색 폴크스바겐 밴이 있어
서 이 차에 윌리엄스 자매를 태우고 테니스 연습을 다녔다. 좌
석 하나를 떼어 내 그 자리에 테니스 공을 가득 실은 오래된 쇼
핑 카트를 놓았는데, 세리나와 비너스는 이 공들로 매일매일 부
단히 서브와 샷을 연습했다.

두 자매는 미식축구 공 연습을 끝낸 뒤 나란히 서서 네트
너머로 서브를 넣는다. 이런 식의 서브 연습은 몇 시간 동안 지
속하기엔 너무 단조로워 보일 수 있지만, 그건 우리가 세리나
윌리엄스의 머릿속에서 벌어지는 일을 모르기 때문이다. 세리

나가 치는 모든 샷은 정보로 가득하고, 그는 미세하게 동작을 수정하며 끊임없이 그 정보에 반응한다. 그는 귀로 매 스트로크를 듣고, 몸으로 직접 느낀다. 항상 라켓의 위치를 정확히 파악하고 절대로 공에서 눈을 떼지 않는다. 그는 이 지식이 제2의 천성이 될 수 있도록 공을 치고 또 친다. 그러나 이 지식은 결코 천성이 아니다. 아무리 과장하더라도 말이다.

적어도 이론적으로 생각해 보면 그렇다.

테니스에서 승리하려면 공이 상대의 라켓을 떠나는 바로 그 순간 공이 향하는 대략적인 방향을 파악해야 한다. 이 방정식을 풀려면 공의 최초 속도와 감속률, 바람이나 스핀을 판단하고, 공의 궤적을 가늠하면서, 동시에 윔블던의 잔디밭이나 멜버른의 아크릴 같은 경기장 바닥 표면까지 고려해야 한다. 그리고 마지막으로 1000분의 1초 안에 이 모든 계산의 결과를 라켓으로 표현해야 한다.

그러나 테니스 코트에서 세리나가 하는 계산은 하나, 둘, 셋, 넷, 다섯 하고 숫자를 세는 것뿐이다. 전무후무한 테니스 선수인 그는 첫 번째 서브를 넣기 전에 늘 공을 다섯 번 튕기고, 두 번째 서브를 넣기 전에는 늘 두 번 튕긴다. 알고 보니 단순한 반복 작업에 정신을 집중하는 것은 마음을 차분하게 하는 가장 쉬운 방법 중 하나였다.

코트 위에 있을 때 세리나는 방정식을 계산하지 않는다. 그의 서브는 매일같이 연습을 반복하며 점차 그의 몸과 하나가 된 일련의 움직임으로 구성된다. 세리나가 우리 옆에 앉아 자신이 테니스 코트에서 하는 행동을 전부 설명해 준다 해도(그가 자신의 테니스 지식을 말로 전부 표현할 수 있다 해도) 우리는 세리나처럼 라켓을 휘두를 수 없다.

헝가리의 철학자이자 경제학자인 마이클 폴라니Michael Polanyi는 "우리는 말할 수 있는 것보다 더 많은 것을 알 수 있다"라고 말했다. 사람들은 이를 '폴라니의 역설'이라고 부른다.[4] 우리가 운전에 대해 알아야 할 것을 전부 안다고 해서(책과 매뉴얼을 모조리 읽고 눈을 감고도 점화 플러그의 내부를 그릴 수 있다고 해서) 자동차를 **실제로** 운전할 수 있는 것은 아니다. 운전하는 사람이 꼭 핸들 앞에서 자신이 하는 행동을 전부 설명할 수 있지는 않다. 힐끗 백미러를 쳐다볼 때 당신이 보는 것은 정확히 무엇인가? 어떤 소리에 무의식적으로 귀를 기울이는가? 왜 방금 기어로 손을 옮겼는가?

러시아의 테니스 선수 마리야 샤라포바를 연달아 이기는 것이든 방금 부엌 선반에서 떨어진 크리스털 그릇을 붙잡는 것이든, 우리 인간은 매일 말로 설명할 수 없는 행동을 한다. 떨어지는 크리스털 그릇의 궤적을 계산할 수는 없었을 테지만, 그래도 우리는 그 그릇을 받아 낸다. 이것이 바로 폴라니의 역설이다. 단순하게 말하면 우리가 설명할 수 있는 것보다 더 많은 것을 할 수 있다는 뜻이다. 이 역설이 매우 당연해 보일지 모르지만, 기계가 수행할 수 있거나 없는 작업에 관해서라면 그 영향력은 막대하다.

걸 파워와 컴퓨터 파워를 다룬 4장에 등장했던 미국 컴퓨터 분야의 선구자 아이다 로즈를 기억할지 모르겠다. 그는 컴퓨터를 프로그래밍하는 자신의 능력을 수학을 가르치는 능력에 빗댔다. 이 두 가지는 본질이 같다. 둘 다 무언가를 하는 방법을 상대가 이해할 수 있는 방식으로 설명하는 것이다.

기계에게 일을 시키려면 먼저 기계에게 원하는 바를 설명할 수 있어야 한다. 그러려면 업무를 작은 단계로 쪼개고, 기계가 그 단계를 하나하나 수행하도록 명령하는 프로그램을 짜야한다. 그러므로 아주 오랫동안 기계는 우리가 이런 식으로 설명할 수 없는 일은 하지 못했다.

이것이 폴라니의 역설이 낳은 결과다.

자신이 구석에 있는 저 의자를 **보기** 위해 무엇을 하는지 설명할 수 없으면, 컴퓨터가 그 의자를 보게 하기는 어렵다. 저 물체가 거북이가 아니라 의자임을 당신은 어떻게 파악하는가? 이건 말로 설명하기 힘들다. 이것이 바로 기계에게 **보는 것** 같은 일을 시키기가 매우 까다로운 이유다.[5]

반면 어떤 것들은 시키기가 매우 쉽다. 예를 들어 450을 5로 나누면 왜 90이 되는지를 설명하기란 무척 쉽다. 그 결과 우리는 오랫동안 이런 종류의 문제에서 우리를 도울 수 있는 기계들을 만들었다. 어떤 일은 기계에게 시키기 쉽고 어떤 일은 시키기 훨씬 어렵다는 사실은 기술 발전에 근본적인 영향을 미친다. 폴라니의 역설은 로봇이 세리나 윌리엄스와 경쟁하거나 그의 능력을 모방하는 것을 어려워할 것임을 의미한다. 세리나는 보고, 느끼고, 가늠하고, 수정하고, 감각에서 들어온 정보에 따라 본능적으로 움직이지만 이 과정을 말로 설명하지는 못하는데, 이건 '제2의 천성'이기 때문이다. 그러나 기계가 인간보다 더 뛰어난 스포츠 종목도 있다.

예를 들면 체스가 그렇다.

우리 엄마가
AI보다 좔하는 일

때는 1985년이고 가리 카스파로프Garry Kasparov는 스물두 살이다. 이 젊은 소련인은 초청을 받아 서독의 함부르크에 와 있다. 같은 해 말에 그는 세계 최연소 체스 챔피언이 될 것이었다.[6]

카스파로프는 카펫이 깔린 방 한가운데에 서 있다. 옷은 줄무늬 셔츠와 초록색 여름 재킷으로 가볍게 입었다. 주위에 테이블이 여러 개 놓였고, 그 위에 총 32개의 체스판이 있다. 카스파로프는 체스에서 32대의 컴퓨터를 상대하러 이곳에 왔고, 모든 경기에서 승리를 거둔다. 전 세계 언론은 카스파로프와 컴퓨터의 대결보다는 그가 소련의 정치 상황에 대해 《슈피겔》에 무어라 말할지에 (놀라울 만큼) 관심이 더 많지만, 그의 이번 방문을 역사적으로 만든 것은 바로 이 체스 경기다.

1980년대 초에 일반 대중이 접할 수 있는 가장 뛰어난 체스 기계는 총 다섯 개 회사에서 나왔다. 이 회사들은 자사의 가장 훌륭한 컴퓨터 모델을 전부 함부르크로 보냈다. 카스파로프가 이 기계를 모두 이기는 데 총 5시간이 걸렸고, 그 누구도 이 결과에 놀라지 않았다. 당시 그는 겨우 12년 뒤에 자신이 컴퓨터 한 대에 패할 것이라곤 상상도 하지 못했을 것이다.

그러나 형세는 그만큼 빨리 뒤바뀌었다.

1997년, 34세가 된 카스파로프는 뉴욕에서 IBM의 슈퍼컴퓨터 딥 블루를 상대로 펼친 유명한 경기에서 패배했다. 이번에는 이 체스 경기가 전 세계 신문의 1면을 차지했고, 신문들은 이 결과가 인간의 우월함에 마지막 결정타를 날렸다고 보도했다. 컴퓨터가 카스파로프처럼 똑똑한 두뇌를 상대로 승리할 수 있다면, 우리 같은 나머지 사람들은 그냥 포기하는 게 나을 것 같았다.

이제 기계의 세상이 찾아온 것이다.

1997년에 딥 블루의 가격은 1천만 달러였다. 그러나 오늘날에는 카스파로프를 이길 수 있는 앱을 스마트폰에 다운받을 수 있다. 실제로 이제는 카스파로프가 1985년에 이룬 성취를 컴퓨터 한 대로 쉽게 달성할 수 있는데, 이번에는 반대로 컴퓨터 한 대가 32명의 인간 체스 그랜드 마스터를 상대로 전부 승리를 거둘 수 있다. 이만큼 인간과 기계 사이 힘의 균형이 뒤바뀐 것이다.

하지만 정말 그럴까?

조금만 생각을 해 보면 사실 그 어떤 컴퓨터도 1985년에 카스파로프가 해낸 것을 하지 못한다는 사실이 분명해진다. 스물두 살의 카스파로프가 카펫이 깔린 방에서 테이블에 둘러싸인 모습을 상상해 보라. 그는 32대의 컴퓨터를 상대로 경기만 벌이는 것이 아니다. 그는 한 체스판에서 다른 체스판으로 이동해 자기 손으로 말을 집어 든다.[7] 카스파로프 본인이 말했듯 오늘날의 기계는 힘겨워하는 일이다. 체스 말을 들어 올려 쓰러트리지 않고 체스판에 내려놓는 신체적 과정은 어린아이도 할 수 있는 일이지만 기계에는 문제가 된다. 이것이 신체적 과정이기 때문이다.

이는 로봇 공학에서 널리 알려진 현상이다. 기계에게 고등 수학과 체스를 가르치기는 무척 쉽지만 운동 기능을 가르치기는 훨씬 어렵다. 중국에서 가장 중요한 AI 투자자 중 한 명인

리카이푸Kai-Fu Lee는 최근 이렇게 말했다. "AI는 사고 능력은 훌륭하지만 손가락을 움직이는 데는 서툴다."[8] 그렇다면 이 말의 경제적 의미는 무엇일까?

청소를 예로 들어 보자. 우리는 청소를 쉬운 일로 생각하며, 그렇지 않더라도 오늘날의 세상은 경제적으로 청소에 낮은 가치를 매긴다. 우선 집과 사무실을 청소하는 직업을 가진 사람들은 대부분 여성이다. 또한 이들은 대개 노동 시장에서 가장 적은 급여를 받으며, 차별받는 피부색을 가진 경우가 많다. 청소의 낮은 지위를 뒷받침하는 경제적 논리는 우리가 청소를 '누구나 할 수 있는' 일로 여긴다는 것이다.

물론 치명적인 바이러스로 영국 경제 전체가 봉쇄된다 해도 영국 워릭에 사는 니드혼 교수는 자기 집을 청소할 수 있을 것이다. 청소부가 할 때만큼 티끌 하나 없이 깨끗하지는 않겠지만, 그래도 그는 그럭저럭 청소를 마칠 것이다.

우리는 청소에 전문 교육이 필요하지 않다고 생각한다. 그러나 그건 우리가 기계가 아니라 인간이기 때문이다. 우리는 타고난 신체 능력을 당연시한다. 그러나 가여운 로봇의 관점에서 한번 생각해 보라. 폴라니의 역설에 따라 컴퓨터는 집을 청소하는 방법보다 지구의 화석에 관해 니드혼 교수가 아는 모든 것을 훨씬 쉽게 배운다. 훨씬 훨씬 쉽다. 세리나 윌리엄스가 자신이 코트에서 무슨 생각을 하는지 말해 준다 해도 우리가 그처럼 테니스를 칠 수 없듯이, 우리가 청소 방법을 말해 준다 해도 로봇은 니드혼 교수의 집을 청소할 수 없을 것이다.

청소는 사실 무척 복잡한 작업이다.

어느 날 저녁, 니드혼 교수는 위층 침대에서 책을 읽고 있다. 책의 내용에 흥분한 나머지, 그는 실수로 옆에 놓인 찻잔을 엎는다. 뜨거운 차가 침대 옆의 탁자에서 담요와 러그 위로 흘러내린다. 그 순간 무슨 이유에서인지 그의 어머니가 이 방에 들어온다면, 어머니는 생각이랄 것도 없이 서로 다른 세 개의 과정을 처리하기 시작할 것이다.

먼저 어머니는 천을 가져와서 탁자 위에 흐른 차를 훔치고, 스펀지를 가져와서 러그 위로 흘러내린 차를 빨아들인 뒤, 침대 시트를 벗기기 시작할 것이다.

러그를 닦을 때는 얼마나 압력을 가해야 러그가 깨끗해질지 본능적으로 감지할 것이다. 러그를 벅벅 문질러 닦다가 러그의 물이 빠질지도 모른다는 생각이 들면 즉시 거의 무의식적으로 손의 압력을 줄일 것이다. 실제로 어머니는 니드혼 교수에게 잔소리하는 것을 포함해 모든 행동을 거의 무의식적으로 수행할 것이다. 로봇에게 이는 기적과도 같다.

마리야 샤라포바를 연달아 이기는 것처럼.

즉, 만화책에서 흔히 보는 로봇 도우미가 여전히 허황된 꿈일 뿐인 이유가 있다. 기계에게 가장 큰 문제는 우리가 사는 집이 예측 불가능하다는 점이다. 집을 청소하다 보면 매우 다양한 상황을 만나게 된다. 그저 로봇에게 '빨래해'라고 말할 수는 없다. 로봇이 빨래를 하려면 먼저 어떻게 움직일지, 수많은 카메라와 센서로 어디를 가리켜야 할지부터 알아야 한다. 그리고 양말과 바지의 차이를, 빨간색 냅킨과 하얀색 시트의 차이를, 모직과 면의 차이를 이해해야 한다.

인간은 예측 불가능한 환경을 무척 쉽게 헤쳐 나간다. 이게 그리 놀라운 일은 아닌데, 우리가 지구라는 예측 불가능한 환경에서 20만 년 남짓을 살아온 결과물이기 때문이다.[9]

기계에는 이러한 이점이 없다. 아마 로봇이 현재 우리가 사는 집들을 만족스럽게 청소하는 것보다는 자체 청소가 가능한 집을 짓는 편이 훨씬 쉬울 것이다. 처음부터 자동 청소 주택을 지으면 환경에 기계를 맞추는 것이 아니라 기계에 환경을 맞출 수 있다. 바닥에 여러 센서를 깔고 가구에 쌓인 먼지 수치가 자동으로 중앙 허브에 전달되게 할 수 있다. 아니면 이와 비슷한 다른 장치를 설치하거나.

이것이 세상의 예측 불가능성 앞에서 기계가 겪는 어려움을 해결하는 우리의 전통적 방식이다. 우리는 보통 기계의 요구에 맞게 특별 제작된 그들만의 '우주' 안에 기계를 넣어 둔다. 이 우주의 또 다른 이름은 '공장'이다. 이곳에서 로봇은 바깥세상의 복잡성에 방해받지 않고 탁월한 능력을 발휘할 수 있다.

그러니 우리 경제에서 가장 빠르게 자동화된 일자리가 공장 일자리라는 점도 특별히 놀라운 일은 아니다.**10**

공장에서의 일은 로봇이 인간에게서 가장 쉽게 빼앗을 수 있는 일이었다. 책의 뒷부분에서 이 주제에 대해, 특히 로봇이 여성보다는 남성의 일자리를 빼앗을 확률이 더 높다는 경제 연구 결과에 대해 더 자세히 알아볼 것이다. 이 문제는 다시 폴라니의 역설과 연결된다. 기계가 공장에서 인간이 하는 일은 할 수 있지만 집 청소는 할 수 없다면, 미래에 청소 일은 아마 많은 공장 일자리보다 더 안정적일 것이다. 또한 남성은 주로 공장에서 일하고 여성은 주로 가정에서 일한다면 어떤 상황이 벌어질지 상상할 수 있을 것이다.

그러나 이 문제는 나중에 더 자세히 다루도록 하자.

우선 지금은 몸에 집중하자. AI가 사고 능력은 뛰어나지만 손가락을 움직이는 데는 서툴다면, 왜 우리는 이 기술을 개발할 때 신체적 문제를 체스만큼 중요하게 고려하지 않았을까? 우리는 그저 기계가 (체스에서 카스파로프를 이기는 것처럼) '어려운' 일을 해내는 법을 배울 수 있다면, 빨랫감을 분류하는 것처럼 '쉬운' 일은 거의 자동으로 해낼 수 있으리라 생각했다.

그러나 현실은 그렇지 않았다.

이제 기계가 복잡한 의학 진단을 내릴 수 있을 만큼 큰 발전이 이루어졌지만, 로봇은 여전히 일상적인 일, 예를 들면 식당에서 종업원이 하는 일은 제대로 해내지 못한다.

실제로 로봇은 하늘을 지나는 혜성의 정확한 궤도를 계산하면 했지, 마구 뛰어다니는 세 살 꼬마 한두 명이 식당 내부에 어떤 영향을 미칠지는 예측하지 못할 것이다. 이런 예측 불가능한 상황을 우리 인간은 본능적으로 처리한다.

로봇 공학자인 한스 모라벡Hans Moravec은 진화로 이런 현상을 설명할 수 있다는 유명한 말을 남겼다. 식당 종업원이 사용하는 기술은 첫눈에는 간단해 보일지 몰라도 사실 수십억 년을 거친 발전의 결과물이며, 이런 발전을 통해 인간은 지구에서 생존하는 기술을 익히고 다듬었다. 우리는 공간 사이를 지나는 법과 서로 무게가 다른 유리잔을 식탁에서 들어 올리는 법을 알며, 바닥의 물기가 곧 미끄러져 넘어질 위험을 의미한다는 것을 이해한다. 보고, 기어오르고, 눈앞에 날아오는 공이 내 머리 위로 떨어질 것임을 본능적으로 이해하는 일의 복잡성을 우리는 당연하게 여길지 모르지만, 그렇다고 그 능력이 존재하지 않는 것은 아니다. 그저 우리 눈에 보이지 않을 뿐이다. 그러나 체스와 수학은 다르다.

모라벡은 우리가 체스와 수학을 그리 오래 해 오지 않았다고 말한다.

체스와 수학은 우리가 수십억 년 동안 해온 것이 아니기에, 우리는 수학 원리와 체스의 흑백 논리를 더욱 의식적인 과정을 거쳐 학습한다. 우리 모두 구구단을 느릿느릿 외우고, 체스의 규칙을 익힌다. 즉 이것들을 컴퓨터에게 설명할 수 있다는 뜻이다. 그렇게 기계는 대수학과 체스에 탁월해졌고, 이는 물론 멋진 일이다. 그러나 그렇다고 해서 기계가 자동으로 경제의 모든 것을 할 수 있게 된 것은 아니었다. 그런데 왜 우리는 그렇게 되리라 생각했을까?

세상을 체스판으로
착각한 과학자들

가리 카스파로프가 결국 패한 딥 블루와의 체스 경기는 겨우 한 시간이었지만, 미디어는 이를 인간의 창의성과 컴퓨터의 세상을 헤쳐 나가는 냉철하고 계산적인 방식 사이의 실존적 투쟁인 것처럼 그려 냈다. 만약 컴퓨터가 승리한다면 얼굴 없는 기계들의 군대가 곧 세상을 장악할 터였다. 인류는 이 세상에서 낮아진 지위를 그저 받아들여야 할 것이다. 우리의 유일한 희망은 얼마 전 무너진 소련에서 온, 빛나는 갑옷 차림의 기사 카스파로프였다. 이것이 바로 우리가 이 체스 경기에 투사한 실존적 드라마였다. 어느 쪽이 승리할 것인가? 감정과 본능으로 문제를 해결하는 인간의 능력일까? 아니면 1초 만에 방정식 수백만 개를 푸는 컴퓨터의 무작위 공격일까?

우리가 알다시피 진 쪽은 카스파로프였다. 이로써 세상의 일부는 이제 뻔한 결말만 남았다고 생각했다. 컴퓨터가 체스에서 카스파로프를 이길 수 있다면 기계가 다른 모든 일을 해내는 것은 시간문제일 뿐이라고.

2018년에 카스파로프는 "뛰어난 체스 능력은 오랫동안 전반적인 지능을 상징하는 것으로 여겨졌다. 그러나 내가 보기에 이러한 추정은 사실이 아니다"라고 말했다. 우리가 그와 딥 블루의 체스 경기에 호들갑을 떤 것은 인간성이 지능에 있다고 생각했기 때문이다. 그리고 그 지능은 곧 체스에서 승리하는 능력이었다.

그러나 기계가 인간보다 뛰어난데도 이 같은 극단적인 결론으로 이어지지 않은 일들이 수없이 많다. 인간보다 짐을 더 많이 옮길 수 있는 지게차가 처음 개발되었을 때 우리는 인간의 지배가 끝났다고 유난 떨지 않았다. 박쥐는 어둠 속에서 인간보다 앞을 더 잘 본다. 그렇다고 그게 50년 안에 박쥐가 우리를 지배하리란 뜻일까?[11] 왜 우리는 체스에서 우리를 이긴 기계가 다른 모든 것을 해낼 능력 또한 기를 것이라 생각했을까?

바로 여기가 젠더가 결부되는 지점이다.

로봇 기술자 로드니 브룩스Rodney Brooks는 AI 연구자들이 오랫동안 지능을 "교육 수준이 높은 남성 과학자들이 어려워하는 문제"와 씨름하는 능력으로 여겨 왔다고 말했다.[12] 이것이 바로 컴퓨터가 체스를 두고 수학 원리를 증명하고 복잡한 대수학을 건드리게 된 이유다. 남성 과학자들의 세상에서 이 작업들은 중요도가 높다고 간주되었다.

그러나 이들의 세상은 무척 좁은 것으로 드러났다.

우리는 '인간적인 기계'를 만들고자 했지만 우리가 정의한 '인간'의 바탕에는 특정 유형의 이성적이고 학문적인 남성성이 있었다. 컴퓨터는 우리가 '도전적'이라 여긴 문제들을 맡았고, 우리 머릿속에서 이 문제들은 우리가 '남성적'이라고 학습한 활동과 호환되었다. 우리는 만약 기계가 이 '남성적'인 문제들을 해결할 수 있다면 분명 나머지 세상 또한 지배하리라는 결론을 내렸다.

그러나 기계는 그러지 못했고, 우리는 오랫동안 이 난관에 빠져 있었다.

물론 문제는 AI 분야에 여성이 더 많았더라면 결과가 달라졌을까 하는 것이다. 초기의 AI 선구자들이 백인 남성 교수라는 좁은 집단이 아니었다면 연구자들은 청소를 체스만큼 정당한 문제로 생각했을까? 그랬다면 우리가 기술 발전에서 지금보다 앞서 나갈 수 있었을까?

그럴 수도.

이제 우리에겐 폴라니의 역설을 해결할 여러 방법이 있지만, 이 방법들에도 저마다의 한계가 있다. 어떤 기계들은 훈련을 통해 특정 행동을 알아서 학습할 수 있다. 이를 '머신 러닝 machine learning'이라고 하는데, 머신 러닝이 가능하려면 그만큼 방대한 양의 자료가 필요하고, 여기서 다시 문제가 발생할 수 있다. 우리 세계의 자료들 역시 주로 여성이 아닌 남성 중심이기 때문이다.

무엇보다 머신 러닝은 끊임없이 처음부터 다시 시작해야 하는 작업이다. 예를 들어 로봇이 바닥에서 병을 집어 드는 것을 혼자 학습하도록 가르쳤다면, 병 대신 커피 잔을 집어 들게 하고 싶을 때는 이론상 맨 처음부터 다시 시작해야 한다. 모두 알다시피 인간은 그렇지 않다. 우리는 사물을 집어 드는 일반적인 능력을 매우 자연스럽게 다른 곳에 적용할 수 있다.

한 살짜리 아기가 장난감을 떨어뜨렸다가 다시 집어 드는 모습을 지켜보라. 아기는 넘어지기도 하고 땅에 떨어진 딸랑이를 서툴게 만지작거리기도 하지만, 장난감 삽을 집어 들 때 배운 내용을 적용해 어렵지 않게 공을 집어 들 수 있다. 로봇은 이 아기를 바라보며 아기가 신체 지능의 천재 중 천재라고 생각할 것이다.

이제 당신에게 자율 주행 자동차가 있다고 상상해 보라. 이 차는 교통 표지판을 혼자 학습해야 한다. 그러나 이 자동차가 '정지 신호를 보면 멈춰라'라는 명령을 따를 수 있으려면 먼저 정지 신호가 어떻게 생긴 것인지부터 알아야 한다.

　　인간인 당신은 그저 빨간 정지 신호를 본다. 그러나 당신의 자율 주행 자동차는 알고리즘으로 제어되고, 이 알고리즘은 정지 신호 대신 여러 무리의 선을 '본다'. 우리가 알고리즘에게 이미지를 수학으로 쪼개서 이해하라고 가르쳤기 때문이다.

　　이제는 당신이 새로 뽑은 자율 주행 자동차를 타고 시골길을 달리고 있다고 상상해 보자. 쏟아지는 햇빛 아래 자동차가 달리는 동안 당신은 자율 주행 모드를 작동하고 편히 뒤로 기대어 쉬고 있다. 갑자기 길 양쪽에 표지판 두 개가 나타나 제한 속도가 곧 시속 50킬로미터에서 시속 30킬로미터로 낮아진다고 알려 준다. 그러나 표지판 중 하나에 무슨 일이 생긴 것 같다. 누군가가 그 위에 테이프를 붙여 놨는데, 아마 표지판이 훼손되어서 그런 듯하다. 엘크가 뿔로 들이받았거나, 동네 10대가 파손했을 것이다. 인간은 이러한 일이 발생했다는 것을 본능적으로 이해할 수 있고, 거의 신경도 쓰지 않는다. 우리 뇌는 두 번 생각할 것도 없이 그 표지판의 내용을 '시속 30킬로미터'로 알아서 이해한다. 그러나 자율 주행 자동차는 그렇지 않다. 이 차는 생각하는 대신 계산하기 때문이다. 즉 한 조각의 테이프가 자동차 시스템에 실질적 문제를 일으킬 수 있다는 뜻이다. 그저 표지판 위에 테이프가 붙어 있다는 이유로, 알고리즘은 갑자기 표지판을 '시속 30킬로미터'가 아닌 '시속 80킬로미터'로 이해한다. 자동차는 아무 생각 없이 속도를 높이고, 쾅, 당신은 커브에서 길가로 곧장 날아간다.

"폴라니의 역설!" 당신은 이렇게 외칠지도 모른다. 아직 의식이 있다면.

즉, 현실은 체스판처럼 검은색과 흰색으로 나뉘지 않는다. 이러한 사실이 기계에 계속 문제를 일으키는데, 많은 면에서 인간은 자기 몸을 통해 나아갈 방향을 **느끼는** 반면 기계는 계산하기 때문이다. 이것이 바로 기계가 공장에 있는 것을 가장 좋아하는 이유다.

자율 주행 자동차에게도 다른 기계에게 해 준 것을 똑같이 해 줄 수 있다. 오로지 자율 주행 차만 다닐 수 있는 특별한 길들의 '우주'를 만듦으로써 눈 쌓인 표지판에서 예측 불가능한 보행자에 이르기까지 현재 자율 주행 차가 겪는 수많은 현실 속 문제들을 옆으로 밀쳐놓는 것이다. 이 특별한 길은 알고리즘으로 움직이는 차량이 인간이 만들어 낸 복잡한 교통 흐름에서 벗어나 편안하게 달릴 수 있도록 만들어질 것이다. 그러나 이렇게 할 거면 자율 주행 자동차와 기차가 뭐가 다른가? 현재 우리가 타는 기차와 달리 각자 자기 차를 타고 이동할 수야 있겠지만, 그건 지금껏 우리가 들어 온 자율 주행 자동차 개념이 아니다. 테크 기업가들은 사회를 바꾸지 않고도 오늘날 우리가 타는 자동차처럼 자율 주행 자동차를 평범하게 운행할 수 있다고, 거기에 더해 뒷좌석에 앉아 비디오게임까지 할 수 있다고 약속했다. 그러나 그러한 차는 존재하지 않으며, 많은 이들이 앞으로도 존재할 수 있으리라 믿지 않는다.

브룩스는 "코끼리는 체스를 두지 않는다"라고 말한다.[13] 그래도 코끼리는 더럽게 똑똑하다. 코끼리는 여러 면에서 우리의 가장 빠른 컴퓨터보다 똑똑하지만, 어떤 면에서는 컴퓨터만큼 똑똑하지 않다. 한마디로 말하면, 이건 복잡한 문제다. 개들은 자기 주인이 슬프다는 사실을 이해하지만 컴퓨터는 그러지 못한다. 그렇다면 둘 중 누가 더 똑똑한가? 기계가 체스에서 가리 카스파로프를 이길 수 있다고 해서 테니스에서 세리나 윌리엄스를 이길 수 있는 것은 아니다. 세리나가 보여 주는 것은 다른 형태의 지능, 바로 신체적 지능이다. 그리고 이 지능 안에도 우리를 인간답게 만들어 주는 수많은 것들이 있다.

그러나 어째서인지 우리는 이 사실을 쉽게 인정하지 못한다.

✳

체스는 전쟁 게임이고, 체스판 위의 네모 칸은 전쟁터다. 서기 6세기 인도에서 체스가 처음 발명되었을 때 말은 전부 남성이었다. 이로부터 400년 뒤 체스가 유럽에 도착했을 때에야

말들 중 하나가 여왕이라는 이름으로 불리기 시작했다. 당시 여왕은 체스판 위에서 가장 약한 말이었다.

체스판 위의 유일한 여성은 기동성이 가장 낮았다. 한 번에 한 칸만, 그것도 대각선으로만 이동할 수 있었다. 그러나 15세기가 되자 무언가가 바뀌었다.[14] 현실에서 여왕이 힘을 얻으면서 체스판 위에서도 같은 일이 벌어졌다.

유럽의 엘리트들은 갑자기 러시아의 예카테리나 대제나 카스티야의 이사벨 1세 같은 인물들의 지배를 받았다. 그 결과 체스의 여왕 역시 체스판 위에서 더 넓은 공간을 차지하기 시작했다. 갑자기 여왕은 원하는 모든 방향으로, 원하는 만큼 멀리 이동할 수 있는 유일한 말이 되었다. 오늘날 체스에서 왕은 칭호만 왕일 뿐 그저 미화된 인질이다. 그러나 체스를 두는 사람은 여전히 주로 남성이고, 체스에서 필요한 지능은 우리가 남성과 연관 짓는 지능이다.

즉 생각하는 기계를 만들 때 우리는 그 기계를 남자로 만들었다. 또는 우리가 암암리에 남자라고 여기는 것으로 만들었거나. 그 과정에서 우리 인간이 세상에서 기능할 수 있게 해 주는 여러 능력을 간과했다. 우리가 그 능력들을 '여성적인 것'으로, 그러므로 당연시해도 괜찮은 것으로 코드화했기 때문이다.

기계에서도, 그리고 경제에서도.

테니스 코트 위의 세리나 윌리엄스는 기계가 모방하기 가장 힘들어하는 종류의 인간 지능을 보여 주는 가장 생생한 사례 중 하나다. 물론 기계는 공을 세게 칠 수 있다. 물론 언젠가 로봇이 테니스를 잘 칠 수 있게 될지도 모른다. 어쨌거나 테니스 코트는 나머지 세계와 비교하면 비교적 예측 가능한 환경이니까. 그러나 중요한 것은 그게 아니다.

중요한 것은 우리가 세상을 하나의 체스판으로 이해했고, 오로지 이성적 사고만이 세계를 돌아가게 한다고 잘못 추측했다는 점이다. 우리가 이러한 오류에 빠진 것은 젠더 관점과 밀접한 관련이 있다.

인간적인,
너무나 인간적인 몸

데이비드 포스터 월리스David Foster Wallace는 남자 테니스 선수인 로저 페더러Roger Federer에 관해 유명한 에세이를 한 편 썼다.[15] 그 글에서 그는 페더러 같은 엘리트의 수준에서 스포츠는 인간의 아름다움을 표현한다고 말한다. 물론 남자들에게도 몸이 있지만, 우리는 페더러가 세리나 윌리엄스만큼 '몸 같지' 않다고 생각할지 모른다. 결국 페더러는 백인 남성이고 윌리엄스는 흑인 여성이기 때문이다. 2018년, 《헤럴드 선Herald Sun》이 세리나 윌리엄스를 그린 만평을 실었고, 전미흑인언론인협회는 이를 "불필요하게 삼보sambo✦ 같은 인종차별적이고 성차별적인 캐리커처"라고 묘사했다.**16** 흑인 여성은 이처럼 순수하고 위협적인 신체성 개념으로 자주 축소되며, 이러한 신체성은 왜인지 더욱 원시적인 것으로 간주된다.

자신의 에세이에서 포스터 월리스는 페더러의 특별한 아름다움(성별이나 문화적 규범과는 아무 관련이 없는 아름다움)에 대해 논한다. 그에 따르면 최상의 기량을 발휘할 때 페더러가 자신의 테니스로 드러내 보이는 것은 보편적인 아름다움이다.

가장 위대한 순간에 스포츠는 관중이 자신에게 몸이 있다는 사실을 받아들이게 할 수 있다. 페더러 같은 탁월한 선수들은 이 세상에서 몸을 늘이고 느끼고 보고 움직이는 것(물질과 신체적으로 상호작용하는 것)이 얼마나 멋진 일인지를 인식하게 하는 촉매가 될 수 있다. 아기가 자기 손을 얼굴로 들어 올릴 수 있음을 깨닫는 순간을 떠올려 보라. **바로 그** 감정이다. 성인인 우리는 이러한 감정을 느끼기 위해 페더러가 필요하다.

확실히 세리나 윌리엄스와 로저 페더러는 우리가 그저 꿈만 꾸는 일들을 몸으로 해낼 수 있다. 그러나 포스터 월리스는

✦　동화책 《흑인 꼬마 삼보》의 주인공으로, 이 책은 흑인의 인종적 특성을 지나치게 과장해 인종차별적이라는 비판을 받았다.

우리가 꾸는 이 꿈들이 중요하다고 말한다. 왜? 이 꿈들이 우리를 자기 신체와 만나게 함으로써 결국 자신의 인간성과 만나게 하기 때문이다.

포스터 월리스는 많은 남성에게 이것이 매우 불편한 일일 수 있다고 지적한다. 몸은 남성에게 자신의 연약함을 상기시킨다. 모두가 알다시피 우리 몸은 언젠가 죽는다. 그뿐만 아니라, 우리 몸은 언젠가 병들고 노화해 남성이 타인과 주변 환경에 의존하게 만들지도 모른다. 남성은 이 사실을 떠올리고 싶어 하지 않는다. 의존성은 남성의 젠더 역할에 들어맞지 않는다.

지금껏 살펴보았듯이 몸이 수천 년간 여성적인 것으로 코드화된 것은 바로 이러한 이유 때문이다. 여성은 출산과 젖이 흐르는 가슴, 포궁에서 흘러나오는 피를 통해 자기 몸의 현실과 더 긴밀하게 묶여 있다고 여겨졌다. 여성은 몸이 되어야 했다. 그래야 남성이 몸이 아닌 다른 것이 될 수 있었다. 우리는 지금도 남성들에게 몸을 극복하는 것이 곧 남자가 되는 것이라고 가르친다. 그러나 고환 한 쌍은 결코 난소 한 쌍보다 덜 육체적이지 않다. 그럼에도 우리는 남성다움을 남성의 몸이라는 기계의 관제실에 있는 일종의 이성적 지능으로 여긴다. 반대로 여성은 자신의 신체로 완전히 축소된다.

이제 우리는 가부장제의 근본적 비극으로 되돌아왔다. 젠더를 서로 대립하는 것으로 정의하면 그 누구도 인간 삶의 모든 영역을 경험할 수 없다.

포스터 월리스는 많은 남성이 윔블던 센터 코트에서 로저 페더러를 간절히 보고 싶어 할지 몰라도, 테니스를 아름다움의 경험 그 자체로 받아들이지는 못한다고 말한다. 그러므로 그들은 스포츠를 일종의 전쟁으로 바라본다. 거리두기 기법이다.

남자들은 종종 자신이 스포츠를 얼마나 '사랑'하는지를 이야기한다. 그러나 이 사랑이 다른 남성에게 받아들여지려면 반드시 전쟁의 어법을 통해야만 한다. 남성은 위계질서와 기술 분석, 또는 우리를 그들과 나누는 민족 및 부족 의식의 측면에서 스포츠를 논하고, 이러한 이야기 방식을 통해 자신의 영혼이 스포츠에서 구하는 신체적 아름다움의 경험을 감춘다. 그러나 경기 통계를 강박적으로 읊고, 가슴팍을 마구 치고, 얼굴에 물감을 칠하고, 관중석에서 응원가를 울부짖는 행동은 전부 자신을 몸과 만나게 하는 스포츠 경험을 자신의 남성성 개념과 양립시키는 방책이다.

기술을 지금의 이미지로 만들고자 한 것은 (몸의 중요성을 인정하기를 두려워하는) 바로 이 남성적 이상이었다.

이렇게 우리는 가리 카스파로프를 이길 수 있는 기계를 얻었다. 그러나 그 기계는 세리나 윌리엄스를 이길 수 없다.

미래

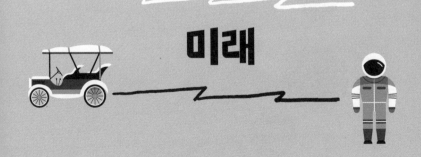

9장

엥겔스는 왜
메리의 안부를
묻는 것을 잊었나

때는 1842년이고 프리드리히 엥겔스Friedrich Engels는 스물두 살이었다. 그의 아버지는 아들이 패기 넘치는 급진주의를 놓아 줄 때가 되었다고 생각했다. 그래서 현재 독일 서부에 위치한 집에서 엥겔스를 내보내 잉글랜드 북부의 맨체스터에서 2년간 지내게 했다.[1] 직물의 도시인 이곳 맨체스터에 온 젊은 엥겔스 는 실 생산 공장의 사무실에서 일하기로 되어 있었다. 그는 중 간 관리자로 사는 삶의 편익을 만끽한 뒤 패기를 억누른 부지 런한 보수주의자가 되어 독일로 돌아갈 것이었다. 적어도 그의 아버지의 계획은 그랬다. 그러나 이 계획은 오판이었던 것으로 드러났다. 맨체스터에서의 경험은 오히려 엥겔스가 친구인 카 를 마르크스Karl Marx와 함께 현대 공산주의의 기틀을 마련하는 결과로 이어졌다.[2]

젊은 엥겔스는 여러 면에서 최초의 진정한 샴페인 사회주 의자[＋]였고 평생 여우 사냥과 랍스터 샐러드를 즐긴 사람이었다. 그러나 그가 도착한 맨체스터는 '최초의 기계 시대'라는 이름으로 알려진 산업혁명이 휘몰아치고 있었다. 그 실상을 목격한 엥겔스는 더 이상 랍스터 샐러드를 삼킬 수 없었다.

새로운 기계들이 북부 도시 전체에 퍼져 있었고 산업화가 전속력으로 진행 중이었다. 증기 기관차와 공장, 하늘을 향해 연기를 내뿜는 거대한 굴뚝들이 있었다. 사람들은 도시에서의 새로운 삶을 위해 자그마한 시골 오두막과 직접 만든 세간을 두고 떠났다. 기술이 사회 전체를 앞으로 끌고 가는 듯 보였다. 그러나 이 거칠고 울퉁불퉁한 길이 어디로 향하는지 제대로 아는 사람은 아무도 없었다.

경제학자는 기술 발전을 좋아한다. 그들 대부분이 혁신을 통해 모두의 생활 수준을 끌어올릴 수 있다고 생각한다. 아마 그들의 생각이 옳을 것이다. 경제학자 요제프 슘페터Joseph Schumpeter가 말했듯 자본주의는 "여왕이 더 많은 실크 스타킹을 신게 하는 것이 아니라 공장에서 일하는 여성들도 실크 스타킹을 신을 수 있게 하는 것"이다.[3] 이처럼 여성 노동자들도 실크 스타킹을 신게 하는 것이 목표라면 확실히 기술 발전은 어느 정도 필요하다.

왜냐하면 경제에서 생산성을 높이는 것은 혁신이고, 이는

✦ 샴페인 같은 물질적 부를 즐기는 부유한 사회주의자.

곧 여성들의 임금이 높아질 수 있다는 뜻이기 때문이다. 원래
는 실크 스타킹 다섯 켤레를 생산하던 시간에 갑자기 스무 켤
레를 생산할 수 있게 되는 것이다.

만약 기계가 공장에서 가장 고되고 위험한 일을 대신할 수
있다면 여성 노동자들의 절반은 다른 일을 할 수 있다. 사회가
더욱 부유해지면, 예를 들어 교육에 투자할 수 있다. 순식간에
소녀들의 절반이 공장 노동자 대신 섬유 공학자나 패션 잡지
편집자가 될 것이다. 아무튼 경제는 이렇게 돌아가야 한다.

우리가 새로운 기계를 개발하면 기계는 우리가 그다지 원
치 않는 일에서 우리를 해방해 준다. 또한 기계들은 우리를 더
욱 부유하게 만들어 주므로, 새로 생긴 이 부유함이 개 전용
미용실이나 수입 도자기 화병, 초콜릿 칩 쿠키 같은 새로운 것
에 대한 요구를 창출한다. 이러한 요구는 다시 개를 드라이하
고, 도자기를 팔고, 케이크를 제공하는 새로운 직업, 전부터 존
재한 직업보다 삶을 더욱 풍요롭게 하고 더 많은 보수를 받는
직업을 창출한다. 한편 실크 스타킹의 가격은 낮아지고(결국 우
리는 실크 스타킹을 훨씬 빠른 속도로 생산하게 될 것이다), 그러므
로 공장 여성들은 한 세기 전만 해도 소수의 여왕만 누리는 사
치였던 실크 스타킹을 다리에 걸칠 수 있게 될 것이다. 이것이
바로 대강의 이상적 흐름이다. 물론 엥겔스가 맨체스터에서 절
감했듯이 그 과정에서 많은 것이 틀어질 수 있다.

이 미래의 공산주의자는 맨체스터 서쪽 바로 옆에 있는 샐퍼드에서 일했다. 당시 그는 마르크스를 딱 한 번 만났을 뿐인 불분명한 급진주의자였다. 그러나 샐퍼드의 공장 현장에서 활발히 정치 활동을 벌이는 젊은 아일랜드 여성과 사랑에 빠졌고, 이 여성은 그의 손을 잡고 그에게 최초의 기계 시대를 보여 주었다.

특히, 그 충격적인 대가를 보여 주었다.

엥겔스는 창문이 깨진 곧 무너질 듯한 집에 사는 아일랜드 이민자들을 만났다. 어둡고 습한 지하에서 이민자 가족들이 악취를 풍기며 불결하게 살아가고 있었다.[4] 공장에는 먼지가 너무 많아서 노동자들이 피를 토했고, 기계들이 너무 빽빽하게 들어차 있어서 때때로 노동자의 몸이 기계에 끼었다. 엥겔스는 시내를 돌아다니며 기형이 된 신체가 너무 흔하다는 사실을 알아챘다. 뒤로 꺾인 무릎, 두툼하게 부어오른 발목, 부자연스러운 각도로 뒤틀린 척추. 그는 하루에 열두 시간씩 일해야 하고 일을 계속하지 못하면 채찍질을 당하는 아이들을 만났다. 강으로 내려가 거무스름한 초록색의 끈적한 폐기물이 내뿜는 지독한 악취를 들이마셨고, 높은 굴뚝이 새까만 연기를 내뿜으며 여름의 태양을 가리는 것을 보았다.

엥겔스는 19세기의 단테가 되어 비인간적 환경이라는 지옥의 원형 계단을 한 칸 한 칸 내려갔다. 그리고 그 모든 것을 기록했다. 그의 저서 《영국 노동계급의 상황》은 실을 취급하는 스물네 살의 독일인 중간 관리자가 쓴, 분노한 저널리스트의 고발장이었다. 런던에서 작가의 장벽에 부딪혀 글을 쓰지 못하고 있던 마르크스는 엥겔스가 묘사한 맨체스터의 끔찍한 환경에 격분한 나머지 다시 종이를 펼치고 자신의 위대한 걸작 《자본론》을 마무리했다.

시간이 흐른 뒤 세계에서 가장 잔혹한 독재 국가에서 마르크스와 엥겔스의 이름으로 수백만 명이 살해당했다. 그러나 그렇다고 해서 젊은 엥겔스가 1840년대 맨체스터에서 본 가혹한 광경이 사라지는 것은 아니다. 최초의 기계 시대가 일으킨 고통은 무시무시하게 끔찍했다.

가장 끔찍한 것은 상황이 다르게 흘러갈 수도 있었다는 것이다. 기계는 사람들의 삶을 파괴할 필요가 없었다. 우리는 아동 노동과 강에 폐기물을 버리는 행위, 12시간 근무를 금지할 수 있었다. 사람이 살 만한 주택을 짓고, 건강보험과 고용 안정, 비상계단에 관한 법률을 제정할 수 있었다. 그랬다면 수백만 명의 목숨을 구했을 테고, 어쩌면 엥겔스의 아버지가 실패한 일까지 성공했을지도 모른다. 즉, 엥겔스는 혁명가가 되지 않았을지도 모른다.

이런 식으로 20세기의 이야기는 매우 다르게 흘러갔을 수 있다. 여기서 얻을 수 있는 가장 큰 교훈은 언제나 대안이 있다는 점이다. 우리가 경제를 어떻게 조직할지를 결정하는 것은 기술이 아니다. 우리 인간이다.

기본 소득 줄 테니
로봇은 놔둬

많은 전문가가 현재 우리가 '제2의 기계 시대'를 살고 있으며 이 시대도 엥겔스가 목격한 최초의 기계 시대 못지않게 격렬하다고 말한다.[5] 이들의 말에 따르면 로봇이 도래할 것이고 곧 모든 업무가 자동화될 것이다. 오늘날 기술은 인간의 말을 이해하고 그에 반응해 우리가 원하는 정보를 보고하며, 알고리즘은 수백만 장의 법률 서류를 샅샅이 살펴 정확히 우리가 찾는 서류를 발견할 수 있다. 3D 프린터는 제트 엔진의 예비 부품을 출력하고, 외과의들은 나이프를 갖춘 로봇 팔을 이용해 환자와 멀리 떨어진 곳에서 수술을 집도한다.

전문가들은 일단 이러한 신기술이 경제 전반에 퍼져나가면 **모든 것**이 뒤바뀔 거라고 말한다. 제2의 기계 시대는 그저 트럭 운전사와 패스트푸드점 출납원이 직업을 잃는 결과로만 이어지지는 않을 것이다. 변리사와 경영 컨설턴트, 인사 전문가도 사라질 것이다. 이번에 로봇은 중간계급의 일자리까지 빼앗

으려 할 것이다.[6]

이 사실을 받아들이기 어려울 수도 있다. 물론 휴대폰은 어제보다 오늘 더 발전했고, 요즘에는 많은 신차가 알아서 병렬 주차를 할 수 있으며, 정치 위기가 줄줄이 발생해 우리를 끊임없이 뒤흔들고 있다. 하지만 산업혁명이라고? 과거의 방식이 끝을 맞이한다고? 분명 1840년대에 엥겔스가 목격한 것만큼 급진적이지는 않을 텐데?

그러나 그건 당신이 어디 있느냐에 따라 다를 수 있다.

산업혁명은 초반에 매우 국지적으로 발생하는 경향이 있다. 경제학자 칼 베네딕트 프레이Carl Benedikt Frey는 제인 오스틴의 소설 속에 등장하는 영국 시골의 상류층이 (겨우 160킬로미터 떨어진) 노샘프턴의 직물 산업 전체가 무너지기 직전이라는 사실을 거의 알지 못한 채 남부 지방에서 꽃무늬 찻잔을 앞에 두고 서로 청혼을 하고 있었다고 말한다.[7] 마찬가지로 2016년 11월, 전 세계 수많은 사람이 잠에서 깨어나 도널드 트럼프가 미국 대통령이 되었다는 소식을 듣고 큰 충격에 빠졌다. 우리가 놓친 사회적 갈등이 정확히 뭐였단 말인가?

로봇은 분명 그 갈등의 일부였다. 경제학자들은 2016년에 트럼프에게 투표한 주州가 일자리 대부분이 기계로 대체된 주와 일치한다는 사실을 발 빠르게 지적했다.[8] 최근 우리는 고소득 일자리와 상당수의 자본이 점차 대도시에 집중되는 한편 다른 지역은 그저 운명에 몸을 맡기는 것을 지켜보았다. 그리고 이렇게 남겨진 많은 지역이 다양한 포퓰리즘 정당에 투표함으로써 복수하는 모습을 목격했다. 이것이 정말 제2의 기계 시대의 시작이라면, 우리의 경제와 삶은 영원히 바뀔 것이다.

유일한 문제는 어떻게 바뀔 것인가다.

한 영향력 있는 분석에 따르면 경제는 세 집단으로 나뉠 예정이다. 첫 번째는 엘리트 집단이다. 이미 엄청난 부자인 이들은 당연하게도 기술 발전의 결과로 더욱 부유해질 것이다. 그 결과 사회의 나머지 집단으로부터 더욱 멀어질 텐데, 수많은 미래학자가 경제적·사회적으로뿐만 아니라 생물학적으로도 그러할 것이라고 말한다. 이들은 신기술을 자기 몸에 적용할 수 있고, 그 과정에서 자기 DNA를 조작해 영생하거나 벽을 투시할 수 있는 일종의 초인이 될 것이다. 그 결과 부자는 말 그대로 나머지 인류에게서 독립해 인간의 생물학적 운명을 불가역적으로 뒤바꿀 것이다.

적어도 자기들끼리는.

엘리트 집단 바로 아래에 있는 두 번째 집단에는 역시 운이 꽤 좋은(또는 미래학자가 그렇다고 생각하는) 사람들이 있다. 이 계층은 엘리트에게 다양한 개인 서비스를 판매하면서 생계를 꾸릴 수 있는 사람들로 구성된다.[9] 필라테스 강사와 커플 상담사, 사립학교 선생, 스타일리스트, 인생 코치를 떠올려 보라.

엘리트 집단을 위해 이런 일들을 수행할 사람들이 사회의 새로운 중간 계층을 형성할 것이며, 엘리트 집단은 분명 이들에게 쓸 돈이 넘쳐날 것이다.

그리고 세 번째 집단이 있다. 이 지점에서 문제가 발생하기 시작한다. 이 집단은 로봇에게 일자리를 빼앗긴 사람들, 즉 택시를 몰고 가판대에서 신문을 팔고 법률 계약서를 작성하고 창고에서 물건을 빼 오던 사람들로 구성된다. 이들이 한때 노동 시장에서 하던 일을 이제 로봇이 훨씬 잘, 훨씬 값싸게 해낼 수 있다는 단순한 사실 때문에 경제에서 더 이상 필요치 않게 된 수십억 명의 사람들이다.

이런 식으로 수십억 명이 영원히 실직자가 될 것이다. 이들은 더 이상 필요치 않을 것이고, 세계 경제가 아무리 성장해도 이들에게 일자리가 생기진 않을 것이다. 미래학자 유발 노아 하라리Yuval Noah Harari는 이 집단을 '쓸모없는 계층'이라 칭한다. 그렇다면 우리는 이 사람들을 다 어떻게 할 것인가? 이것이 얼마 전부터 미래를 논하는 테크 콘퍼런스의 주요 안건 중 하나가 되었으며, 이 콘퍼런스의 티켓 가격은 1만 달러가 훌쩍 넘는다.[10] 억만장자들은 관객석에 앉아 생각에 빠진다.

경제에서 더 이상 필요치 않은 이 사람들은 자기 시간에 무엇을 할 것인가? 이들이 정말 자기 집에 편안히 들어 앉아 컴퓨터게임을 할 거라고 믿어도 될까? 혹시 이들이 (맙소사) 반란을 일으키진 않을까? 쇠스랑을 손에 들고 실리콘밸리를 행진하려나? 기업에 도움이 안 되는 정치인, 아니면 테크 기업도 평범한 사람들처럼 세금을 내야 한다고 생각하는 정치인에게 투표하려나? 이 '쓸모없는 계층'이 거리에서 폭동을 일으켜 우리의 하늘을 나는 자동차를 때려 부수려나? 그렇다면 엘리트 계층은 이러한 세력 때문에 지붕에 태양전지를 깔고 무장한 로봇이 문을 지키는 자족적이고 친환경적인 벙커로 피신하게 될까? 물론 벙커는 돈으로 살 수 있다. 그러나 오랜 시간 벙커 안에 앉아 있는 건 별로 재미있는 일이 아니다. 오두막이 행복하지 않으면 궁전도 안전하지 않다, 뭐 그런 말도 있지 않나.

이것이 바로 다수의 유명한 테크 업계 억만장자들이 최근 보편적 기본 소득universal basic income, UBI 개념을 받아들이기 시작한 이유다.[11] 보편적 기본 소득은 직업이 있건 없건 국가가 모두에게 매달 일정 금액의 소득을 보장하는 것을 의미한다. 수백만 명이 경제의 '여분'이 된다면 적어도 그들이 굶어 죽지 않도록 돈을 지급하는 것이 최선이라는 말이다. 바라건대 이는 사람들이 혁명을 일으키지 않으리라는 뜻이기도 하다. 즉 엘리트 집단은 자기들끼리 남겨지기 위해 지갑을 열고 있다. 보편적 기본 소득을 줄 테니 DNA 조작한 우리 몸과 무장한 하인 로봇은 가만 놔둬. 이렇게 부탁할게.

제2의 기계 시대가 사회를 세 집단으로 쪼갤 것이라는 이 이야기는 최근 몇 년간 다양한 버전으로 반복해서 등장하고 있다. 어떤 조치를 취할 것인가에 관해서는 의견이 분분하지만, 서사는 대개 비슷하다. 제2의 기계 시대는 지금껏 본 적 없는 규모의 영원한 대량 실업을 일으킬 것이다. 그런데 그토록 거대한 인구 집단이 경제의 '여분'이 된다는 것이 정말 사실일까? 이 문제를 고려하려면 제2의 기계 시대에 관한 논쟁에서 종종 간과되는 관점, 즉 여성의 관점을 살펴봐야 한다.

잭이 메리의 양말을 꿰매게 된 사연

그러니 1840년대 맨체스터에서의 경험을 담은 엥겔스의 저서로 돌아가 보자. 여기서 젊은 엥겔스는 편지로 전해 들은 이야기를 들려준다. 그 내용은 다음과 같다.[12]

옛날 옛적에 조라는 이름의 남자가 있었다. 그는 랭커셔를 여행 중이었는데, 맨체스터 외곽에서 잭이라는 이름의 옛 친구를 찾아가기로 결심했다. 여기저기 수소문한 끝에 그는 결국 친구의 주소를 알아냈다. 그런데 뭔가가 이상했다. 잭은 세간도 별로 없는 축축한 지하 단칸방에 사는 것 같았다. 집 안으로 들어가니 친구가 난롯가에 앉아 있었다. 그런데 도대체 친구는 뭘 하고 있는 거지?

잭은 보통 발을 올려놓는 작은 의자에 앉아 아내의 양말을 꿰매고 있었다! 조는 깜짝 놀라 거의 까무러칠 뻔했다. 잭은 굴욕을 느끼며 즉시 양말을 등 뒤로 숨겼다. 그러나 너무 늦었다.

"잭, 도대체 무얼 하고 있나? 부인은 어디 있나?" 조가 물었다. "아니, 그것이 자네의 일인가?"

잭은 자신의 부끄러운 상황을 고백할 수밖에 없었다. 그는 물론 양말을 꿰매는 것이 자신의 일이어서는 안 된다는 사실을 잘 알지만, 불쌍한 아내 메리가 하루 종일 공장에서 일하기 때문에 어쩔 수 없다고 코를 훌쩍이며 설명했다. 메리는 오전 5시 30분에 집에서 나가 오후 8시까지 돌아오지 않았고, 집에 돌아오면 너무 지쳐서 다른 일을 할 힘이 남아 있지 않았다. 그래서 잭이 메리와 가정을 돌볼 수밖에 없었는데, 그는 지난 3년간 실직 상태였기 때문이다. 잭은 랭커셔에 기계가 도입된 이후 오직 여성과 아이들만 일을 구할 수 있다고 넋두리를 했다.

"남자들을 위한 일자리를 찾는 것보다 길에서 100파운드를 찾는 게 더 빠를 거야." 잭이 말했다.

그리고 뜨거운 눈물을 쏟아 냈다.

"자네나 다른 사람이 내가 아내의 양말을 꿰매는 모습을 보리라곤 생각지 못했네. 이건 나쁜 일이니까. 그러나 아내는 자기 발로 제대로 서 있지도 못한다네. 언젠가 아내가 쓰러질까 봐 겁이 나. 그러면 우리 가족이 어찌 될지 모르겠네."

슬픔에 빠진 잭은 기계가 마을에 들어오기 전까지 가족이 어떤 삶을 살았는지 설명했다. 그와 메리에게는 작은 오두막이 있었고 세간도 있었다. 그때는 남자인 잭이 일을 하러 나갔고 여자인 메리가 집에 머물렀다.

"그런데 이제는 세상이 거꾸로 뒤집혔어. 메리가 일을 하러 나가고 나는 집에 남아 아이들을 돌보고 바닥을 쓸고 설거지를 하고 빵을 굽고 양말을 꿰맨다네." 잭이 흐느껴 울었다. "조, 자네는 알 거야. 전에는 다른 삶을 산 사람에게 이게 얼마나 힘든지."

조는 잭의 말에 전적으로 동의하며 불 앞에 앉은 잭의 모습을 슬픈 듯 바라보았다. 조는 친구의 비극적인 이야기에 마음이 너무 아팠다. 그래서 편지에 이 만남을 담았고, 결국 그 편지가 엥겔스의 손에 들어간 것이었다.

조는 기계를 저주했다. 이 모든 일이 벌어지게 놔둔 공장주와 정부를 저주했다. 이야기의 말미에 엥겔스는 수사학적 질문을 던진다. "이 편지에 묘사된 것보다 더 어처구니없는 상황을 상상할 수 있는가?"

엥겔스는 기계가 "남성에게서 남자다움을 없애고 여성에게서 여자다움을 빼앗는" 경제를 창출했다고 단언한다. 실제로 랭커셔에는 잭과 메리 같은 가족이 결코 드물지 않았다. 최초의 기계 시대가 되자 새로운 발명품이 등장해 고소득 일자리를 빼앗아 갔고, 이 일자리는 주로 남성들의 것이었다. 공장은 남성 대신 여성과 아이들을 고용하기 시작했는데, 일하는 데 전처럼 근력이 필요하지 않았기 때문이다. 여성과 아이들은 남성처럼 중요한 존재로 여겨지지 않았기에 남성이 받던 임금의 겨우 3분의 1만 줘도 괜찮았다. 갑자기 아내와 두 자녀가 공장에서 일자리를 얻어야 남성이 벌던 돈을 메꿀 수 있었다. 그동안 남성은 주로 집에 혼자 남았다.

한 남자가 일자리를 잃고 난롯가에 앉아 우는 장면에 대한 엥겔스의 묘사에서 흥미로운 점은 그가 물질에 주목하지 않았다는 것이다. 그 대신 엥겔스는 다른 무엇보다 잭이 느끼는 무력함에 초점을 맞춘다. 잭은 남자로서의 자부심과 인생의 방향을 잃었다. 이것이 바로 엥겔스가 독자들이 분개하길 바란 지점이다.

실제로 많은 독자가 이 지점에서 분개했다.

잭의 고통은 분명 너무나도 현실적이며, 결코 비웃을 일이 아니다. 이 문제는 폭력과 자살, 비극적 가정사를 낳고, 망가진 자존심과 절망의 악순환 속에서 대대로 이어지는 감정적 상처를 입힐 수 있다. 남성 또한 자신에게 주어진 젠더 역할을 수행해야 하며, 남성 또한 그로 인해 고통받는다.

기술 발전은 잭을 가치 있는 존재로 만들어 주던 모든 것을 앗아 갔다. 잭은 나가서 일을 하고 가족을 부양해야 하며 그럴 수 없다면 진정한 남자가 아니라는 말을 일평생 들어 왔다. 그리고 그 말을 믿었다. 그는 그 명령대로 살았다. 그러다 진정한 남자가 될 기회를 기계에게 빼앗겼고, '진정한' 남자가 될 수 없다면 그는 하찮은 존재일 뿐이었다.

적어도 사회가 그렇게 믿게 만들었다.

잭이 기계를 부수고 싶어 한 것은, 축축한 지하실에서 무릎 위에 메리의 양말을 올려놓고 앉아 기계를 악랄하게 저주한 것은 이상한 일이 아니었다. 산업혁명이 잭의 삶을 망가뜨렸다. 미래의 경제학자들이 타임머신을 타고 가서 그의 일자리를 빼앗은 발명품 덕분에 결국 사회가 크게 번영한다고 설명해도 그를 위로할 수는 없었을 것이다. 그 경제학자들이 타임머신에서 뛰어내려 그래프를 들이민다 해도, 또는 최초의 기계 시대가 이룬 기술적 성취 덕분에 결국 그의 증손주들이 요가 강사나 경영 컨설턴트로 먹고살 수 있다고 설명해도 위로는 불가능했을 것이다. 잭은 이해하지 못했을 것이다.

사회의 기술적 변화는 제대로 다루지 않으면 수많은 이들의 삶을 파괴할 위험이 있다. 기술이 먼 미래에 성장과 번영을 불러온다 해도 그 과정에서 희생된 이들에게는 아무런 위안이 되지 않는다. 그렇게 희생된 사람이 바로 잭이다. 이것이 엥겔스가 분노한 이유다.

그러나 엥겔스가 묻지 않은 질문이 있다. 꽤 단순한 질문이다. 잭에 대해서는 들은 바가 많지만, 과연 메리는 무슨 생각을 했을까?

우리는 알지 못한다.

메리는 잭이 집에서 자기 양말을 꿰매는 동안 공장에서 고되게 일해야 하는 상황이 싫었을까? 아니면 전부 타협하고 받아들였을까? 저녁에 눈웃음을 치며 남편의 상처 입은 남성성을 다시 세워 줄 힘이 남아 있었을까? 남편을 깔봤을까? 만약 그랬다면, 남편의 등 뒤에서 그랬을까, 아니면 면전에서 그랬을까?

또는 이 새로운 가족 질서에 만족했을까? 돈이 좀 더 많았다면, 아니면 잭이 좀 더 명랑했다면?

우리는 전혀 알지 못한다.

엥겔스는 메리에게 아무것도 묻지 않았다.

제2의 기계 시대,
다정한 것이 살아남는다

최초의 기계 시대에는 젠더와 젠더 역할을 전면적으로 재협상해야 했다. 제2의 기계 시대도 마찬가지일 것이다. 문제는 우리가 이러한 측면을 거의 고려하지 않는다는 것이다. 우리는 로봇이 노동 시장을 어떻게 바꿀 것인지를 주제로 줄줄이 콘퍼런스를 열지만 보통 젠더는 주제에 끼지도 못한다. 우리의 젠더 관념이 노동 시장이 조직되는 방식 전체에 영향을 미치는데도 말이다. 여성이 하는 일과 남성이 하는 일이 다른 것이 오늘날 경제의 작동 방식이다. 어쩌면 우리는 경제가 이렇게 돌아가기를 바라지 않을 수도 있다.

그러나 경제는 그렇게 돌아간다.

오늘날 여성은 주로 여성과 일하고, 남성은 주로 남성과 일한다. 유럽에서 봉급을 받는 여성의 69퍼센트가 노동력의 60퍼센트 이상이 여성인 산업에서 일한다. 독일에서는 모든 남성의 69퍼센트가 동료의 70퍼센트 이상이 남성인 산업에서 일한다. 미국은 초중등 교사와 간호사, 비서의 80퍼센트가 여성이다.[13] 한편 스웨덴은 유럽에서 경제가 가장 젠더로 분리된 국가 중 하나로, 스웨덴 여성의 16퍼센트 이상이 여성이 노동력의 90퍼센트를 차지하는 직종에서 일한다. 여성이 아이를 낳으면 이러한 젠더 분리는 더욱 극심해진다. 더 많은 여성이 더 유연한(그러므로 임금이 더 적은) 직업을 택하는 반면 남성은 보통 정반대의 선택을 한다.

적어도 여성이 선택을 할 수 있다면 말이지만.

물론 어떤 직업이 여성 또는 남성 중심적인지는 때때로

다를 수 있다. 예를 들어 나미비아와 탄자니아는 노르웨이보다 여성 전기 기사가 훨씬 많다.[14] 그러나 일반적으로 볼 때 여성은 주로 서비스 부문에서, 남성은 주로 제조 부문에서 일한다.[15] 이는 2020년의 팬데믹으로 여성이 그토록 심각하고 빠르게 타격을 입은 이유 중 하나다. 레스토랑과 미용실, 물리치료 클리닉이 문을 닫으면서 수많은 여성이 일자리를 잃었다. 경기 침체는 보통 압도적으로 남성 고용에 영향을 미치기 때문에 1970년대부터 종종 '맨세션mancession'✦이라는 이름으로 불렸지만, 이번에는 달랐다. 이번 경기 침체는 주로 여성이 종사하는 경제 부문에서 시작되었기 때문이다.

간단히 말해서 노동 시장은 젠더로 나뉜다. 현재 우리가 노동 시장을 뒤집을 제2의 기계 시대를 살고 있다면, 그 변화의 양상은 젠더에 따라 달라질 것이다. 유일한 문제는 어떻게 달라질 것이냐다.

최근의 역사는 이런 식으로 서술할 수 있다. 약 300년 전, 갑자기 우리는 적어도 들고, 내리치고, 끌어당기고, 옮기고, 끄는 측면에서는 인간 신체보다 우월한 기계를 개발하기 시작했다. 이것이 최초의 기계 시대였다. 그 결과 인간의 근력은 노동 시장에서 전만큼 중요하지 않게 되었다. 즉 잭이 갑자기 메리의

✦   남성을 뜻하는 man과 경기 침체를 뜻하는 recession을 합친 말.

양말을 꿰매게 되었으며, 잭의 팔뚝 힘을 대체할 기계를 이제 여성이, 또는 아이들이 작동할 수 있게 되었다는 뜻이었다.

당시의 경제 통계에서 잭이 처한 상황을 확인할 수 있다. 19세기에 수많은 발명품이 등장했음에도 임금 수준은 오랫동안 정체되었다. 여러 해 동안 새로운 번영은 평범한 사람들의 더 나은 삶으로 이어지지 않았다. 엥겔스가 혁명에 열정을 불태우며 공장주들은 "수많은 임금 노동자의 고통 위에서 부를 쌓는다"라고 말했을 때 그는 그저 사실을 묘사한 것이었다.[16] 잉글랜드의 경제는 유례없이 성장했지만 사람들은 점점 더 가난해졌다.

그렇게 1800년대의 첫 40년이 지나갔다. 이 시기는 훗날 엥겔스를 기리는 차원에서 '엥겔스의 정체기Engels pause'라는 이름을 얻었다.

그러나 정체기는 끝이 났다. 아마 가엾은 잭은 일자리를 구하지 못하고 눅눅한 지하실에서 불행하게 죽었겠지만, 그의 손자는 더 나은 직업과 더 높은 임금을 얻었다. 그토록 괴로운 결과를 불러왔던 신기술은 사람들을 다치게 한 만큼 새로운 일자리를 창출하기 시작했다. 잭의 손자는 집을 돌보거나 양말을 꿰맬 필요가 없었다. 그 대신 경력을 쌓고 교외에 거대한 집을 살 수 있었다. 그는 잭이 꿈도 꾸지 못한 삶을 살았다. 마침내 소수가 아닌 다수가 경제 성장의 혜택을 누리기 시작하자 남성성의 위기뿐만 아니라 여러 다른 문제도 해결되었다.

수많은 가족이 빈곤에서 벗어났고, 수많은 국가가 기계가 제공한 새로운 부를 즐기기 시작했다. 사회는 이 부를 가져다 공공 의료와 공교육 같은 곳에 투자했고, 이는 더 큰 성장을 불러왔다. 조금씩 굉장한 일이 벌어지기 시작했다. 기계가 인간보다 물리적 힘이 더 강했기 때문에 많은 사람이 들고 옮기는 일에서 벗어날 수 있었다. 잭의 증손주들은 손으로 일하지 않았다. 이들은 엑셀로 일했다! 우리는 '지식 경제'라는 이름으로 알려진 것에 진입했다. 사람이 노동 시장에 제공할 수 있는 것은 이제 근육이 아니라 뇌였다. '나는 물건을 든다, 그러므로 고용된다'에서 '나는 생각한다, 그러므로 고용된다'로 바뀐 것이다. 우리는 이러한 상황이 변함없이 이어지리라 생각했다. 그리고 이러한 구분에 만족했다. 기계는 무거운 것을 들어올리고, 인간은 생각을 했다. 그러나 그때 제2의 기계 시대가 도래했다.

그리고 이 모든 것을 뒤집겠다고 위협했다. 아니면 떠도는 이야기가 그렇거나.

✳

인공지능은 곧 우리의 사고 능력을 뛰어넘을 것으로 추정된다. 이것이 바로 모두가 패닉에 빠진 이유다. 경제에서 중요한 것이 우리의 뇌인데, 전자 두뇌가 곧 우리의 생물학적 뇌보다 우수해진다면, 인간은 무슨 일을 할 수 있을까? 자기 몸을 기계와 합쳐서 머릿속으로 구글 검색을 할 수 있는 일종의 DNA 조작 사이보그가 되는 것을 제외하면 말이다.

그러나 우리는 IQ 테스트 결과나 학교 성적이 어떤 사람의 경제적 성공을 예측할 수 없다는 사실을 오래전부터 알고 있었다.[17] 당연히 다른 요소들도 영향을 미칠 것이다.[18] 그게 뭐든 간에, 기계가 그러한 요소들까지 모방할 수 있을까?

'그러한 요소들'의 상당수는 바로 기계가 고전을 면치 못하는 것들이다. 감정 지능, 인간관계를 맺고 다른 사람의 마음을 읽는 능력, 한자리에 모인 개인들 사이에서 발생하는 문제를 이해하고 순조롭게 다루는 능력, 타인에게서 최선의 모습을 끌어내는 능력, 집단의 상황을 이해하는 능력처럼 말이다. 사실 우리가 거들먹거리며 '소프트 스킬soft skill'이라고 이름 붙인 것들이 거의 전부 '그러한 요소들'에 해당한다. 남성 미래학자들은 기계의 IQ가 더 높아지면 인류는 끝장날 것이라고 자신 있게 주장한다. 그러나 문제는 지식 경제의 바탕에 언제나 미래학자들이 한 번도 제대로 주목한 적 없는 많은 요소가 있었다는 점이다. 그중에서도 가장 무시된 것이 바로 '관계 경제'와 '돌봄 경제'다.

경제를 돌아가게 하는 것은 인류의 근력과 이성적 사고력만이 아니다. 타인을 돌보고, 그들의 욕구를 이해하고, 신뢰를 쌓고, 다양한 상황과 사람에 감정적으로 대처하는 일은 모든 경제의 보이지 않는 일부다. 또한 거의 모든 직업의 매우 큰 측면이기도 하다. 그러나 우리는 '소프트'한 것을 기술로 여기지 않는 경향이 있다. 그것을 여성적인 것으로 여기기 때문이다.

같은 사실이 노동 시장에도 적용된다. 언젠가 인공지능이 이성적 사고의 측면에서 우리를 능가할 때 우리에게 남을 특성들은 대개 우리가 나태하게 '여성적'이라는 꼬리표를 붙인 것들, 그러므로 경제적으로 무시하는 것들이다.

로봇이 얼마나 많은 일자리를 빼앗을 것인가에 대해서는 경제학자마다 의견이 다르다. 어떤 연구는 47퍼센트라고 말하고,[19] 또 다른 연구는 9퍼센트라고 말한다.[20] 꽤 차이가 크다.[21]

그러나 어디에 장애물이 놓여 있는가, 어떤 종류의 산업에서 기계가 발전에 더 어려움을 겪을 것인가에 대해서는 어느 정도 합의가 이루어졌다.[22]

경제학자들은 주로 세 분야를 언급한다. 첫 번째는 8장에서 다룬 분야다. 로봇은 우리 인간이 망설임 없이 행하는 여러 신체 행위를 어려워한다. 즉 폴라니의 역설이 노동 시장에 큰 영향을 미친다. 세리나 윌리엄스의 지능보다는 가리 카스파로프의 지능이 자동화하기 쉽다.

기계의 능력이 미치지 못하는 두 번째 분야는 인간의 창의력이다. 향후 수십 년간 어떤 기술이 등장할지는 알 수 없지만, 현재 인간은 창의적 사고를 많이 요구하는 직업에서 로봇을 크게 능가한다. 매일 자신이 하는 일이 정확히 무엇인지 쉬운 말로 설명할 수 없다면 당신의 직업은 아마 자동화의 위험 지대 바깥에 있을 것이다.

기계가 고전하는 세 번째 분야는 감정 지능이 필요한 업무다. 인간의 감정은 노동 시장에서 매우 중요한 기술을 제공한다. 그러므로 다른 사람을 돌보고, 설득하고, 그들과 의사소통하는 일을 하는 사람은 꽤 안전한 위치에 있다. 대부분의 경제학 연구에 따르면 간호사와 유치원 교사, 정신과 의사, 사회복지사를 대체할 기계는 조만간 등장하지 않을 것이다.[23]

그러나 돌봄 노동처럼 여성 중심적인 산업에 로봇이나 AI가 차지할 자리가 없다는 뜻은 아니다. 노인 돌봄을 예로 들어보자. 신기술은 많은 노인에게 전에 없던 자유를 제공할 잠재력이 있다. 테크 기업이 우리에게 약속한 자율 주행 자동차가 정말로 등장한다면, 노인들은 전과 달리 어디든 돌아다니며 주말 농장에 들렀다가 손주들을 만나러 간 다음 목요일 밤마다 하는 빙고 게임에 참여할 수 있을 것이다. 노인들의 시력과 반응 속도가 전과 같지 않더라도 말이다.

마찬가지로 노인 돌봄 시설에서 로봇은 외로운 노인들이 반짝이는 기계 두어 대 앞에 좀비처럼 앉아 있는 디스토피아

적 악몽일 필요가 없다. 제대로만 사용하면 기술은 많은 노인에게 자율성과 존엄을 제공할 수 있다. 아마 많은 사람이 화장실에 갈 때 낯선 사람보다는 로봇의 도움을 받고 싶어 할 것이다. 또한 매번 로봇 의사를 만나고 싶지는 않더라도 팬데믹 같은 상황에서는 로봇이 매우 유용할 수 있다. 요점은 완전 자동화된 신문 가판대나 기차역과 달리 **완전** 자동화된 병원을 상상하기는 힘들다는 것이다. 양질의 보육 같은 일을 어떻게 사람이 아닌 다른 존재가 제공할 수 있을지 역시 예상하기 힘들다.

최근 많은 경제학 연구에서 여성 중심 산업보다 남성 중심 산업이 로봇에게 일자리를 빼앗길 가능성이 더 높다는 결과를 내놓은 것은 바로 이러한 이유 때문이다.[24] 실제로 수많은 분석에 따르면 어떤 산업이 여성 중심적일수록 로봇에게 역할을 빼앗길 위험이 더 적다.

여기서 우리는 다시 잭과 메리에게로 돌아간다.

감정, 관계, 돌봄이라는
미래 기술

역사 내내 경제적 생존이 타인과의 관계에 좌우되는 것은 남성보다 여성에게 더욱 크게 나타났다. 남성만큼 경제적 독립의 기회를 누릴 수 없었던 많은 여성이 말 그대로 사회적 유대감을 쌓고 키우고 유지하는 능력으로 먹고살았다. 이러한 이유로 여성들이 새로운 기계가 가장 어려워하는 것으로 보이는 영역의 전문가가 된 것이다.

현재가 정말로 제2의 기계 시대라고 쳐 보자. 기계들이 갑자기 벼락처럼 밀려들어 은행가나 건축업자 같은 남자들의 직업을 앗아간다 치자. 그러면 경제에서는 우리가 한때 '여성적'이라 일컬은 많은 것들의 수요가 유례없이 높아질 것이다. 의료 서비스와 노인 돌봄, 보육 부문에서는 여전히 사람이 필요할 것이기 때문이다. 그때가 되면 실직한 남성들이 경제에서 '쓸모없는 계층'을 형성하는 한편, 여성들은 여전히 인간이 기계에 경쟁 우위를 갖는 기술인 감정과 돌봄에 특화함으로써 직업을 유지하고 여러 면에서 새로운 경제 시대를 정의할까?

직업이 없는 잭은 습한 지하실에 앉아 조던 피터슨Jordan Peterson✦의 유튜브 영상을 보고, 메리는 '리더십 기술로서의 취약함'에 관한 브레네 브라운Brené Brown✦✦의 강의를 들으러 다닌다. 제2의 기계 시대에 오신 것을 환영합니다!

이것이 바로 남성 미래학자들이 간과해 온 현 기술 발전의

✦ 젊은 남성에게 호소하는 캐나다의 보수 심리학자.

✦✦ 취약함과 공감을 연구하는 심리학자.

잠재적 결과다. 미래에 발생할 경제 문제는 어쩌면 여자아이들이 코딩을 배우라고 격려받지 못한 것이 아니라 남자아이들이 타인을 돌보라고 격려받지 못한 것이 아닐까?

　흥미로운 점은 로봇이 가장 힘겨워하는 직업이 우리가 노동 시장에서 그리 높게 평가하지 않는 바로 그 직업이라는 것이다. 우리가 돌봄 노동자에게 보수를 얼마나 지급하는지 보라. 돌봄 노동은 가장 안정성이 낮은 직업 중 하나이자, 전체 노동 시장에서 봉급이 압도적으로 적은 직업이다.

　사람들과 함께 일하는 이들이 숫자나 엔진과 함께 일하는 이들보다 돈을 적게 번다. 문제는 경제의 이 기본 원칙이 앞으로 바뀔 것인가다. 기계가 숫자를 다루는 일자리를 대부분 빼앗는다면, 일종의 3D 프린터로 자동차 엔진을 출력할 수 있다면, 사람들과 함께 일하는 이들의 지위가 높아질까?

　페미니스트들은 오래전부터 돌봄의 가치를 더 높게 평가해야 한다고 주장해 왔다. 첫째로, 이들은 조산사가 은행가가 버는 돈의 4분의 1만 버는 것이 부당하다고 생각한다. 둘째로, 돌봄 부문의 저임금은 오늘날 여성이 남성보다 돈을 적게 버는 주요 원인 중 하나다. OECD 국가에서 건강 관리 및 사회 복지 부문 종사자의 약 4분의 3이 여성이다. 이 여성들의 수는 2000만 명인 데 비해 같은 부문의 남성은 630만 명이다. 또한 여성은 이 부문 내에서도 특히 임금이 적은 일에 종사하는 경향이 있다.

　스칸디나비아는 전 세계에서 가장 야심 찬 젠더 평등 정책을 펼쳤다. 스웨덴의 국민총생산에서 육아 수당과 보육비에 투자한 금액 비중은 미국의 국민총생산에서 군대에 투자한 금액 비중과 엇비슷하다. 그럼에도 스웨덴의 젠더 임금 격차는 포괄적인 젠더 평등 정책을 전혀 도입하지 않은 국가를 비롯한 나머지 유럽 국가들보다 결코 적지 않다. 스웨덴의 젠더 임금 격차 역시 사실상 30년 넘게 변함없이 이어졌다.

　즉, 사람들이 가정생활과 커리어를 조화하도록 돕는 야심 찬 정책만으로는 사회 전반에서 여성의 지위를 높일 수 없는 것으로 보인다. 부족한 보육 정책이나 기저귀를 갈지 않으려는 아버지와는 아무 관련이 없는 무언가가 여성을 경제적으로 끌어내리고 있다.

　이 무언가는 경제에서 우리가 높게 평가하는 기술, 우리가 당연시해도 된다고 느끼는 기술과 관련이 있다.

　이 문제에서 벗어날 수 있는 두 가지 방법이 있다. 하나는 지금보다 훨씬 많은 여성이 남성 중심 산업의 일자리에 도전하기 시작하는 것, 돌봄 부문이라는 저임금의 분홍색 게토에서 그만 어슬렁거리는 것, HR 전문가가 아닌 엔지니어가 되기 위해 공부하는 것이다. 다른 하나는 여러 직업을 평가하는 방식을 근본적으로 바꾸는 것이다.

　　첫 번째 해결책은 매우 간편해 보일 수 있다. 어린 소녀들에게 코딩과 건축, 계산, 금융을 가르치면 된다. 다만 문제는 (프로그래머와 비서가 그랬듯) 여성이 많아지면 대개 그 산업의 지위가 낮아진다는 것이다.[25] 남성이 고임금 일자리를 전부 낚아챈 것이 아니라, 남성이 많기 때문에 특정 직업의 임금이 높아진다.

　　그렇다면 우리에게는 두 번째 전략이 남는다. 남성과 여성, 경제적 가치에 대한 우리의 사고방식을 근본적으로 바꾸는 것이다. 훨씬 골치 아픈 방법이다. 말도 못 하게 골치 아프다. 어쨌거나 우리는 젠더 관념이 어떤 발명품을 만들고 경제를 어떻게 조직하느냐를 비롯한 온갖 사안에서 우리를 방해할 수 있음을 살펴보았다. 그러나 어쩌면 이 지점에서 로봇이 우리에게 도움의 손길을 내밀 수 있을지도 모른다. 제2의 기계 시대의 부수적 효과로 이런 일이 발생할 수도 있는 것이다.

　　로봇은 돌봄과 감정, 관계에 서툴기 때문에 이것들은 인간이 특화할 수 있는 몇 없는 분야가 될 것이다. 그렇다면 기계는 (하늘을 나는 자동차와 올이 풀리지 않는 실크 스타킹을 만드는 데서 더 나아가) 수천 년간 이어진 가부장적 질서를 뒤집을 것이다. 이것이 제2의 기계 시대가 불러올 사회의 모습일까? 미래가 말 그대로 여성적으로 변하는 순간, 관계에 기반한 최첨단 사회로서 가모장제가 등장할 것인가? 감정적 능력을 개발하려 하지 않는 사람은 경제적으로 뒤처지고, 브레네 브라운의 강의를 들으려 하지 않는 실직한 남자들은 보편적 기본 소득을 받으며 캄캄한 지하실에서 여성 정치인에게 협박 메일이나 보내는 세상이 올까?

음, 어쩌면 너무 앞서 나간 것일지도 모른다.

다시 경제학 연구로 돌아가면, 제2의 기계 시대로 반드시 남성이 더 큰 타격을 입을 거라고 볼 수는 없다. 물론 돌봄과 사회 복지, 교육 부문에 여성이 더 많고, 이러한 산업은 자동화가 쉽지 않을 것이다. 그러나 여성은 남성보다 공정 중심 직종에 더 많이 종사하기도 한다. 여성들은 슈퍼마켓 계산대에 앉아 있고 여러 회사의 행정 업무를 담당하며, 많은 분석가가 이런 종류의 직업이 미래에 자동화될 것이라 예상한다. 즉 이 직업에 종사하는 여성 다수가 일자리를 잃게 되리란 뜻이다. 이러한 이유로 수많은 연구에서 제2의 기계 시대에, 적어도 초기 단계에서는, 남성보다 여성이 더 많이 실직하게 되리라 예측한다.[26]

그러나 그렇게 된다 해도 이 여성들에게는 선택지가 있다. 돌봄 노동자가 되는 문턱은 실직한 남성 트럭 운전사보다는 실직한 여성 슈퍼마켓 출납원에게 훨씬 낮다. 최초의 기계 시대에 그랬듯, 이 지점에서 젠더 역할이 갑자기 중요한 경제적 고려 사항이 된다. 즉, 산업혁명과 정면충돌한 남성의 젠더 역할은 기술 발전을 저해하고 주요 사회 갈등을 일으킬 위험이 있다. 우리가 이미 목격한 현상이다. 잭을 떠올려 보라.

　　정부가 실직한 대형 트럭 기사 20만 명을 재교육해야 하는 정치적 과제에 직면했다고 상상해 보자. 기계가 운송 부문의 일자리를 거의 다 빼앗았고, 돌봄 부문에서는 여전히 인간의 노동이 필요하다고 쳐 보자. 이 상황에 대응할 적절한 정책은 무엇일까?

　　정부가 이 문제에 골몰하는 동안 새로운 포퓰리즘 정당이 등장한다. 이 정당의 지도자는 무슨 일이 있어도 대형 트럭 기사들의 일자리를 보호하겠다고, 이로써 전국 남성의 자존심을 손상 없이 지키겠다고 공언한다. 1840년대에 엥겔스가 묘사한 잭의 고통이 떠오른다. 기계가 내 일자리를 앗아갔고 이제 나는 경제적 생존을 위해 '여성'이 되어야 한다. 일평생 이것이 남자가 떨어질 수 있는 가장 깊은 나락이라고 배워 왔는데 말이다. 수많은 남성 대중이 이런 기분을 느끼게 하는 것은 결코 평화와 사회 안정으로 향하는 길이 아니다.

　　그러나 상황이 꼭 이렇게 극적일 필요는 없을지 모른다. 어쩌면 대부분의 일자리가 완전히 자동화되지는 않을 수도 있다. 우리가 '직업'이라고 부르는 것은 균일한 업무가 아니다. 그보다는 특정 직함을 단 특정 인물이 주중 오전 9시부터 오후 5시까지 수행해야 하는 기본적으로 다른 여러 업무의 집합에 가깝다. 예를 들면 우리가 변호사라고 부르는 사람이 오늘 우연히 하게 된 업무를 앞으로도 영원히 해야 한다는 자연법은 없다.

지난 수십 년간 당신이 속한 직종에서 다양한 컴퓨터 프로그램이 대신한 업무들을 떠올려 보라. 20년 전의 사무실에서는 오늘날 우리가 꿈도 꾸지 않을 일들을 했다. 현금인출기가 등장하자 은행 직원은 더 이상 지폐를 세지 않게 되었지만 은행 직원이라는 직업은 사라지지 않았다. 그저 변했을 뿐이다. 그러므로 기술이 직업을 완전히 빼앗을 것인가가 아니라, 어떤 식으로 직업의 내용을 바꿀 것인가를 질문해야 할지도 모른다.

방사선 전문의를 예로 들어 보자. 방사선 전문의는 이미 인공지능이 인간과 경쟁하기 시작한 직종이다.[27] AI는 엑스레이를 정확하게 판독하는 능력이 탁월하다. 그렇다고 방사선 전문의들이 직업을 잃었는가? 아니다. 이들의 봉급이 곤두박질쳤는가? 그것도 아니다.[28]

엑스레이를 비롯한 의료 영상을 판독하는 것은 방사선 전문의가 하는 업무의 작은 부분일 뿐이다. 많은 방사선 전문의가 고난이도 수술을 집도한다. 더 중요한 것은, 모든 방사선 전문의가 의사소통에 많은 시간을 쓴다는 점이다. 전문가로서 다른 의사에게 결과를 설명하는 것 또한 이들의 중요한 역할이며, 이를 통해 방사선 전문의는 조직 내의 다른 인간들과 점점 전문화되는 기술 사이에 다리를 놓는다. 제2의 기계 시대가 마침내 도래했을 때 결코 비통하지 않은 이러한 운명이 다수를 기다리고 있을지 모른다. 우리는 로봇 같은 업무에서 해방될 것이고, 그 대신 타인과의 교류에서 전문성을 강화해야 할 것이다. 전문 지식과 결합한 인간성은 노동 시장에서 갈수록 중요한 자산이 될 것이고, 더 많은 직업에서 '소프트' 스킬이 더욱 중요해질 것이다.

이것은 덜 극적인 미래 예측이다. 그러나 여기에도 젠더의 차원이 존재한다. 이 시나리오에서 미래의 필수 조건이 되는 바로 그 감정적·사회적 능력은 많은 남성이 자라면서 학습한 젠더 역할과 부합하지 않는다. 따라서 이 남성들은 노동 시장에서 새로운 역할을 찾기가 더 어려울지 모른다. 신기술이 차이를 만들어 내려면 근로 방식 또한 그 기술에 맞게 다듬어야 한다. 이 지점에서 현대 남성의 젠더 역할이 문제가 될 수 있다. 잭이 재교육을 통해 돌봄 노동자가 되기를 거부하고 계속 골을 내며 조던 피터슨 영상만 볼 수도 있는 것이다.

어쩌면 정반대의 상황이 벌어질지도 모른다. 우리는 반대로 젠더 역할이 매우 유동적일 수 있음을 살펴보았다. 컴퓨터는 흑인 여성들이 종사하는 저임금 일자리에서 오직 백인 남성의 두뇌로만 이해할 수 있는 고급 분야가 되었다. 제2의 기계 시대가 오면 이른바 '소프트 스킬'도 비슷한 변화를 겪을 수 있을까?

역사는 다시 쓰일 것이다. 우리의 손주들은 '감정 지능'과 '직감' '돌봄 본능'이 최소한 예수가 성목요일에 제자들의 발을 닦아 준 이후부터 늘 인간 본성에 내재해 있었다고 배울 것이다. 어쩌면 미래에는 고임금의 남성 중심적인 돌봄 부문에서 커리어를 쌓으라고 여자아이들을 독려하는 활기찬 어린이 책이 나올 수도 있다. 지금쯤 웃음을 터뜨리며 고개를 젓고 있을지도 모르지만, 이것이 적어도 사람들이 자기 DNA를 조작하고 뇌를 클라우드에 업로드하는 시나리오만큼은 그럴듯하다고 동의할 수는 없을까?

요점은, 제2의 기계 시대를 이해하고자 할 때 반드시 젠더를 고려해야 한다는 것이다. 노동 시장이 젠더로 나뉜다는 사실을 인정하지 않고서는 기술이 노동 시장에 미치는 영향을 제대로 논의할 수 없다.

메리의 안부를 묻는 것을 잊어선 안 된다.

AI가 일자리를 빼앗는 미래가 당연하지 않으려면

즉 우리 앞에는 정치적 선택이 놓여 있다. 지금껏 제2의 기계 시대를 둘러싼 논의는 전부 사람을 기술 발전에 맞추는 방법에 집중했다. 기술을 사람에 맞추는 것이 아니라.

로봇은 일자리의 47퍼센트를 빼앗을까, 9퍼센트를 빼앗을까? 이 질문이 최근 몇 년간 우리가 절실히 답하고자 한 것이었다. 로봇을 사회에 맞추는 것이 아니라 사회를 로봇에 맞추는 것이 우리의 과제라면, 수치 파악이 분명 도움이 될 것이다. 수치를 알면 준비할 시간이 생기기 때문이다. 그러나 이러한 사고방식은 기술의 흐름에 영향을 미치는 것이 아니라 그 흐름을 예측하려는 토론으로 이어진다.

뱅크 홀리데이✦의 날씨를 예측하려 하는 것과 어느 정도 비슷하다.

기계는 저절로 '등장'하지 않는다. 누군가가 돈을 지불하고 발명하고 만들고 판매해야 한다. 로봇이 등장하는 것은 우리가 로봇을 만들고 있기 때문이다. 여기에는 언제나 정치적 차원이 있다.

1589년에 윌리엄 리William Lee가 양말 짜는 기계를 들고 엘리자베스 1세를 찾아왔을 때 여왕은 그에게 특허를 내주지 않았다.**29** 영국 양말 산업에 종사하는 노동자들이 일자리를 잃을 위험을 감수하고 싶지 않았고, 독점을 강화하고 싶지도 않았기 때문이다. 현재의 논의와 어울리지 않는 사례라고 주장할 수도

✦　영국의 공휴일.

있다. 엘리자베스 1세처럼 과거에는 국가가 기술 발전을 방해했지만, 이제는 더 이상 그렇지 않다. 오늘날 우리는 더 현명해졌고, 국가가 신기술을 막기 위해 강압적인 전략을 사용할 수도 없고 그래서도 안 된다는 사실을 이해한다. 지난 300년간 과학기술이 그토록 비약적으로 발전한 이유는 엘리자베스 1세와 달리 우리가 정치적 수단으로 기술을 통제하려 들지 않았기 때문이다.

그러나 꼭 그렇지만은 않다.

사실 최초의 기계 시대가 영국에 도래한 것은 대체로 영국 정부의 정치적 결정 때문이었다. 영국 정부는 기계의 편에서 군사 개입을 선택했고, 실직자들이 대형 망치로 새 기계들을 때려 부수지 못하도록 영국 시골 지역에 1만 4000명의 무장 군인을 배치했다. 기계를 파손한 사람 다수가 교수형을 당하거나 오스트레일리아로 추방되었다. 이렇게 영국은 기술 혁명을 방해하는 사람들을 제거함으로써 문제를 해결했다.[30]

즉, 최초의 기계 시대가 혼자 힘으로 벼락처럼 등장했다는 것은 사실이 아니다. 여기에는 매우 실질적인 정치적 개입이 필요했다. 한때는 영국의 폭력적인 말썽꾼들에게서 기계를 지키는 영국 군인의 수가 나폴레옹과 맞서 싸우는 스페인 군인의 수보다 많았다.[31]

그건 사소한 전쟁이 아니었다.

만약 로봇이 노동 시장에 어떤 영향을 미친다면, 그건 우리가 그 결과를 용인했기 때문이다. 이는 우리가 로봇을 어떻게 규제하고 자금을 대느냐의 문제일 뿐만 아니라, 우리가 경제에서 이러저러한 것들에 어떤 가치를 부여하느냐의 문제이기도 하다.

당신이 쓰는 아이폰은 로봇이 만든 것이 아니다. 아이폰은 지금도 대부분 인도와 중국에서 여성들의 손으로 조립된다. 이는 폴라니의 역설, 즉 로봇이 여전히 운동 기능이 떨어진다는 문제와 관련이 있지만, 세계 경제에서 여성의 손이 너무 저렴하다는 사실과도 관련이 있다.

기업이 계속해서 쥐꼬리만 한 돈으로 여성들의 손을 쓸 수 있다면 누가 이들의 손을 대체할 로봇을 개발하려 하겠는가? 즉 여성과 짙은 색의 피부를 가진 사람들이 고되게 일하는 대가로 극히 적은 돈을 버는 현실과 우리가 이를 태평하게 받아들인다는 사실이 기술 발전을 저해할 수 있다.

여성들이 시간당 8달러를 받고 청소를 하며 생계를 유지하는 세상에서 누가 자동 청소 주택을 개발하려 하겠는가? 여성들이 눈에 보이지 않는 문제를 공짜로 처리해 주고 있는데, 누가 그 문제를 해결할 기술을 갖고 싶어 하겠는가? 우리가 사회에서 가치를 부여하거나 부여하지 않는 것들이 미래에 등장할 기술의 종류에 영향을 미친다. 여기에는 이상한 점이 전혀 없다. 그저 우리가 이 사실을 인식해야 할 뿐이다. 그러면 우리에게 늘 선택지가 있다는 것을, 미래를 예측하는 가장 좋은 방법은 미래를 직접 만들어 내는 것임을 깨닫게 될 것이다.

'쓸모없는 계층' 수십억 명이 꼭 실업자 패거리가 되어 거리를 배회하며 엘리트들의 하늘을 나는 자동차를 훔치고 파손해야 할 필요는 없다. 결국 그런 세상에 살게 될 수도 있겠지만, 그건 기술이 불러온 결과가 아니라 우리가 그동안 내린 선택의 결과다.

극단적인 버전의 미래 예측에서 모든 것이 자동화된다 해도, 돌봐야 할 몸, 인간과의 접촉과 의사소통이 필요한 사람, 격려와 인정, 포옹이 필요한 아이들이 있는 한 경제에서 인간이 할 일이 남아 있을 것이다. 그렇다면 질문은 인간의 일자리에 어떻게 자금을 대느냐가 될 것이고, 이 질문은 분명 대답이 가능하다. 이것은 정치적 선택이다. 우리는 신기술이 만들어 낸 부를 이용해 한 줌의 엘리트가 갑부 중의 갑부가 되어 DNA를 조작하게 할 수도 있고, 오늘날 우리가 사는 세상보다 훨씬 인간적인 사회를 건설할 수도 있다. 이 사회는 지금과 전혀 다른 가치, 대다수에게 진정으로 중요한 것이 무엇인지에 대한 완전히 새로운 분석에 기초할 것이다.

최초의 기계 시대가 결국 등골이 휘는 육체노동에서 수많은 사람을 자유롭게 했듯이, 제2의 기계 시대도 우리를 자유롭

게 할 수 있고, 우리가 창조성과 인간관계를 북돋는 데 더욱 전
념하게 할 수 있다. 즉 기술은 주어진 시간에 사람들 대부분이
진심으로 소중하게 여기는 것들을 할 기회를 제공해야 한다.
제2의 기계 시대가 가진 혁명적 잠재력은 일반적으로 생각하
는 기술에만 있는 것이 아니라, 우리가 자신의 인간성을 직면하
게 할 가능성에도 있다.

그동안 우리는 로봇이 우리의 일자리를 전부 훔쳐 갈 것이
라는 서사를 너무 쉽게 믿었다. 이 서사는 우리의 상상력을 사
로잡을 뿐만 아니라 우리가 진정한 자신이라고 믿는 특정 모습
을 확실시한다. 그러나 이 서사가 다른 모든 대안을 지워버린다
면, 필연적인 단 하나의 미래를 그려서 그 미래에 우리 사회를,
무엇보다 우리 자신을 맞출 수밖에 없다면, 이 서사는 위험하
다. 우리가 이 서사에 완전히 사로잡히는 이유는 기계를 과대
평가하기 때문이 아니라 우리 자신을 과소평가하기 때문일 수
있다. 또는 우리가 그동안 여성적이라고 학습한, 그래서 실체적
으로나 경제적으로 무시하게 된 자신의 일부를 과소평가하기
때문이거나.

우리는 감정과 관계, 공감, 인간과의 접촉이 경제에 얼마나
중요한지, 또는 이것들이 얼마나 우리 인간성의 중심에 있는지
를 인식하는 데 익숙하지 않다. 우리는 이것들을 케이크 위에
올린 체리 같은 것으로, 즉 사회의 근본 기반이 아니라 다른 모

든 것에 뒤이은 장식으로 여기는 데 익숙하다. 그러나 이것들은 다른 무엇보다 중요한 사회의 기반이다. 어쩌면 로봇은 우리에게 이 사실을 보여 줄 수 있고, 그러므로 신기술은 우리의 인간성을 빼앗는 것이 아니라 우리를 더 인간적으로 만들어 줄 잠재력이 있다.

엥겔스는 이야기의 주인공이 잭이라고 생각했다.

그러나 주인공은 내내 메리였다.

10장

미래를
구하러 온
발명의 어머니

1589년에 스코틀랜드의 왕 제임스 6세에게 시집을 갔을 때 덴마크 아나 공주의 나이는 열다섯 살이었다. 제임스는 초상화를 보고 아나 공주를 선택했고, 두 사람은 한 번도 만난 적 없이 대리 결혼을 통해 남편과 아내가 되었다.

두 사람 사이에는 북해가 놓여 있었다.[1] 그러나 이제 9월이 되었으므로 마침내 공주는 덴마크 서쪽 해안에서 스코틀랜드 동쪽 해안으로 건너와서 남편을 만나고 왕비로 즉위할 수 있었다.

아나 공주를 안전하게 바다 너머로 데려가는 임무는 덴마크의 해군 제독인 페데르 뭉크Peder Munk가 맡았다. 그해 가을, 으리으리한 배 열두 척이 덴마크에서 출항했으나 항해는 완전한 실패로 끝났다. 배들은 두 차례 육지가 눈에 보일 만큼 스코틀랜드 해안 가까이 접근했으나, 두 번 다 거센 바람 때문에 노르웨이로 밀려났다.

　　적어도 이야기에 따르면 그렇다.

　　해군 제독은 마음이 불안해졌다. 그가 알기로 가을에는 보통 폭풍우가 치지 않았다. 일평생 이런 것은 경험해 본 적이 없었다. 그가 진심으로 걱정하기 시작한 바로 그때, 세 번째 폭풍이 밀려왔다. 바람이 돛을 갈가리 찢고 파도 위로 배를 내동댕이쳤다. 대포가 자리에서 떨어져 갑판 위를 구르다 공주가 보는 앞에서 덴마크 선원 여덟 명을 짓뭉갰다. 해군 제독이 돌아가겠다는 결정을 내린 것이 바로 이때였다. 그는 아나 공주의 배를 끌고 무사히 노르웨이에 도착했다.

　　제임스 6세는 어린 신부가 북해를 건너지 못하고 있다는 소식에 망연자실했다. 그래서 무려 직접 공주를 데려오겠다는 이례적 결정을 내렸다. 천신만고 끝에 그는 신부가 기다리고 있는 노르웨이에 도착했다. 그러나 그때 또다시 날씨가 바뀌었고, 두 사람은 거의 6개월을 기다린 후에야 다시 스코틀랜드로 출항할 수 있었다.

　　이때쯤 제임스 6세는 덴마크 선원들이 이따금 주술 이야기를 수군댄다는 것을 알고 있었는데, 코펜하겐에 있는 덴마크 왕실이 오래전부터 주술에 심취해 있었기 때문이다. 제임스 6세는 일종의 주술 때문에 출항이 지연되는 것이며, 흑마술을 부릴 수 있는 누군가가 왕비의 즉위를 원치 않는 것이라고 점점 확신하게 되었다. 왕은 공포에 휩싸였다.

　뭉크 제독이 덴마크 수도로 돌아갔을 때 왕실은 사건의 진상을 밝히겠다는 결정을 내린 상태였다. 누군가는 공주가 북해를 건너지 못한 사태에 책임을 져야 했다. 어쨌거나 공주가 거의 목숨을 잃을 뻔하지 않았는가. 처음에 비난의 화살은 덴마크 재무관에게로 향했다. 배에 필요한 장비를 제대로 갖추지 않았고, 지독한 가을 폭풍 속에서 배가 재난을 당할 만큼 일을 엉망으로 처리했다는 것이었다. 그러나 재무관은 이러한 비난을 받아들이지 않았다. 그 대신 그는 마녀들을 탓했다. 사악한 마녀들이 악령을 배에 보내 폭풍을 일으킨 것이 분명하다고 주장했다. 사람들은 그의 말을 믿었다. 곧 덴마크는 배에 마술을 걸었다는 죄목으로 열두 명의 여성을 처형했다. 그중 세 명은 헬싱외르에 있는 크론베르크성에서 화형당했고, 외레순드 해협 위로 새까만 연기가 피어올랐다.

　제임스 6세는 딱히 흑마술을 두려워하는 사람이 아니었지만 이번 항해 이후로 모든 것이 바뀌었다. 그는 어떻게든 폭풍을 일으킨 마녀들에게 복수하기로 마음먹었다. 그의 병사들이 곧 애그니스 샘슨Agnes Sampson이라는 이름의 조산사를 찾아내 고문으로 자백을 받아냈다. 이번 가을 폭풍을 비롯해 여러 불가해한 기상 현상을 일으킨 죄로 70명이 고발당했고, 이는 스코틀랜드의 가장 큰 마녀재판이 되었다. 샘슨은 1591년 2월에 화형당했다. 오늘날까지도 그의 영혼이 벌거벗고 피 흘리며 에

든버러에 있는 영국 왕실 거주지인 홀리루드궁전의 복도를 헤
맨다는 이야기가 전해진다.

제임스 6세는 그해 겨울의 폭풍에서 헤어나지 못했고, 심
지어 마녀사냥 지침서까지 만들었다.[2] 말 그대로 마녀를 찾고
알아보고 붙잡는 방법을 알려 주는 안내서였다. 날씨의 책임을
여성에게 돌리는 것은 오래된 전통이다. 교황들은 오랫동안 마
녀가 흉작을 일으킨다고 말해 왔고,[3] 당시 많은 유럽인이 마녀
가 자유자재로 비를 통제하고 천둥 번개를 일으킬 수 있다고
믿었다.

마녀들은 마음대로 우박을 내리고 땅을 메마르게 할 수 있
었다. 날씨가 말썽일 때 최선책은, 북해를 건너는 임무에 실패
한 뭉크 제독이 그랬듯 최근 마녀의 심기를 건드린 사람이 있
는지 묻는 것이었다. 날씨가 나빴던 것인가, 아니면 부당한 대
접을 받은 한 여성이 응징에 나섰던 것인가?

날씨가 나쁘면
여자 탓

당시 날씨는 매우 기이했다. 유럽은 훗날 '소빙하기'라고 불
린 시기를 지나고 있었다. 소빙하기는 겨울이 극도로 혹독했던

시기로, 제임스 6세와 아나 공주가 마침내 스코틀랜드에 도착한 1590년에 시작되었다. 그해 겨울부터 날씨는 점점 축축하고 추워졌다. 때아닌 서리가 내렸고 하늘에서 우박이 떨어졌으며 마을에 홍수가 났다. 쥐 떼가 우글거렸고 이상한 구더기가 작물을 먹어 치웠다. 이는 경제에 극심한 영향을 미쳤다. 농업 중심 사회에서는 본질적으로 날씨가 경제 전망을 좌우했다. 이 사례의 경우 경제 전망은 기온과 함께 아래로 가라앉았다.

식량이 자주 부족했는데, 흉작이 들어서이기도 했고 기후 변화 때문에 대구를 비롯한 물고기가 더 이상 바다 북단으로 이동하지 않아서이기도 했다. 갑자기 북유럽의 많은 지역에서 전처럼 생선을 잡을 수 없게 되었다.[4] 이처럼 자연이 인류를 공격한 책임은 대부분 마녀가 짊어졌다.

경제학자 에밀리 오스터Emily Oster는 유럽의 대규모 마녀사냥을 이러한 기후 변화와 연결 짓는다.[5] 유럽에서 거의 100만 명(주로 여성)이 주술을 행한 죄로 고발되었고, 그중 다수가 처형당했다. 살해당한 사람은 대개 가난한 여성과 남편을 여읜 여성이었고, 이 둘은 물론 연관이 있었다. 당시 남편이 없는 여성은 먹고살기가 힘들었다. 많은 여성이 구호금에 의지해야 했고, 사회는 바로 이 여성들을 공격했다.

삶은 고달픈 것이었고 사람들은 어머니 자연이 부리는 변덕의 제물이 된 듯한 초라한 기분을 느꼈다. 불운하게도 음식을 구걸해야 했던 가난한 여성들은 어쩌면 자신을 쫓아내는 사람들 앞에서 욕을 읊조렸을지 모른다. 폭풍이 찾아오거나 소가 죽으면 주로 이 여성들이 주술을 부렸다는 혐의를 받았다. 이는 곧 이 여성들을 비난한 자들이 배고픈 여성을 쫓아내면서 자신이 나쁜 기독교인이라고 느낄 필요가 없다는 뜻이기도 했다. 악마와 결탁한 사람일 수도 있으니까.[6]

현대 마녀사냥에 대한 여러 연구가 이와 유사한 패턴을 발견했다. 2000년이 시작될 무렵 탄자니아 시골 지역의 여성들은 비가 너무 많거나 적게 내리면 주술을 부렸다는 이유로 살해당했는데,[7] 당시 탄자니아의 중위소득은 1600년대 초반 서유럽의 중위소득과 비슷했다.[8] 인도에서도 마녀사냥이 재산 분쟁과 연결된다. 사망한 남성의 가족이 그의 아내를 싫어할 경우 주술을 부렸다는 혐의를 씌워 아내에게 상속된 토지 소유권을 포기하게 할 수 있다.[9] 이처럼 마녀사냥은 아무도 원치 않는 까다로운 여성을 제거하는 효과적 수단이 될 수 있다.[10]

1486년에 출간된 마녀에 관한 자신의 베스트셀러에서 독일 목사 하인리히 크라머Heinrich Kramer는 "그 어떤 사악함도 여성의 사악함만 못하다"라고 말했다.[11] 계속해서 그는 이렇게 말한다. "여성은 아름다운 색으로 칠한 피할 수 없는 벌이자 필요악…… 자연의 폐해가 아니면 무엇이겠는가!" 그는 여성이 "죽음보다 독하고", 남성에 비해 몸도 정신도 연약하며, 당연히 육

욕도 더 많다고 주장했다.[12] 그는 주술이 여성의 채울 수 없는 욕망에서 생겨 난다고 생각했다. 여성의 질은 만족을 몰랐다. 그 형태를 보라! 여성이 악마와 접촉하게 해 파멸로 이끄는 것은 바로 그 불결한 욕망이었다.

1500년대가 결코 여성 친화적이지 않았다는 점을 감안해도 저 말이 억지처럼 들린다면 그 생각이 맞다. 바티칸에서 스페인 종교재판에 이르기까지 당시의 많은 기관이 마녀에 대한 크라머의 말을 거의 무시했다.[13] 그러나 이 책의 영향력은 엄청났다. 크라머의 책은 최신 기술이었던 인쇄기 덕분에 유럽 대륙 전체로 퍼져 나가며 남성들을 과격화했는데, 이 책이 기존의 문화적 수사를 이용했기 때문이었다.

역사적으로 우리는 여성을 남성의 변형으로 바라보았다. 남성의 정신과 지능은 태양, 따뜻함, 건조함과 관련되었던 반면 여성은 차가움, 습기, 축축함을 상징했고, 생리 중인 여성은 특히 위험한 존재로 여겨졌다. 여성은 인간 본성의 가장 추악한 면을 나타냈으므로 악마가 여성과 교류하길 바라는 것도 당연했다.

역사 내내 마녀는 매부리코를 가진 추한 할망구에서 남자를 유혹해 돼지로 변하게 하는 매혹적인 미녀에 이르기까지 겉모습이 매우 다양했다. 악명 높은 세일럼 마녀재판✝에서 주술 혐의로 처음 고발당한 사람은 유색인종 노예 여성으로, 아마

중앙아메리카 원주민이었을 티투바Tituba였다.

여러 면에서 마녀에 대한 두려움은 늘 여성이 가진 힘에 대한 두려움이었다. 한편으로는 여성들이 한자리에 모여 힘을 합칠 것에 대한 두려움이기도 했다. 다른 여성을 만나러 가는 여성은 악마와 춤추기 위해 마녀들의 연회에 가는 것이 분명했다. 그게 아니면 그들이 무엇을 하겠는가?

유럽의 대규모 마녀재판으로 악마의 본성이 달라진 것은 바로 이러한 이유 때문이었다. 과거에 악마는 주로 여러 작은 악령의 형태를 띠었다. 물론 이 악령들도 악하고 신경에 거슬렸지만, 대체로 잘 겨냥해서 성수를 몇 번 뿌리면 쫓아낼 수 있는 존재였다. 악마는 악한 행위를 시킬 수 있는 하인이었다. 이런 식으로 인간이 악마를 불러낼 수 있었기에, 이 게임에서는 인간에게도 어느 정도 행위 주체성이 있었다.

그러나 16세기 후반과 17세기 초반에 유럽에서 마녀재판이 벌어지는 동안 모든 것이 바뀌었다. 갑자기 사냥의 대상이 여성이 되었기에 남성들은 마녀가 악마를 소환하는 게 아니라 악마가 마녀를 소환하는 거라고 믿기 시작했다. 악마는 마녀에게 자신의 소인을 남기고 마녀와 격렬한 섹스를 했다. 그러면

✦ 1692년 미국 매사추세츠주 세일럼에서 200여 명의 여성을 마녀로 기소하고 그 중 19명을 교수형에 처한 사건.

마녀는 악마의 하녀가 되었고, 악마는 마녀에게 포주와 사부, 주인을 하나로 합친 끔찍한 존재가 되었다. 여성을 남성의 아랫것으로 그려 내는 것이 너무나도 중요했기에, 강력한 흑마술을 부린 혐의로 고발되는 와중에도 여성은 남성적 힘에 얽매인 존재로 묘사되었다. 즉, 악마는 이 게임에서 훨씬 중요한 역할을 맡기 시작했다. 마녀에겐 남성 상사가 필요했으니까.[14]

유럽의 마녀재판은 주로 조산사로 일하거나 약초로 약을 만드는 여성, 또는 동물이나 사람을 치료하면서 생계를 유지하는 여성을 겨냥했다. 당시 남성 의사들은 오늘날이라면 엉망으로 만든 음료와 구분하기 힘들었을 이른바 '약'으로 사회의 부유층을 치료했다. 한편 마녀들은 다른 도움을 구할 여력이 없는 가난한 사람들을 치료했다.

많은 곳에서 마녀들은 오랫동안 사회의 일부로 받아들여졌다. 마녀로서의 명성은 비록 위험할지언정 잘하면 사업 전략이 될 수도 있었다. 마녀를 위험하게 여기는 사람들은 마녀의 부탁에 먹을 것을 내줄 가능성이 더 높았다. 이들은 마녀가 자기 소에게 저주를 내리길 원치 않았다.

다른 여성들에게 주술은 좀 더 전통적인 사업 활동이었다. 이들은 돈을 받고 병을 완화해 주고 아픈 사람을 치료했다. 수 세대 동안 마술적 의례이자 의학의 한 형태였던 주술이 갑자기 사회 전체를 위협하는 악마의 음모로 격상된 것이 유럽 마녀재판의 매우 기이한 점이었다. 사람들은 왜 하필 그 시점에 마녀들을 공격한 것일까?

이 지점에서 기후 변화와 소빙하기가 잠재적 원인으로 등장한다. 마녀가 날씨를 통제할 수 있고 날씨가 갑자기 전보다 위험해졌다면, 마녀는 사회를 위협하는 존재일 수 있었다.

그러나 날씨가 원인이라는 데 모두가 동의하는 것은 아니다. 예를 들어 경제학자 코닐리어스 크리스천Cornelius Christian은 스코틀랜드에서 마녀를 극심하게 박해한 어느 한 시기가 매우 풍작이었던 시기와 일치한다는 점을 지적한다.[15]

어떤 경제학자들은 마녀 박해가 종교 시장의 경쟁이 점점 치열해진 결과로 발생한 유감스러운 부작용이라고 본다.[16] 가톨릭교와 개신교가 개종자를 놓고 경쟁하던 지역에서 많은 마녀가 화형당했다. 어쩌면 이는 종교 지도자들이 주술에 가장 강경한 태도를 취하는 사람으로서 자신의 자격을 증명하려 했다는 증거일 수 있다. 오늘날 여러 정당이 범죄나 이민에 가장 강경한 입장을 취하려고 경쟁하는 것과 그리 다르지 않다.

이론은 다양하다. 일부는 마녀재판의 원인이 가톨릭교에 있다고 본다. 일부는 기독교에, 일부는 종교 전반에 원인을 돌린다. 일부는 마녀재판이 특정 곡물을 통해 섭취되는 환각성 균류인 맥각이 간헐적으로 중독을 일으킨 현상과 관련이 있다고 믿고, 일부는 더 전반적인 약물과 관련이 있다고 믿는다. 주술 혐의로 사람을 대량 학살한 사건은 보통 우리가 파악하지 못하는 기이한 무언가, 설명할 수 없는 무언가가 폭발한 것으로 묘사된다. 물론 이러한 설명은 모든 것을 탈정치화한다. 마녀재판은 과거에도 지금도 여전히 (전적으로는 아니지만 다른 무엇보다) 여성을 대상으로 한 폭력이다.

유럽의 소빙하기에 폭풍과 흉작의 원인이 마녀에게 있다는 논리는 무척 타당한 것이었는데, 우리의 여성성 개념과 자연 개념이 연결되어 있기 때문이다.[17] 날씨의 책임을 여성에게 돌릴 수 있는 이유는 남성보다 여성이 자연에 더 가깝다고 여겨진다는 데 있다. 1979년까지 미국은 모든 허리케인과 열대성 태풍에 여성의 이름을 붙였다. 미국의 페미니스트들은 이 관행을 바꾸려고 치열하게 싸웠다. **그놈의 기상학적 평등을 코딱지만큼이라도 누릴 순 없는 거야?** 그들은 이렇게 생각했다. 그러나 이 문제의 깊이는 그보다 훨씬 깊다.

지구는
어머니가 아니다

수 세기 동안 우리는 자연을 여성적인 것으로 여기도록 학습해 왔다. 여성적인 것은 비밀스럽고 이해하기 어렵고 무섭고 불길하고 예측 불가능하고 축축한 것이면서도, 포궁으로 생명을 낳는 능력이 있었다. 우리 문화에서 어머니 자연은 무조건 여성이다. 전통적으로 남성의 임무는 자연을 통제하고 보상을 거둬들이고 완전한 지배를 통해 자연 위에 올라서는 것이었다. 그러나 그 과정에서 폭풍이 남성을 엉뚱한 해안으로 밀어내거나 벌레들이 작물을 먹어 치우는 등의 문제가 발생하면 보통 '여성'인 자연이 일탈한 것으로 간주한다. 스코틀랜드의 제임스 6세가 불운한 가을 폭풍 이후 보인 행동도 바로 이런 것이었다.

그는 여성을 불태워 죽임으로써 자연에 대한, 그리고 삶에 대한 남성의 지배권을 되찾으려 했다.

역사적으로 여성은 본인의 몸을 통해 물질 세계와 더 밀접하게 엮여 있다고 여겨졌다. 우리는 여성이 출산과 생리, 모유 수유를 할 수 있다면 분명 남성보다 더 동물적일 것이라고 생각하는 경향이 있다. 피부가 까맣거나 갈색인 사람이 백인보다 더 '자연의 일부'로 여겨지고, 피부가 까맣거나 갈색인 여성이 백인 여성보다 더 '자연의 일부'로 여겨지는 것처럼 말이다.

백인 남성이 아닌 사람은 분명 자연의 일부라고, 우리는 그렇게 배워 왔다. 즉 백인 남성만큼 충분히 우아하지도, 지적 합리성을 타고나지도 못했다는 뜻이다. 이러한 생각은 오랫동안 사회에서 가장 악한 여러 종속 관계를 정당화하는 데 사용되었다. 전통적으로 백인 남성은 자연에 자신이 원하는 것은 무엇이든 해도 된다는 말을 들어 왔다. 즉, 누군가 당신을 자연에 비유한다면 그건 별로 좋은 얘기가 아니라는 소리다. 보통 그 말은 당신이 자연처럼 명령을 고분고분 따라야 한다는 것을 의미한다.

이제 우리는 역사적으로 여성과 유색인종이 자연에 비유되는 것이 어떤 의미인지 안다. 그러나 자연에게 이러한 비유는 어떤 의미일까?

우리는 어머니 자연을 여성으로 이해한다. 가부장 문화 속에서 보통 자연은 배려심 많고 신비하며 아름다우면서도 한편으로는 무섭고 속을 알 수 없는 존재로 여겨진다. 자연의 분노가 경외심을 불러일으킬 수는 있지만, 자연은 우리가 자연을 지배하는 데 사용하는 견고하고 남성적인 기술과는 다르다. 자연을 숭배하고 흠모할 수는 있지만, 문제는 우리가 자연을 존중하는가, 또는 진심으로 자연을 알고 싶어 하는가다.

적어도 이용할 자원 이외의 것으로서 말이다.

서구 세계는 자연이 인간의 지배를 위해 존재한다고 배워 왔다. 아담이 동반자가 필요했고 갈비뼈 하나를 포기할 수 있었기에 여성이 존재하는 것처럼 말이다. 이만큼 자연과 여성은 주로 남성에게 봉사하기 위해 존재한다. 바로 이 생각이 오늘날 우리가 겪는 여러 문제의 핵심이다. 그리고 그중 가장 어려운 문제는 아마 기후 위기일 것이다.

오늘날 기후 위기를 가장 열심히 부정하는 정당과 정치 지도자는 여성의 기를 꺾고 싶어 하는 정당 및 정치 지도자와 거의 일치한다. 그들의 눈에 기후 위기와 여성 문제는 서로 연결되어 있다. 자연을 지배하는 것은 남성의 젠더 역할 중 하나이며, 여성도 자연도(당연히 그레타 툰베리Greta Thunberg도) 남성이 할 수 있는 일과 할 수 없는 일을 결정할 수 없다.

미국에서 기후 위기가 진짜이며 인간이 기후 위기를 일으켰다고 생각하는 비율은 남녀가 비슷하지만, 기후 위기를 더 염려하는 쪽은 여성이다. 여성은 기후 변화가 자신에게 피해를 줄 것이며 동식물과 미래 세대를 위협할 것이라고 생각할 가능성이 더 높다. 또한 여성은 이산화탄소를 오염 물질로 규제하고 엄격하게 제한하는 정책을 남성보다 훨씬 더 지지한다.

스웨덴 샬머스공과대학교의 연구원들은 세계 최초로 기후 변화 부정론 연구에 전념하는 학술 센터를 세웠다. 그들에게 남성성은 명백한 연구 주제다. 남성은 기후 변화의 심각성을 여성보다 훨씬 더 부정할 뿐만 아니라 매우 기본적인 수준에서 위협을 더 크게 느끼는데, 이들을 위협하는 것은 기후 변화가 아니라 기후 변화를 멈추고자 하는 움직임이다.

민족주의와 안티 페미니즘, 인종주의, 기후 행동이 상징하는 모든 것에 대한 저항 사이에 공통분모가 점점 늘고 있다. 처음에는 터무니없어 보일 수 있지만, 마녀와 여성으로서의 자연 개념을 떠올려 보면 그렇지 않다.

기후 변화는 이 시대의 가장 심각한 혁신 문제이며, 동시에 우리의 여러 젠더 관념과 얽힌 문제이기도 하다. 진정한 남자가 된다는 것은 곧 자연을 지배한다는 뜻이며, 자연을 위한 그 어떤 타협도 해서는 안 된다는 뜻이다. 그러나 타협이야말로 현재의 기후 위기에서 우리에게 필요한 것이다.

우리는 연료 소모가 큰 특정 생활 방식이 '남자다운' 것이라는 생각을 떠올린 뒤 이 남성적 논리를 다른 모든 가치보다 우선시했다. 이 가부장적이고 남성적인 생활 방식이 지속 불가능한 것으로 밝혀진 후에도 우리는 그 방식을 포기하지 못한다. 그 가치를 다른 무엇보다 중시하기 때문이다. 죽음마저 불사할 정도로.

기후 변화를 부정하는 남성 대다수가 기후 운동의 유명한 여성 인물들을 경멸하는데, 그 경멸이 부차적이라거나, 갈래머리를 한 10대 스웨덴 소녀에 대한 개인적 불호라고 하기엔 너무 심하다. 그 경멸은 이성애자 백인 남성성이라는 자신들의 브랜드가 지배하던 화석 연료 기반의 현대 산업 사회를 기후 운동이 위협하고 있다는 인식과 관련이 있다. 이들은 화석 연료가 사라지면 남성성도 같이 사라진다고 생각한다.[18] 그렇기에 이 모든 것이 그토록 실존적인 문제가 되는 것이다. 이 문제는 많은 사회에서 중요한 정치적 동력이 되었다.

　　경제적으로 볼 때 미국 탄광 산업의 일자리는 미국 경제 전체의 극히 작은 일부를 차지한다. 그러나 우리는 전 대통령인 도널드 트럼프의 경제 정책에서 광부들이 대단히 큰 상징적 역할을 맡는 모습을 지켜보았다. 물론 화석 연료가 그토록 큰 문화적 중요성을 띠게 된 것은 이상한 일이다. 그러나 우리가 이 책을 통해 알게 된 바가 있다면 그건 남성성이 바퀴 없는 여행 가방에서 크랭크로 시동을 거는 자동차에 이르기까지 상당히 임의적인 것들에 좌우된다고 여겨진다는 점이다.

　　그러나 우리는 우리의 젠더 관념이 바뀔 수 있다는 것 또한 알게 되었다. 어쩌면 미래에는 수많은 남성이 더 친환경적인 생활 방식을 택하게 하려는 현재의 몸부림에 폭소를 터뜨릴지도 모른다. 40년 전에는 남자가 바퀴 달린 여행 가방을 끄는 것을 상상도 할 수 없었다는 사실에 지금 우리가 고개를 절레절레 흔들듯이 말이다.

　　실제로 재생 에너지로 돌아가는 집에 산다고 해서, 또는 일주일간 매일매일 피가 줄줄 흐르는 스테이크를 먹지 않는다고 해서 남자가 더 이상 남자가 아니게 된다고 말할 수는 없다. 그러나 동시에 우리는 젠더 관념이 이 세상에 행사하는 막강한 영향력을 과소평가해서는 안 된다. 가진 것이 매우 적은 남자들에게 이러한 젠더 역할은 반드시 붙잡아야 할 마지막 확신처럼 느껴질 수 있다.

경제 정책은 신중하게 다루지 않으면 기후 변화에 관해 이미 젠더화된 정치 역학을 더욱 악화할 가능성이 있으며, 그 결과는 매우 위험할 수 있다. 남성에게서 스코틀랜드 정유 공장의 고소득 일자리를 빼앗고 불안정한 전화 판매 일거리를 준 다음,《가디언》을 통해 그들이 갑자기 그레타 툰베리를 싫어한다며 비웃을 순 없다. 이는 분명 비극이지만, 피할 수 있는 비극이다. 여기가 바로 정책이 개입해야 하는 지점이다. 정책을 통해 앞으로 수많은 남성이 지구를 위해 포기해야 할 직업만큼 보수를 제공하는 안정적인 일자리를 보장해야 한다.

이것은 충분히 가능한 일이다. 예를 들어 에너지 분야의 많은 (이름을 다소 경솔하게 붙인) '녹색 일자리'는 보수가 꽤 높을 뿐만 아니라 고학력이 필요하지도 않다.[19] 이처럼 경제를 잘 전환하면 환경에 관심이 많고 도시에 거주하는 진보적 여성과 버려진 공업지대에 사는 백인 남성이 지구의 미래를 걸고 피 튀기는 성 대결을 벌이지 않을 수 있다.

우리에게는 그럴 시간이 없다.

그러나 자연에 대한 우리의 이해는 여전히 우리의 여성성과 남성성 개념에 얽혀 있다. 이 사실은 탄광 폐쇄와 항공세에 항의하는 남성 우익 포퓰리스트 이상으로 큰 영향을 미친다. 이는 우리 모두에게 흔적을 남긴다. 우리가 인간과 자연의 관계를 생각하는 방식은 우리가 여성과 남성을 생각하는 방식을 반영하며, 이 과정은 보통 자기도 모르는 새 발생한다.

　'어머니 자연Mother Nature'이라는 말이 있다. 물론 어감은 참 좋다. 그러나 가부장 사회에서 '어머니'는 어떤 존재인가? 불평 한마디 없이 자신의 모든 것을 내어 줄 수 있는 사람, 자신의 욕구는 전혀 없고 오로지 남을 위해 사는 사람이다. 사랑하는 엄마는 우리의 기저귀를 갈아서 모든 오염 물질의 흔적을 없앤다. 매일 아침 우리가 잠에서 깨어나면 부엌은 깨끗이 치워져 있고 바닥은 걸레로 닦여 있어서 우리는 다시 집을 치우는 데 시간이 얼마나 걸릴지 아주 조금도 생각해 보지 않고 장난감을 마구 내던질 수 있다. 본질적으로 우리가 생각하는 어머니는 우리가 어떻게 굴든 상관없이 우리를 돌봐 주고 사랑해 주는 여성이다. 현재 무슨 일이 있어도 지구를 빗대서는 안 되는 것이 바로 이 어머니상이다.

　우리는 지구가 우리를 위해 존재한다고 생각한다. 사랑받는 아기가 엄마는 오로지 자신을 위해 존재한다고 확신하는 것과 비슷하다. 자그마한 아기에게 엄마는 자기 권리가 없는 사람이며, 엄마의 욕구는 **반드시** 아이의 욕구와 일치한다. 우리 사회에는 여성이 아무런 보상이나 요구, 불만 없이 돌봄 노동을 수행할 것이라는 기초적 경제 가설이 있다. 그러므로 자연이 여성이라면, 자연에게도 분명 똑같은 돌봄의 의무가 있다. 자연은 우리가 어떻게 행동하든 상관없이 언제나 우리 곁에서 우리를 돌봐야 한다. 그렇지 않으면 나쁜 어머니다. **저 마녀를 불태워라!**

우리는 우주에서 찍은 지구 사진을 바라보며 무한한 어둠 속에 떠 있는 지구의 완벽하게 둥근 아름다움에 매료된다. 다른 많은 것들과 달리 이 사진만은 지구를 돌보고 싶게 만든다. 지구에게 사랑을 느낄 수 있으려면 지구를 대상화해야만 한다. 우리는 지구가 아름답고 취약하길 바라며, 오로지 그때에만 지구를 보호할 마음이 생긴다. 아니, 오로지 그때에만 최소한 오염 물질로 지구를 더 숨 막히게 하지 않고 싶은 마음이 생긴다. 우리는 지구를 소유하고, 지구를 보며 감탄하고, 지구에게 돌봄받고 싶어 한다. 그러나 지구를 깊이 이해하고 싶진 않다. 지구의 복잡함을 받아들이고 싶진 않다. 이상적으로는 그저 지구를 지배하고 지구에게서 원하는 것을 얻을 수 있을 만큼만 지구를 알고 싶어 한다.

즉, 우리와 지구의 관계는 결코 건강한 관계가 아니다.

✳

우리가 마녀를 처형한 것은 마술 때문이 아니었다. 우리를 불편하게 한 것은 주술과 가마솥과 물약 자체가 아니었다. 알다시피 모든 마술이 다 같은 것은 아니다. 자부심 강한 연금술사에게 한번 물어보라.

수 세기 동안 연금술사들은 고약한 냄새가 나는 혼합물과 기이한 상징을 이용해 금을 만들고 불멸의 열쇠를 찾아내고자 했다. 그러나 마녀와 달리 연금술사는 대체로 사회에서 높은 지위를 누렸다. 즉 부글부글 끓는 가마솥 앞에서 알 수 없는 말을 중얼거리는 사람이 마녀냐 연금술사냐가 중요했다는 것이다. 연금술사는 주로 남성이었고, 마녀는 주로 여성이었다.

근대 물리학의 아버지인 아이작 뉴턴과 근대 화학의 창시자인 로버트 보일Robert Boyle을 비롯해 세계 최고의 학자 중에도 연금술사가 있었다.

오늘날 뉴턴은 최초의 근대적 과학자로 여겨진다. 그가 중력을 발견한 덕분에 우리가 신비주의와 신의 변덕이 아닌 냉정하고 합리적인 이성을 통해 세상을 바라보게 되었다고, 학교에서 그렇게 배웠다. 그러나 이 말이 전적으로 옳지는 않다.

1936년, 영국의 위대한 경제학자인 존 메이너드 케인스John Maynard Keynes가 아이작 뉴턴의 메모를 한 더미 습득했다. 그때까지 누구도 연구한 적 없는 내용이었다.[20] 케인스가 검토에 착수하자 이 메모들은 근대 물리학의 창시자에 대한 전혀 다른 그림을 보여 주었다.

뉴턴의 메모는 주문과 불가사의한 상징, 예언으로 가득했다. 메모 안에는 평생 연금술에 관해 백만 단어를 넘게 쓴 남자가 있었다. 케인스의 말처럼 뉴턴은 "이성의 시대의 최초의 인물이 아니"었다. 그는 "최후의 마술사"였다.[21]

어쩌면 뉴턴은 연금술의 보이지 않는 정기 개념 덕분에 중력처럼 눈에 보이지 않는 기묘한 힘을 상상하고 계산할 수 있었을지 모른다. 그러나 그렇다고 해서 더 이상 그의 수학 원리를 이용해 로켓을 우주로 쏘아 올릴 수 없는 것은 아니다. 근대 물리학의 아버지는 (비록 시간제였으나) 마법사였고, 만약 그가 여성이었다면 그는 시간제 마녀가 되어 아마 화형에 청해졌을 것이다. 물론 남성 과학자들도 화형을 당했으나 여성 마녀들이 당한 수준에는 비할 바가 못 됐다.

그러나 이러한 비교는 타당하지 못한데, 뉴턴이 여성이었다면 그는 분명 저명한 케임브리지대학교에서 공부할 수 없었을 것이기 때문이다. 여기서 우리는 마법사와 마녀의 근본적 차이 하나를 알 수 있다.

동화 속에서 마법사는 교육 수준이 높고 위엄 있는 남성이며 거대한 성이나 높은 탑에 산다. 즉 이들은 물질적 부와 인맥을 전부 갖추었다. 반면 마녀는 마술 능력이 있는데도 숲 외곽에서 생강 과자로 지붕을 올린 곧 무너질 듯한 오두막집에 산다. 이러한 동화들은 엄연히 우리의 현실을 반영한다. 여성인 마녀는 무거운 책과 형식적 지식, 교육이라는 남성의 세계에 접근하지 못했다. 마녀는 숲에서 구할 수 있는 약초와 어머니에게 전수받은 지식으로 만족하며 세상을 떠난 선조와 자연, 동물에게서 힘을 얻어야 했다. 이것이 마녀가 접할 수 있는 전부였다.

오늘날 연금술사는 많은 역사학자가 그들을 일종의 초기 화학자로 이해하면서 어느 정도 명예를 회복했다.[22] 이로써 뉴턴의 메모들도 더욱 이해 가능한 것이 되었다.

연금술사의 옹호자들은 연금술사도 마법의 물약을 제조했지만 한편으로 그들은 금속을 분석하고 소금을 정제하고 염료와 색소를 생산하기도 했다고 말한다. 연금술사들은 유리와 비료, 향수, 화장품을 만들었고, 산을 증류하고 생산했다. 여러 면에서 볼 때 실험 정신이 극도로 뛰어난 연금술사는 전기에 감전된 머리를 하고 버너 앞에서 여러 액체를 부글부글 끓이는 오늘날의 미친 남성 발명가 이미지의 전형이다.

그러나 여성에게는 그런 문화적 전형이 없다.

아닌가?

기후 위기 논쟁이
놓치고 있는 것들

"어떻게 감히 그럴 수 있습니까?" 이미 고전이 된 2019년

뉴욕에서의 UN 연설에서 그레타 툰베리가 호통을 쳤다.[23] 이 스웨덴 기후 활동가는 세계 지도자들이 기후 변화를 멈추기 위해 (과거나 지금이나) 행동에 나서지 않는 현실을 지적하고 있었다.

툰베리가 한 질문의 대답은 사실 무척 단순하다. 세계 지도자 전반이 **감히** 위험을 무릅쓰는 이유는 미래의 기술이 적어도 기후 변화 문제의 일부분을 해결해 줄 것이라 믿기 때문이다. 기후 위기에서 무엇을 하거나 하지 않기로 선택하느냐는 기술을 바라보는 관점과 밀접한 관련이 있다.

미국의 과학 전문 기자 찰스 C. 만Charles C. Mann은 최근 몇십 년간의 환경 관련 논쟁을 '마법사'와 '예언자' 간의 전쟁으로 묘사했다.[24]

한쪽에는 종말을 예언하는 예언자가 있다. 이들은 우리가 지구의 한계를 존중하지 않으면, 즉 규모를 줄이고 아끼고 보호하고 소비를 멈추지 않으면 지구가 곧 사람이 살 수 없는 곳이 될 것이라 말한다.

다른 한쪽에는 마법사가 있다. 이들은 혁신과 기술이 환경 문제를 해결해 줄 거라고 생각한다. 아니요, 우리는 규모를 줄일 수 없습니다. 우리는 이 위기에서 빠져나올 방법을 고안해야 합니다! 마법사는 기술이 우리를 구해 줄 것이므로 골을 낼 이유가 없다고 생각한다. 지금은 열심히 발명에 착수해야 할 때다. 그것이 인류가 늘 해 온 일이기 때문이다.

예언자는 바로 그 인류의 발명 능력이 문제라고 본다. 우리는 지구와 동식물계, 우리 자신을 희생하며 계속 혁신만을 고집한다. 예언자들은 마법사들이 뭘 모른다고 생각하며 우리 인간이 자연과 더욱 조화를 이루는 단순한 삶에 만족해야 한다고 툴툴댄다.

그러나 마법사가 볼 때 규모를 줄이고 삶의 방식을 바꿔야 한다는 예언자의 말은 기만이다. 마법사는 그러한 주장이 세계 빈곤층에 대한 배신이자 사실상 인종차별이라고 생각한다. 예언자는 전 세계에 비관적 전망을 설파하며 백인 서구 사회가 누린 번영을 나머지는 절대 경험하지 못할 것이라 말하는 부유한 백인 서구인일 뿐이다. 유감이지만, 당신들은 냉장고와 자동차를 사용할 수 없습니다! 성장과 풍요를 꿈꾸다니, 부끄러운 줄 아세요. 마법사는 예언자의 추론이 부끄러워해야 할 일일 뿐만 아니라 완전히 불필요하다고 생각한다. 인류는 늘 발명과 혁신을 통해 문제를 해결해 왔고, 대부분의 인류 역사에서 중요한 것은 끊임없이 인간을 죽이려 하는 자연 세계를 어떻게 관리하는가였다. 기후 위기라고 무엇이 다르겠는가?

예언자는 인간과 기술에 대한 마법사의 순진한 믿음에 콧방귀를 뀐다. 마법사의 열렬한 혁신 예찬은 생활 방식의 변화를 회피하려는 수단일 뿐이라고 말한다. 마법사의 주장 전체가 심하게 부패했으며, 마법사는 우리가 걱정 없이 계속 소비하고 과식해야 살아남을 수 있는 거대하고 사악한 자본주의 기업에게 위장 수단을 제공할 뿐이다. 무모한 자본가들은 기술이 우리를 구한다는 마법사의 미사여구로 자신들의 탐욕과 근시안적 행태를 감출 수 있어서 그저 행복할 뿐이라고, 예언자는 생각한다. 그리고 이 상황에서 새로운 발명은 인류와 자연 간의 불가피한 갈등을 더욱 악화할 뿐이라고 호통친다. 이렇게 논쟁은 계속 이어진다.

마법사는 새로운 것을 만들어 내기 위해 바삐 실험을 하고, 예언자는 우리가 실험으로 스스로를 죽음에 몰아넣고 있다고 경고한다. 찰스 C. 만은 이 모든 논쟁의 핵심이 결국 가치에 있다는 점을 지적한다. 마법사는 성장과 혁신을 인류의 큰 축복으로 여기는 반면, 예언자는 안정과 보존을 중시한다. 마법사는 햇빛을 반사하는 거울을 대기로 쏘아 올리거나 거대한 원자력 발전소를 건설하는 것처럼 거창한 대규모 해결책에 이끌린다. 이러한 면에서 영국 총리인 보리스 존슨Boris Johnson은 기후 변화에 관한 한 전형적인 마법사이며, 일론 머스크도 마찬가지다.

한편 예언자는 지역 중심적이고 탈중앙화한 것에 끌리며, 집에서 자신이 먹을 곡물을 직접 기르고 자신이 쓸 에너지를 직접 생산하고 싶어 한다. 찰스 C. 만에 따르면 마법사와 예언자 사이의 갈등은 선과 악의 갈등이 아니라, 좋은 삶에 대한 서로 다른 두 개념 간의 갈등이다.[25] 개인의 자유가 전체의 일관성보다 중요할까? 실험이 보존보다 중요할까? 우리는 규모를 줄여야 할까, 아니면 더 발명해야 할까?

우리 모두 이 논쟁을 알고 있는데, 지난 수십 년간 우리가 이 논쟁에서 헤어나지 못했기 때문이다. 게다가 마법사와 예언자는 어머니 자연에 대한 기이한 관점으로 논쟁을 과장하는 재주가 있다. 마법사는 자연이 그저 자신에게 이용당하기 위해 가만히 놓여 있는 무한한 자원이라고 생각하는 듯 보인다. 자연은 마법사의 기계에 들어갈 원재료 그 이상도 이하도 아니다. 마음 한편에서 마법사는 만약 실험 중에 어머니 자연이 죽어 버린다면 언제나 다른 행성을 찾아 식민화할 수 있을 거라고 생각한다. 현재의 애인을 써먹을 만큼 다 써먹으면 마법사는 그냥 애인을 더 어린 모델로 바꿀 것이다. 우리 모두가 알다시피 이건 숙녀를 대하는 방법이 아니다.

한편 예언자는 어머니 자연이 죽어가고 있다는 생각에 거의 열광하는 것처럼 보인다. 예언자는 힐떡이는 자연의 몸 옆에 비극적인 기사처럼 앉아 자연의 수동적인 아름다움을 칭송하는데, 이 아름다움은 자연이 아프다는 사실로 말미암아 더욱 강렬해질 뿐이다. 사실 예언자는 자연이 죽어가고 있음을 깨닫기 전까지는 이 관계에 그리 헌신하지 않았다. 예언자는 J.

R. R. 톨킨의 《반지의 제왕》에 등장하는 미친 세오덴 왕처럼 될 위험이 있는데, 세오덴 왕은 희망이 없다는 생각 속으로 도망침으로써 구체적인 문제(성곽 밖의 오크 군대)를 처리한다.

대다수는 아마 기후 위기의 해결책이 마법사와 예언자 모두에게 있음을 이해할 것이다. 우리는 삶의 방식을 발명하는 **동시에** 개혁해야 한다. 많은 경우 이 두 가지는 서로 연결되어 있다. 더욱 지속 가능한 방향으로 행동이 변화해야 녹색 상품의 수요가 발생할 것이고, 그런 다음에야 이 분야의 발명도 뒤따를 것이다. 변화는 보통 이렇게 진행된다. 마찬가지로, 우리가 집단으로서 기후 위기를 심각하게 받아들이겠다는 결정을 내려야 국가 권력을 통해 자원을 한곳에 집중함으로써 혁신의 방향을 더욱 지속 가능한 쪽으로 바꿀 수 있다. 이 두 가지는 연결되어 있다.

경제학자 마리아나 마추카토Mariana Mazzucato는 "경제 성장은 속도일 뿐 아니라 방향이기도 하다"라고 말했다. 그러나 마법사와 예언자는 마추카토의 말을 무시한다.

찰스 C. 만은 마법사와 예언자에 관한 저서에서 이렇게 말한다. "놀라운 것은 이 논의가 이렇게 오래 이어지는 동안 사람들 대부분이 중간에서 전혀 만나지 않는 듯 보인다는 것이다." 우리는 시곗바늘이 째깍대고 얼음이 녹는 와중에도 양자택일의 태도로 점점 자기 입장에만 깊이 파묻힌다. 우리가 마법사와 예언자의 결투를 바라보며 제자리에 머무는 이유는 이들의 세계관을 뒷받침하는 기술관과 관련이 있다. 그동안 이 책에서 살펴봤듯이, 심각한 문제를 일으키는 것은 바로 우리 사회의 지배적 기술관이다.

　우리는 기술을 역사를 추진하는 막을 수 없는 힘으로 여기는 데 익숙하다. 이미 살펴본 여러 젠더화된 양상 외에도, AI에 대한 지배적 서사는 인간이 그저 본인과 사회를 상황에 맞게 바꿀 수밖에 없다는 뜻을 내포한다. 우리는 도구를 차례차례 발명하고, 두 번째 도구는 언제나 첫 번째보다 더 크고 좋고 효율적이다. 혁신은 번듯하고 깔끔한 연쇄적 사슬로 이어지고, 각 '세대'의 기술은 막을 수 없는 힘으로 곧장 다음으로 넘어간다. 미래로 향하는 길은 곧게 뻗어 있고, 발명품은 남성 천재들의 뇌에서 간편 오븐 요리처럼 튀어나오며, 이 천재들이 나머지 사람들을 앞으로 끌고 간다.

　우리가 기술을 논하는 방식에서 누군가는 발명품이 역사의 적극적 참여자이고 인간은 수동적 참여자라는 인상을 받을지도 모른다.

　"자동차가 현대의 교외를 만들었다"라고, 우리는 말한다.

　"세탁기가 여성을 해방했다."

　"AI가 전 세계의 대형 트럭 운전자를 위협한다."

　우리는 사회와 그 안의 개인을 위해 무언가를 하는 주체가 기술 발명품이라고 종종 잘못 생각한다. 지금껏 살펴봤듯이 상황은 그렇게 굴러가지 않는다. 젠더 같은 요인을 고려하면 이 세상과 경제, 자기 자신에 대한 우리의 선입견 **속에서** 기술이 끊임없이 변화한다는 사실이 분명해진다.

많은 예언가가 기술과 발명품은 우리를 기후 위기에서 구하지 못할 거라고 큰소리칠지도 모른다. 그러나 솔직히 말해서 그건 아무것도 모르고 하는 소리다.

예언자는 1894년의 연설에서 "물리 과학의 중요한 기본 법칙과 사실은 전부 발견되었다"라고 선언한 노벨상 수상 물리학자 앨버트 마이컬슨Albert Michelson처럼 될 위험이 있다.[26] 물론 그로부터 몇 년 후 아인슈타인의 특수상대성이론과 양자역학이 등장하며 모든 것을 바꿔 놓았다.

우리는 자신이 무엇을 모르는지 모른다.

이 사실은 혁신의 모든 영역에 적용된다.

기술 문제에서 우리가 얼마나 많은 사람을 배제했고 누구의 아이디어가 발명이나 혁신으로 이어지지 못했는지를 고려하면 우리는 더욱더 자신이 무엇을 모르는지 모른다.

한편으로 우리 사회는 그 어느 때보다 혁신과 기업가 정신을 칭송한다. 다른 한편으로 우리는 금융 시스템이 믿기 어려울 만큼 효율적으로 여성을 배제해 왔음을 살펴보았다. 총 벤처 캐피털의 97퍼센트가 남성에게 간다면 모델 전체에, 그리고 우리가 위험과 혁신과 기업가 정신을 바라보는 방식에 근본적인 문제가 있는 것이다.

우리가 여러 이유로 그동안 얼마나 많은 사람을 무시했는지를 깨달으면, 표출되지 않은 인간의 잠재력을 우리가 얼마나 많이 깔고 앉아 있는지도 깨닫게 된다. 현재 우리는 그동안 본인의 경험이 인간의 경험으로 인정되지 않았던 집단이 자기 목소리를 내는 역사적 순간을 살고 있다. 지금까지 우리가 귀 기울이지 않았던 사람들에게 귀를 기울인다면 여러 새로운 아이디어를 얻을 수 있다. 이건 너무나도 자명한 사실이다.

우리가 기술의 역사를 이야기하는 방식은 일차적인 의미에서 여성을 배제하는데, 이는 곧 기술의 정의가 여성의 성과를 배제하는 방향으로 끊임없이 바뀌었다는 뜻이기도 하다. 양말 뜨는 일은 남자가 하면 존경받는 기술직이었지만 여자가 하면 그냥 바느질이었다. 버터 만드는 일은 여자가 하면 그저 하인이 하는 일이었지만 남자가 하면 기술적인 작업이었다. 컴퓨터 프로그래밍은 여성이 하면 누구나 할 수 있는 일로 여겨졌지만 남성이 시작하자 갑자기 천재성을 떨치느라 몸을 씻지도 못하고 기본적인 사회성을 발휘하지도 못하는 괴짜의 뇌가 필요해졌다.

역사 내내 젠더는 이 모든 다양한 방식으로 혁신을 방해해왔다. 지금까지 우리는 우리의 남성성 개념이 변화한 후에야 여행 가방이 바퀴를 달고 구를 수 있게 되었음을 살펴보았다. 전기차가 여성적인 것으로 인식되었기에 휘발유차에 밀려났음을, 부드러운 재료가 여성적인 것으로 코드화되었기에 하찮게 여겨졌음을 살펴보았다. 오늘날의 경제와 고래잡이 논리는 여전히 여성을 배제하고 있다. 여성의 경제적 조건이 열악하고 계속해서 여성이 가정과 양육을 책임져야 한다는 것은 곧 여성이 세상을 새롭게 발명하는 데 똑같이 참여할 수 없음을 뜻한다. 이 모든 것이 우리가 만드는 기계, 우리가 떠올리는 생각, 우리가 가능하다고 여기는 세상에 영향을 미친다. 즉, 바로 이 순간까지 우리가 한쪽 손이 묶인 채 세상을 발명해 왔다는 뜻이다.

그 밧줄을 끊었을 때 우리가 무엇을 해낼 수 있을지 상상해 보라.

이와 동시에, 그 어떤 새로운 '기술적 해결책'도 날벼락처럼 등장하지는 않을 것이다. 여성 마법사가 별안간 불필요한 이산화탄소를 일주일 만에 다 먹어 치우는 인공 광합성 기술을 들고 나타나리라는 상상을 많은 마법사가 즐겨 하지만, 그런 일은 일어나지 않을 것이다. 기술은 결코 그런 식으로 등장하지 않는다. 앞에서 살펴보았듯이 바퀴도 그렇게 나타나지 않았다. 포장도로에서 도로 정비 책임을 분담할 능력을 갖춘 사회에 이르기까지, 바퀴의 잠재력을 활용하는 데는 다양한 장치와 수천 년의 세월이 필요했다.

그러나 현재 우리에게는 수천 년의 여유가 없다.

우리는 기술이 기후 변화에서 우리를 구할 수 있을지가 아니라, 어떤 종류의 가정 위에 세운 **어떤 종류의** 기술이 현재의 위기에서 가장 큰 도움을 줄 수 있을지를 물어야 한다.

기후 위기 문제를 해결하고 싶다면 우리가 입는 옷에서 우리가 먹는 음식에 이르기까지 모든 것을 새롭게 바라보는 방식을 찾아내야 한다. 혁신은 윙윙 돌아가는 거대한 기계를 만들거나, 똑같은 청사진으로 만든 똑같은 기술에 주입할 새 연료를 찾는 것이 아니다. 또한 현장의 농부들이 땅을 어떻게 관리할지를 생각해 보지 않고 사막에 나무를 가득 심을 수는 없다.

마법사와 예언자가 벌이는 결투의 또 다른 문제점은 이 사안이 발명이냐 **아니면** 행동의 변화냐의 문제가 아니라는 것이다. 사실 행동의 변화가 곧 혁신일 수 있고, 혁신이 먼저 행동의 변화를 요구할 수도 있으며, 혁신이 행동의 변화에서 나올 수도 있다. 우리는 그동안 거짓 이분법을 만들어 냈다.

지금 돌아보면 1970년대가 될 때까지 여행 가방에 바퀴를 달지 않은 것이 터무니없는 일처럼 보일 수 있다. 그러나 당시의 여성성과 남성성 개념을 살펴보면 완전히 이해가 간다. 그 말은 우리의 젠더 관념이 바뀌었기 때문에 여행 가방이 바퀴를 달 수 있었다는 뜻일까? 아니면 바퀴 달린 여행 가방이 있었기 때문에 더 많은 여성에게 홀로 떠나는 여행을 장려할 수 있었다는 뜻일까?

아마 둘 다였을 것이다.

돌파구는 으레 이런 식으로 등장한다. 돌파구는 아직 존재한 적 없는 세상을 상상하고 그 세상에 걸맞은 제품을 만들어내는 능력과 관련이 있다. 물론 대부분의 녹색 혁신에서도 이러한 능력이 핵심 열쇠가 될 것이다. 우선 또 다른 존재 방식을 상상할 수 있어야만 그러한 존재 방식을 가능하고 저렴하고 인기 있는 것으로 만들 제품을 생각해 낼 수 있다.

앞에서 살펴본 것처럼 우리가 자연을 대하는 태도는 우리의 가장 기초적인 젠더 관념과 연결되어 있다. 남성이 여성 위에 군림해야 하듯이 기술도 자연 위에 군림해야 한다. 우리가 '남성적'이라 인식하는 자질이 우리가 '여성적'이라 여기도록 학습한 자질에 우선하듯이 기술 역시 자연 세계에 우선한다. 이 모든 것의 결과, 우리는 지구를 그저 거대한 에너지 그릇으로 여기게 되었다. 다음번 기술 혁명은 이러한 가정에 기초해서는 안 된다.

우리에겐
마녀가 필요해

마법사와 예언자는 이제 한쪽으로 치워 두고, 마녀 이야기를 해 보자.

마녀와 마법사는 도대체 무엇이 다를까?

마법사는 남자고 마녀는 여자라고 말할 수 있다. 그러나 늘 그런 것은 아니다. 세상에는 남자 마녀도 있다. 세상에는 남자 마녀도 **있었다**. 그리고 이들 또한 화형에 처해졌다. 마녀와 마법사의 차이는 자연과의 관계와 관련이 있다. 마법사는 자기 탑 안에서 두꺼운 책을 연구한다. 책이 제공하는 지식을 흡수하고 그 지식을 성벽 너머의 세상에 적용하는 법을 배운다. 한편 마녀는 숲속에서 더러운 맨손으로 마법의 약초를 캔다. 그 밖에 마녀는 (좋은 마녀든 사악한 마녀든) 의식도 행한다. 숲의 가장자리에서 나체로 춤을 추고, 희미한 달빛 아래 제물을 바치고, 생리혈이나 약용 식물 같은 것으로 일종의 의식을 거행한다. 즉, 마녀에게는 거의 늘 영적인 측면이 있다.

마법사에게서는 찾아볼 수 없는 양상이다.

J. K. 롤링의 《해리 포터》 시리즈 속 헤르미온느 그레인저는 '마녀'라는 이름으로 불리지만, 사실 헤르미온느는 여성 마법사다. 그저 여성 마법사를 의미하는 단어가 없을 뿐이다. 물론 그

러한 단어는 당연히 존재해야 한다.

마녀를 마법사와 구분하는 것은 자연을 대하는 마녀의 태도다. 마녀가 식물을 모으고 파악하려 하는 이유는 그 식물이 자신에게 마술적 힘을 부여할 **뿐만 아니라** 식물과의 관계가 자신에게 중요하기 때문이다. 그러나 마법사는 굳이 그러려 하지 않는다. 마법사가 마술에 관심이 있는 이유는 마술을 통해 외부 세계에 힘을 행사할 수 있기 때문이다. 마술로 자기 자신이나 자신의 몸, 또는 우주와 연결되기 때문이 아니다. 마법사는 현대 사회를 지배하는 기술관에 훨씬 가깝다. 이것이 바로 우리에게 마녀가 필요한 이유다. 마녀가 여성이어서가 아니라, 마녀가 아직 가 보지 않은 길을 나타내기 때문이다.

우리는 기술적 존재인 동시에 자연적 존재이며, 앞으로 이 두 가지를 통합하는 것이 우리의 핵심 과제 중 하나가 될 것이다. 우리가 행하는 마술은 자연에서 나오며, 마술로 자연을 이용하고 바꿀 수는 있지만 반드시 지속 가능한 방식을 고수해야 한다. 어쩌면 마녀는 이를 위한 유일한 본보기일 수 있으며, 우리가 마녀를 여성으로 이해하는 것은 결코 우연이 아니다.

마법사와 예언자의 가장 큰 문제는 자신을 자연과 분리된 존재로 바라본다는 것이다. 어쨌든 그동안 남성성은 그렇게 정의되었다. 당신은 당신의 어머니가 **아니다**. 자연과 당신은 분리되어 있다. 자연을 훼손하는 것은 곧 자기 자신을 훼손하는 것과 같지만, 우리가 자연을 계속 '여성적'인 것으로, '여성적'인 것을 기술이라는 남성적 힘에 종속되어야 하는 것으로 바라본다면, 이러한 자기 훼손은 앞으로도 계속될 것이다.

역사 내내 우리는 인간을 기술의 한 형태로 바라보는 서사를 만들어 내려고 온갖 노력을 기울였다. 이를 위해 수압 조각상에서 컴퓨터에 이르는 다양한 것들로 스스로를 묘사했다. 이것은 우리가 여성적인 것, 그러므로 열등한 것으로 인식하는 자연에 우리 자신이 속해 있다는 사실과 멀어지는 방법이었다. 그렇기에 이 서사에 여성을 다시 불러들이는 것이 그토록 중요하다.

그러면 모든 것이 달라진다.

현재 우리가 인류의 발달 하면 떠올리는 이미지는 털북숭이 유인원이 점차 직립해서 수염이 텁수룩한 남성이 되고, 날카로운 나무 막대기를 들고 있던 이 남성이 막대를 창으로 만들어 주위에 겨누는 이미지다. 우리는 기술이 이렇게 태어난다고 생각했고, 지금도 이 이야기가 우리의 경제를 형성한다.

창을 든 털북숭이 유인원의 신화가 우리를 현재의 지배적 서사로 이끌었다. 이 서사에서 폭력적인 발명의 아버지는 갈등과 경쟁을 통해, 주위의 모든 것을 희생하며 아이디어를 키우는 방식을 통해 세상에 새로운 것을 내보낸다. 이 발명의 아버지는 우리에게 재빨리 움직이고 모든 것을 파괴하라고 말한다.

그 밖에 다른 길은 없다고, 이것이 경제 혁신을 위해 우리가 치러야 하는 대가라고 말한다.

이 이야기가 사실이라면 우리가 지구에서 살아남는 유일한 방법은 예언자가 산꼭대기에서 외치는 명령을 따르는 것이다. **멈춰!** 성장을, 실험을, 발명을 멈춰! 제발 그냥 좀 멈춰.

그러나 기술의 역사에 여성이 가진 도구를 포함하면 의미가 완전히 달라진다. 만약 인류 최초의 도구가 사냥 도구가 아닌 뒤지개였다면, 인류의 발명이 언제나 짓밟고 장악하고 착취해야 한다는 생각은 확실성을 잃는다. 우리가 여성을, 여성으로 상징하고자 한 것을 더 이상 무시하지 않는다면, 우리 자신과 경제, 이 세상에 대한 우리의 서사 전체가 달라진다. 우리가 밟고 선 땅이 움직이고, 새로운 방식이 등장한다.

여기 발명의 어머니가 있다.

발명의 어머니는 이제 집에 돌아올 시간이라고 말한다.

해제

여성의 눈으로
기술과 발명의 역사를
본다는 것은

과학기술여성연구그룹 공동 설립자

임소연×하미나

하미나 책 어떻게 읽으셨나요?

임소연 무척 재밌었어요. 제목(영문판 제목: Mother of Invention) 을 보고는 여성의 발명품이 얼마나 제대로 인정받지 못했는지, 혹은 여성의 발명품이 사회에 얼마나 큰 영향을 주었는지를 사 례로 보여 주는 책이라고 예상했습니다. 그런데 역사적인 이야 기에서 출발해 뒤로 갈수록 인류세나 AI 같은 시의성을 지닌 주제도 많이 나오더라고요. 사례만 나열하는 것이 아니라 페미 니스트 과학사라고 말해도 될 정도로 체계가 잘 잡힌 책이었 습니다.

하미나 저도 딱 페미니스트 과학기술사처럼 느껴졌어요. 여 성의 눈으로 과학기술을 본다는 것에는 다양한 층위가 있을 수 있습니다. 말씀하신 대로 '우리 여자도 이러저러한 발명을 했어. 남자들이 한 것 우리도 했어' 식으로 사례를 제시할 수도 있고요. 이 책은 그런 이야기도 다루지만, 더 나아가 여성성이나 남성성이라는 성별 고정관념 때문에 발명 자체가 늦어지는 사례를 소개하기도 합니다. 또 우리가 기술을 남성적인 것으로 바라보기 때문에, 이미 오랫동안 발전해 온 여성의 기술 혹은 여성적이라고 여겨진 기술을 정식 기술로 보지 않는다고 지적하기도 합니다. 가사 노동이나 돌봄 노동, 몸과 관련한 지식이 그렇지요. '여성다움'을 이유로 기술의 세계에서 배제된 것들을 들여다보면, 우리에게 익숙한 기술사가 '남성다움'에 맞춰진 상당히 특정한 버전의 이야기였음을 알게 됩니다. 이렇게 다양한 층위로 이야기가 뻗어 나가요.

임소연 1장 〈가방에 바퀴를 다는 데 왜 5000년이 걸렸을까〉에서부터 성별 고정관념이 아무 실체도 없고 별것 아닌 것 같지만 사실은 어마어마한 효과를 낸다는 것을 분명한 증거를 들어 설명하지요. '여성적인 것'과 '남성적인 것'이 실재함을 구체적으로 보여 주는 사례로 시작해서 좋았습니다. 2장 〈일론 머스크보다 100년 앞선 전기차의 발명〉에서 다시 한번 성별 고정관념 사이의 위계, 즉 남성적인 것은 보편적인 것으로 여겨진 반면 여성적인 것은 그렇지 않았다는 점을 짚어 주죠. "전기차는 안전성과 조용함, 편안함을 상징했다. 이 가치들에 본질적으로 여성스러운 점은 전혀 없다. 오히려 이것들은 인간적인 가치들이다. 안타깝게도, 그동안 우리가 '여성적'이라 불러 온 것들은 인간 보편적인 것으로 여겨지지 않는다."(68쪽) 이런 식으로 아주 명확하게요.

하미나 "진정한 남성이라면 직접 가방을 들어야 한다"라는 관념이 우습고 사소해 보이잖아요. 하지만 결과적으로 가방에 바퀴를 다는 데 5000년이라는 시간이 걸리게 할 정도로 커다란 영향을 미친다는 것이죠. 카트리네 마르살이 논픽션 작가여서 역사 서술에서 복잡성을 어느 정도 제거하고 과감하게 쓰기 때문에, 서사가 확 꿰어지는 느낌과 거기서 오는 통쾌함이 있습니다.

임소연 맞아요. 학자가 쓰면 이렇게 못 쓸 거예요. 그래서 더 재밌기도 했어요. 과학기술 이야기인 동시에 여성과 여성성에 대한 이야기여서 좁은 의미의 과학기술을 넘어선 내용들을 많이 담고 있기도 하죠. 곳곳에서 우리의 일상적 경험에 부합하는 탁월한 비유들 덕분에 킥킥거리며 읽게 되더라고요. 이를테면 4장 〈그 많던 여성 프로그래머는 다 어디로 갔을까〉의 끝부분이 그랬어요. 사람들은 더 많은 여성이 프로그래머가 되어야 한다면서 "여성성이 딱딱한 첨단 기술을 '부드럽게' 만들어 줄 것"으로 기대하죠. 저자는 이런 기대를 "학교에서 재능 있는 여학생을 가장 말 안 듣는 남자애들 사이에 앉혀 놓고 그 여학생이 모두를 차분하게 만들어 주리라 기대하는 것과 비슷하다. 여성의 임무는 자기 본연의 모습이 되는 것이 아니라 남자의 성질을 누그러뜨리는 것이다"(130~131쪽)라고 비꼽니다. 이런 찰진 비유가 책에 가득해서 읽는 맛이 납니다.

　발명이나 노동과 더불어 소비에 대한 이야기를 담고 있는 점도 의미가 커요. 여성에게 소비란 양가적인 문제거든요. 소비만큼 여성이 주체가 되고 여성의 권리가 보장되는 영역이 없지만 그래서 그 안에 갇히기도 쉽습니다. 6장 〈인플루언서는 어떻게 해커보다 부유해졌나〉에서 이 문제를 다루는데, 우선 여성을 소비자로 대접하는 대표적인 공간인 백화점에 대해서 "신식 백화점은 부유한 프랑스 여성들에게 지금껏 누리지 못한 권리, 바로 한가롭게 산책할 권리를 제공했다. 갑자기 여성들은 성적인 공격과 희롱의 위험을 저울질하지 않고도 공공장소를 하릴없이 배회할 수 있었다"(180쪽)라고 하는 부분이 의미심장하게 다가왔어요. 여성의 안전이 화두가 되고 있는 지금의 한국 사회와 대비되어 그랬던 것 같습니다. 백화점은 전통적인 페미니스트 과학기술학 연구에서는 주목하지 않았던 공간이기도 해요. 남성 해커보다 더 부자가 된 여성 인플루언서의 이야기를 들려주면서 저자는 여성과 소비의 양가적 관계를 분명히 합니다. "립스틱 판매로 6억 달러를 벌어들이는 주체가 여성이라는 이유만으로 해방이 저절로 찾아오지는 않는다"(196~197쪽)라고 비판하면서도, "우리는 여성의 소비에 분노하는 데 이미 충분한 시간을 쏟았을지도 모른다. 그러나 이러한 소비를 해방과 헷갈려서는 안 된다"(197쪽)라며 신중하게 접근해요. 이렇게 사려 깊은 비판이 있으니, 마냥 통쾌하기만 한 것이 아니라 진지하게 받아들이게 되는 것 같아요.

하미나 마르살이 "여성이 서사에서 지워질 때 인류는 본래와 다른 모습이 된다"(92쪽)라고 지적한 점도 주목하게 됐습니다. 기술의 역사에서 여성을 배제하는 것은 여성만의 문제가 아니라 남성에게도 문제라는 것인데요. 한 인간 안에는 다양한 측면이 있으니까요. 농경 도구인 뒤지개가 아니라 곤봉과 창을 인류의 첫 번째 도구라고 추정하면 인간에 대한 이해에서 폭력과 죽음이 큰 비중을 차지하게 되지요. 날카로운 무기를 중심으로 인간을 바라보면 통합된 자아 정체성이 아니라 공격적이고 폭력적인 일부만을 보게 됩니다. 그러므로 여성을 서사에서 지우면 안 된다고 말하는 방식의 서술이 독자를 설득하는 데에도 효과적이라고 생각했습니다.

이와 비슷한 이야기가 SF 작가 어슐러 르 귄의 1986년 에세이 〈소설판 장바구니 이론The Carrier Bag Theory of Fiction〉에도 나옵니다. 인류가 먹이를 구하기 위해 사용한 최초의 도구가 보통 끝이 날카롭고 뾰족한 창과 같은 무기라고 생각하잖아요. 르 귄은 초기 인류가 채집한 무언가를 담는 데 썼을 용기, 곧 장바 구니나 가방과 같은 것이 더 오래되고 중요한 도구였으리라고 지적해요.

창은 승리의 상징이고 혼자만의 드라마로 가득합니다. "내 가 이 창으로 저 곰을 찔러 죽였노라!" 한편 둥그런 바구니에는 각양각색의 물질을 넣지요. 과일, 풀, 씨앗, 다칠 것에 대비한 약초 등이요. 이때 바구니는 자연을 대상화하고 침해하는 도구 가 아니라 자연의 일부를 담는 수용체입니다. 낮에 바구니 안 에 여러 물건을 담았다가 밤에 돌아와 다른 사람들과 모여 가 진 것을 설명하고 나누면서 관계가 강화되고 최초의 이야기가 탄생했다는 거예요. 여기에는 혼자만의 서사가 없지요. 영웅 서사가 필요하지 않습니다. 인류가 사용한 최초의 도구를 무엇 으로 보느냐에 따라 인류의 본성 역시 다르게 해석된다는 것 이지요. 이게 굉장히 공감이 됐어요.

우리가 가부장적 세계, 남성 중심적 세계의 바깥을 상상할 때 그게 기승전결 혹은 발단-전개-위기-절정-결말과 같은 이 야기 구조까지도 비판적으로 살펴보고 그와는 다른 방식의 이 야기 구조를 상상하는 일을 가능하게 한다는 거죠.

임소연 남성 중심적이지 않은 방식으로 기술을 본다는 것은 근본부터 아주 다른 이야기를 우리에게 들려주는 것 같습니다. 아예 발명이란 무엇인가부터 시작하는 거죠.

저는 9장에 메리하고 잭 나오는 부분이 참 재밌더라고요. 메리의 안부를 궁금해 해야 한다고 말하는 부분이 굉장히 통찰력 있었어요. 인공지능과 로봇이 인간의 노동을 대체하는 시대에 어떻게 대처할 것이냐고 했을 때 이 책은 두 가지 방법이 있다고 하죠. 하나는 여자들에게 코딩을 배우게 하거나 과학기술 분야로 진출하게 하는 것입니다. 실제로 우리나라를 비롯한 많은 국가에서 정부가 과학기술 분야에 여성 유입을 늘리는 정책을 펴고 있고 저도 그래야 한다고 자주 이야기해요. 그런데 어떤 분야에 여자들이 많아지는 것이 꼭 좋은 신호는 아니라는 점이 함께 논의되어야 합니다. 소위 '여성화'된 분야는 사회적 위상이나 경제적 대우가 좋지 못한 경우가 많거든요.

저자는 인공지능이나 로봇이 대체하지 못하는 인간의 자질이 소위 말하는 여성적인 자질이라는 것에 주목해서 두 번째 대처 방법을 전합니다. "미래에 발생할 경제 문제는 어쩌면 여자아이들이 코딩을 배우라고 격려받지 못한 것이 아니라 남자아이들이 타인을 돌보라고 격려받지 못한 것이 아닐까?"(288쪽)라고 질문을 던지면서 말이죠. 우리는 자꾸 여성들에게 무엇을 더 배우고 더 시도해 보라고 격려하잖아요. 반면 남성들은 굳이 뭘 할 필요가 없었죠. 이미 과학자나 공학자 대부분이 남성이고, 기술은 남성 중심으로 개발되어 왔으니까요. 그런데 이 책은 기술로 대체되지 않는 인간의 자질에 주목하며 남성에게 부족한 것, 남성이 더 갖추어야 할 것을 말합니다. 참신하면서도 아주 유용한 전략이라고 봅니다.

　기술과 젠더의 문제를 노동으로 바로 연결시키고, 기술이 노동에 미치는 영향을 제대로 논의하기 위해서는 반드시 젠더를 고려해야 한다고 분명하게 쓰는 점도 정말 좋았어요. 거침없는 저자의 문장으로 읽으니 더 와닿고 설득력 있게 느껴졌습니다. 보통은 젠더를 부차적인 요소로 인식하는데 저자는 이것이 핵심이라고 말하지요. 페미니스트 과학기술학에서 젠더가 과학기술 발전에 부차적인 요소가 아니라 핵심이라고 말하는 것처럼요.

　하미나 선생님도 비슷하게 느끼실 수 있을 것 같은데, 저에게는 과학기술학이 좀 더 익숙하기 때문에 일반적으로 페미니스트 진영 안에서 논의되는 어떤 이슈들에서 제가 튕겨 나가게 되는, 공감하기 어려운 지점들이 종종 생기거든요. 특히 동물권이나 기후 위기에 관한 운동에서 그런 때가 잦습니다. 이때 사람들이 말하는 자연의 개념이나 정의가 저의 것과 다르기 때문인데요. 자연을 보호해야 할 대상으로 볼 때 늘 머릿속에 물음표가 생겼어요. 그 관점이 제게 왜 충분하지 않게 느껴지는지 구체적으로 설명하기가 어려웠는데, 이 책의 마지막 장에서 힌트를 얻었던 것 같아요.

10장에서 현재 기후 위기 문제를 둘러싸고 벌어지는 대립을 마법사와 예언자가 벌이는 결투에 빗대어 설명하죠. 마법사는 "자연이 그저 자신에게 이용당하기 위해 가만히 놓여 있는 무한한 자원"으로 "기계에 들어갈 원재료 그 이상도 이하도 아니"게 여긴다고 하고요(328쪽). 예언자는 "어머니 자연이 죽어가고 있다는 생각에 거의 열광하는 것처럼 보인다"라고 말하며 "헐떡이는 자연의 몸 옆에 비극적인 기사처럼 앉아 자연의 수동적인 아름다움을 칭송"한다고 표현해요(328쪽). 한쪽은 자연을 정복해야 할 대상으로 보고 다른 한쪽은 보호해야 할 대상으로 본다는 점에서 굉장히 다른 태도이지만, 사실은 둘 다 나와 자연을 분리하고 있다는 점에서 같다고 지적하지요. 자연과 내가 분리되지 않는다고 여길 때 개입할 여지가 많아지거든요.

기술 역시 기술결정론적으로 생각하지 않을 때, 곧 어떤 기술이 발전한다고 해서 인간의 의지와는 무관하게 막을 수 없는 흐름으로 이어지는 것이 아니라 구체적인 한 사람 한 사람의 실행으로 발전의 방향과 속도가 결정된다고 볼 때 개입의 여지가 생기죠. 남성적인 것, 착취적인 것, 경제 발전 중심적인 것만이 기술은 아니잖아요. 우리는 돌봄을 위한 기술을 만들어 낼 수 있고 지금의 지구에서 반드시 그래야만 합니다. 그런 점에서 마법사도 예언자도 아닌 존재, 현장에서 손을 더럽히면서 생생한 행위자로 존재하는 마녀가 우리의 미래에 필요하다는 결론이 무척 좋았습니다. 그것이 기후 위기가 더욱 심각해질 미래에 해결책을 모색할 만한, 전에는 가 본 적 없는 길이기 때문입니다. 무척 과학기술학적인 결론인데요. 이 점은 선생님의 저서 《신비롭지 않은 여자들》에서 말하는 "엉망진창인 삶"과도 연결되는 것 같습니다.

임소연 제가 요즘 꽂힌 것이 엉망진창, 오염, 불순 이런 것들이에요. 《신비롭지 않은 여자들》에서도 마지막 장에 "엉망진창인 내 삶에서 시작하는 과학기술"이라는 표현을 썼거든요. 제 책은 여자들에게 과학자나 공학자가 되기를 주저하지 말자, 혹은 꼭 과학자나 공학자가 되지 않더라도 예를 들면 여성의 몸에 관한 연구를 요구하거나 거기에 참여하는 방식으로 과학 지식 생산 과정의 일부가 되자고 말합니다. 과학기술 연구와 개발의 주체가 되고 파트너가 되자는 것이죠. 이 이야기를 하면서 덧붙이고 싶었던 것이 오염과 불순함이었어요. 과학 지식의 생산에 연루된다는 것은 사실 오염되는 것이거든요. 지금까지 여성을 차별하고 배제하는 지식을 생산해 온 그 체제에 발을 하나 담그는 일이라서, 엄격한 관점에서 본다면 그 모든 과정이 페미니즘에 부합하진 않을 거예요. 연구 관행이나 선행 연구 때문에 당장은 정치적으로 완벽하게 올바르지 않은 일을 해야 할 수도 있고, 반페미니스트적인 남성들과 같이 일해야 할 수도 있어요. 과학 지식을 생산하고 기술을 개발하는 과정은 여러 이질적인 요소들이 개입하는 일련의 과정이기 때문에 그 모든 것이 나의 신념과 가치에 맞기는 어렵습니다. 그러나 그런 점들을 감수하고 뛰어들어서 결국은 바꿔 내고야 마는 게 우리가 해야 할 일이 아닐까, 아니 그래야만 과학기술을 바꿀 수 있는 것이 아닐까 생각해요. 과학 안팎에서 열심히 비판을 해 온 페미니즘의 역사와 페미니스트 선배님들 덕분에 이제는 어떤 것이 여성을 위한 것이고 어떤 것이 여성 차별적인지를 분별하는 눈은 생겼다고 봐요. 이제는 손을 좀 더럽혀야죠. 안으로 들어가서 조금 오염되는 것을 감수하자, 그럼으로써 분명히 할 수 있는 일이 있다고 말하고 싶었어요.

거기서 좀 더 나아가자면, 이제는 홀로가 아니라 무리로 들어가서 하면 조금 더 잘할 수 있다는 것이죠. 지금까지는 여자들 한 명 한 명이 정말 고군분투해서 남자들을 압도하는 실력을 보여 주며 해 왔어요. 하지만 그렇게만 해서는 여전히 소수로 남을 수밖에 없고 변화하는 데까지 너무 오래 걸릴 것 같아요. 무리로, 떼로 들어가서 함께 하면 바꿔 나갈 수 있지 않을까 생각했는데, 책에서 말하는 마녀가 딱 그 이미지와 잘 맞더라고요.

하미나 저는 "불순한" 마녀들이 《미쳐있고 괴상하며 오만하고 똑똑한 여자들》에서 다룬 미쳐있고 괴상하며 오만하고 똑똑한 여자들이라고 느껴요. 이 책에서 여성 우울증에 대해 깊이 다루었잖아요. 정신의학 지식 역시 남성 중심적으로 만들어진 오염된 지식입니다. 상담에 관한 지식과 역사도 마찬가지고요. 하지만 여자들은 살아남기 위해 그 지식을 이용하고, 또 그것을 통해 나를 돌보면서 계속 앞으로 나아가죠. 정신의학과 관련해 페미니스트적인 선택을 한다고 하면, 지금까지의 모든 정신의학 지식을 거부하거나 여성 정신과 의사가 되는 선택지만 있는 것은 아니거든요. 내가 불순하고 오염된 환자로 남으면서, 필요한 자원을 자신을 위해 쓰면 된다고 생각해요.

선생님께서 동시대 여성들의 수평적인 연대에 대해 생각하셨다면 저는 좀 더 수직적인 연결을 떠올렸어요. 마녀라는 소리를 들어 온 미친 여자들의 계보를 생각해요. 역사적으로 내가 어떤 존재의 후손인가를 고민하게 되거든요. 그 여자들을 따라가 보면요. 그들은 미친 여자이고 마녀인 것도 맞지만, 사실은 조산사이기도 했고 약초를 무척이나 잘 다루는 치료사이기도 했어요. 자기 분야에서 높은 전문성을 획득한 사람들이었죠. 마녀들은 고문받다가 죽은 불쌍한 사람들에 그치지 않고, 마을이나 공동체 내에서 위협적으로 여겨질 만큼 대단히 영적이며 지적인 존재였고, 아픈 사람들을 치료할 수 있는 능력을 가진 존재들이었다는 겁니다.

이런 질문을 할 수 있죠. "과학기술이 여성을 배제해 왔다는 건 잘 알겠어. 그러면 이제 어떻게 해야 해?" 이 질문에 답을 하자면요. 과학기술에서 여성을 복권시킨다는 것은 우리가 여성적이라고 치부하며 과학기술의 영역에서 몰아냈던 것들을 복권시키는 작업이기도 합니다. 그것들이 우리에게 어떤 영향을 주었는지 재고해 보는 것이지요. 그러다 보면 이 책에서 다루듯 마녀 이야기도 나오고 신체 이야기도 나오고 부드럽고 말랑한 기술과 물질에 대한 이야기도 자연스럽게 따라 나오게 됩니다.

임소연 맞아요. 과학기술 밖으로 몰아냈던 여성적인 것을 복권시켜야 과학이 바뀝니다. 지금껏 배제되었던 것, 그래서 새로운 것, 거기에서부터 혁신과 창의성이 나올 거예요. 과학기술에게는 우리가 귀한 자원이죠.

하미나 여성과 남성이 다르기도 하지만 인간이라면 갖는 어떤 보편적인 정서가 있는 것 같아요. 그래서 여성의 이야기라고 하더라도 그것을 잘 전하면 남성에게도 가닿는 것 같습니다. 똑같은 인간이기 때문이죠.

임소연 여태까지 우리가 남성의 이야기를 들으며 인간 보편의 이야기라고 생각하고 공감해 왔잖아요. 억지로 그랬던 것이 아니라 실제로 남자들의 전쟁 이야기에 진심으로 공감했던 측면이 분명히 있습니다. 그러니 남자들도 여자들의 이야기에 충분히 공감할 수 있습니다. 이제껏 남성의 이야기에서 보편성을 찾았듯이 앞으로는 임신과 출산을 포함한 여성의 이야기를 들으며 인간이란 무엇인가를 생각할 때가 왔다고 봐요.

하미나 만약 남성이 출산을 했다면 출산과 관련한 엄청난 이야기들이 나왔을 것 같아요.

임소연 그럼요. 고전 작품 중에 80퍼센트가 출산 이야기였을 거예요.

임소연 과학기술학 연구자,《신비롭지 않은 여자들》저자
하미나 논픽션 작가,《미쳐있고 괴상하며 오만하고 똑똑한 여자들》저자

감사의 말

무엇보다 영어에서 내 목소리를 찾는 어려운 작업을 맡아 준 번역가 알렉스 플레밍Alex Fleming에게 감사드린다. 번역은 그 자체로도 매우 고된 작업인데, 나처럼 스웨덴어뿐만 아니라 영어에도 능통해서 모든 것에 의견을 내는 저자와 일하느라 더욱 힘들었을 것이다.

와일리 에이전시에서 자기 일을 놀라울 만큼 훌륭하게 해 내는 나의 에이전트 트레이시 보한Tracy Bohan에게 감사드린다. 그를 지켜보는 것은 기쁨이다. 또한 내게 트레이시를 소개해 준 캐럴라인 크리아도-페레즈Caroline Criado-Perez에게도 감사드린다.

초기 단계에서 이 프로젝트를 믿어 준 윌리엄 콜린스의 아라벨라 파이크Arabella Pike와 이 책의 완성도를 크게 높이느라 고생한 그레이스 펜젤리Grace Pengelly에게 감사드린다.

이 책을 위해 많은 것을 해 준 스톡홀름 몬디알의 엠마 울바에우스Emma Ulvaeus와 시몬 브루어스Simon Brouwers, 올레 그룬딘

Olle Grundin에게 감사드린다. 토르비에른 닐손Torbjörn Nilsson은 (언제나처럼) 뒤에서 비공식 편집자로 조용히 일하며 이 프로젝트에서 놀라울 만큼 중요한 역할을 해 주었다.

베스테로스에서 큰 도움을 주고 아이나 비팔크에 대한 연구 자료를 공유해 준 커스틴 랑나르Kerstin Rännar와 마르가레타 마클Margareta Machl에게 감사드린다. 스코네 지역 아카이브의 알렉산더 라스Alexander Rath와 안니케 페데르센Annike Pedersen, 스웨덴 노동 운동 아카이브와 도서관의 사라 라거그렌Sara Lagergren에게 감사드린다. 크랭크에 대해 조사할 때 인내심을 갖고 자동차 엔진을 설명해 준 주안 살리나스Juan Salinas와 이 책의 영어 제목을 결정할 수 있게 도와 준 세실리 모틀리Cecily Motley에게 감사드린다. 마츠 페르손Mats Persson에게도 감사드린다.

조 샤키는 여행과 바퀴 달린 여행 가방에 대한 내 질문에 기꺼이 답해 주었고, 나의 아버지인 발데마르 키엘로스Waldemar Kielos는 혼란한 팬데믹의 한가운데에서 자료를 영국으로 가져올 수 없을 때 어마어마한 수고를 들여 조산사에 관한 자료를 읽어 주었다. 법적 도움을 준 엘리세 키엘로스Elise Kielos에게 감사드리며, 나의 어머니 마리아 키엘로스Maria Kielos에게 특별한 감사를 전한다.

《다겐스 뉘헤테르Dagens Nyheter》에서 함께 일하는 모든 분들에게, 특히 피아 스카게르마크Pia Skagermark와 비에른 위만Björn

Wiman, 페테르 블로다르스키Peter Wolodarski에게 감사를 전한다.

마지막으로, 나의 전부인 우리 가족에게 감사드린다.

주

1장

1 새도우가 자신의 아이디어를 떠올린 과정에 대한 묘사는 조 샤키Joe Sharkey가 2010년에 《뉴욕타임스》에서 새도우와 나눈 인터뷰(Sharkey, 2010, https://www.nytimes.com/2010/10/05/business/05road.html)에 기초한다. 이 인터뷰의 자세한 내용은 2020년 8월 11일 저자와의 인터뷰에서 확인되었다. Ridley, 2020에서도 비슷한 묘사를 찾아볼 수 있다. 이 책 또한 샤키의 2010년 인터뷰에 기초한다. 《새로운 금융질서》에서 이 발명에 대해 다룬 로버트 쉴러는 당시의 연구 보조원에게 새도우와 전화 인터뷰를 나눠 달라고 요청했다. 인터뷰 기록은 남아 있지 않은 것으로 보이지만, 이 책에 담긴 상황 설명은 본질적으로 샤키의 2010년 《뉴욕타임스》 기사와 동일하므로 신뢰할 수 있다고 판단된다. 2020년 8월 11일에 나눈 인터뷰에서 샤키는 이 기사가 발표된 이후 새도우가 기사의 일부 내용에 반대했다고 말했다. 샤키는 그가 정확히 어떤 내용에 반대한 것인지 기억하지 못했지만, 새도우를 언급한 방식이나 발명 당시 상황을 묘사한 방식과는 관련이 없었다. 샤키의 기억에 따르면 새도우가 반대한 부분은 로버트 플라스의 발명품이 함께 언급되었다는 사실과 관련이 있었다.

2 Nelson, 2016, https://www.vox.com/2016/3/29/11326472/hijacking-airplanes-egyptair.

3 새도우가 자기 아이디어를 떠올렸을 때 정확히 어디 있었는지는 분명하지 않다. 아이디어가 떠올랐을 때 그가 공항 세관에 있었다는 내용은 샤

키가 2010년에 《뉴욕타임스》에서 새도우와 나눈 인터뷰에서 따왔다. 2020년 8월 11일에 있었던 인터뷰에서 샤키는 오래전에 《뉴욕타임스》를 떠났기 때문에 2010년 인터뷰 기록은 더 이상 남아 있지 않다고 말했지만, 그의 기억에 따르면 새도우가 자신에게 그렇게 말했다고 한다.

4 새도우가 바퀴 달린 여행 가방을 만든(또는 제작을 의뢰한) 이야기는 버전이 다양하다. 내가 이 버전을 선택한 이유는 이것이 2010년에 새도우와 직접 인터뷰를 나눈 샤키의 버전이기 때문이다. 여러 다른 버전은 새도우와 직접 나눈 대화에 근거한 것이 아니므로 신뢰성이 떨어진다고 판단한다.

5 이것은 스티븐 보걸Steven Vogel이 Vogel, 2016, p. 1에서 주장한 것이다.

6 이 이론의 개요는 예를 들어 Bulliet, 2016, pp. 50-59(리처드 불리엣, 《바퀴, 세계를 굴리다》, 2016) 참조.

7 Gasser, 2003. https://web.archive.org/web/ 20160826021129/http://www. ukom.gov.si/en/media_room/background_information/culture/worlds_oldest_wheel_found_in_slovenia/에서도 확인 가능.

8 미국 특허청, 등록 번호 US3653474A에서 인용.

9 이 장의 후반부에 살펴보겠지만, 새도우 이전에도 바퀴 달린 여행 가방의 사례가 있었다. 여러 사람이 서로와 관계없이 비슷한 시기에 유사한 아이디어를 떠올리는 것은 일반적인 현상으로 보이며, 많은 발명품에 실제로 그런 일이 벌어진다. 그렇다면 누가 '발명가'로 간주되는가는 보통 운이 결정한다. 그러나 문헌에서는 새도우가 바퀴 달린 여행 가방의 발명가로 간주되어야 한다는 일종의 합의가 형성되어 있다. 미국에서 새도우보다 앞서서 등록된 바퀴 달린 여행 가방의 특허로는 아서 브라우닝(Arthur Browning, 1969), 그레이스와 맬컴 매킨타이어(Grace and Malcolm McIntyre, 1949), 클래런스 놀린(Clarence Norlin, 1947), 바넷 북(Barnett Book, 1945), 세이비어 마스트론토미오(Saviour Mastrontomio, 1925)가 있다.

10 노벨 경제학상은 알프레드 노벨의 유언장에 언급되지 않았다는 점에서 '진정한' 노벨상이 아니다. 오늘날 우리가 아는 형태의 경제학은 당시에는 존재하지 않았다. 그러므로 노벨 경제학상의 정확한 이름은 '알프레

드 노벨을 기념하는 경제과학 분야의 스웨덴 중앙은행 상'이다.

11 Shiller, 2003, p. 101(로버트 쉴러, 《새로운 금융질서》, 2003).

12 《새로운 금융질서》 집필 당시 쉴러의 연구 보조원이 나눈 인터뷰.

13 "내가 찾아간 사람 모두가 나를 돌려보냈다. 스턴스와 메이시스, A&S를 비롯한 모든 주요 백화점에서 그랬다." 새도우가 말했다. "그들은 내가 짐을 끄는 미친 사람이라고 생각했다."

14 Syed, 2019, pp. 131-132.

15 Allen May, 1951, p. 13.

16 Shiller, 2019, pp. 37-38(로버트 쉴러, 《내러티브 경제학》, 2021) 참조.

17 Taleb, 2012, pp. 187-192(나심 니콜라스 탈레브, 《안티프래질》, 2013).

18 평균은 17년이다. 그러나 탈레브는 더 극단적인 사례들을 언급한다.

19 예를 들어 Gladwell, 2011 참조.

20 제록스는 컴퓨터 마우스라는 아이디어를 미국의 엔지니어이자 발명가인 더글러스 엥겔바트Douglas Engelbart에게서 얻었다.

21 바퀴가 즉시 세상을 바꾸지 않았다는 것은 리처드 불리엣이 Bulliet, 2016, pp. 20-24(《바퀴, 세계를 굴리다》, 2016)에서 자세히 밝힌 주장이다.

22 이 주장은 탈레브가 《안티프래질》에서 제시했고 불리엣이 Bulliet, 1990에서 더욱 심도 있게 논의했다.

23 새도우는 1972년에 제출한 특허 출원서에서 이 사실이 발명의 토대가 되었다고 강조한다. 그의 초점은 비행기 여행에 있는데, 여기에는 그가 미국인이라는 사실이 반영되었을 가능성이 높다. 유럽에서 가방을 옮기는 문제를 둘러싼 논의는 비행기보다는 철도 중심으로 진행된 것으로 보인다.

24 *Tatler*, 1961, pp. 34-35.

25 *Coventry Evening Telegraph*, 1948.

26 1940년대에 똑같이 휴대용 짐꾼이라는 이름으로 만든 다른 회사 제품이 있었다. 그 회사는 미국 매사추세츠의 인디언 오처드에 있는 맥아더 프로덕트 주식회사MacArthur Products Inc.였다.

27 *The Times*, 1956, p. 15.

28 *Trinity Mirror*, 1967.

29 Wilson, 1978.

30 실번 골드먼의 표현이다.

31 Bulliet, 2016, pp. 131-132.

32 난쟁이가 랜슬롯에게 타라고 제안한 카트는 오로지 비하의 목적으로 살인자와 도둑을 태우는 카트이기도 했다.

33 2020년 8월 11일에 나눈 인터뷰에서 당시 《뉴욕타임스》의 여행 전문 기자였던 조 샤키는 이 사실이 사업 출장을 얼마나 크게 바꿔 놓았으며, 그러한 변화가 얼마나 갑작스럽게 일어났는지 이야기했다.

34 이 덴마크의 발명가들은 헬가 헬레네 포지Helga Helene Foge와 한스 토마스 톰센Hans Thomas Thomsen이다. 이메일로 정보를 제공해 준 로저 에켈룬드Roger Ekelund에게 감사드린다.

35 이 가방은 롤러보드Rollaboard라는 이름으로 알려졌고 플라스가 세운 회사 트래블프로Travelpro가 곧 가방 산업을 장악하게 되었다. 전부 그의 이 발명 덕분이었다.

2장

1 베르타 벤츠의 이야기는 예를 들어 Leisner, 2014나 Elis, 2010 등에서 여러 번 기술되었다. 둘 중 후자는 허구적 요소를 사용해 이야기에 생기를 불어넣었다. 바로 이것이 여러 문제 중 하나인데, 우리는 그 여행에서 정확히 무슨 일이 있었는지 모른다. Nixon, 2016 같은 오래된 자료에서는 이 여행을 다르게 묘사한다는 점을 언급하고자 한다. 포르츠하임까지의 여정 이야기에서 닉슨St. John C. Nixon은 베르타가 아니라 주로 그의 두 아들이 운전대를 잡았을 것이라 추정하는 듯하다. 아마 여기에는 당시의 가치가 반영되었을 것이다. 그가 남편의 회사에 기여한 바에 대해 현재 우리가 아는 내용에 근거하면, 어느 모로 보나 베르타가 수동적인 승객이었을 가능성은 낮아 보인다. 그러나 여기에서는 균형 잡힌 설명을 제공하고, 포르츠하임까지의 여정을 베르타 벤츠와 그의 두 아들의 협업으로 묘사하고자 한다.

2 1886년 11월 2일, 카를 벤츠는 '가스 동력 차량Fahrzeug mit Gasmotoren-betrieb'으로 황실 특허청에서 특허를 받았다. 등록 번호는 37435였다.

3 이 차는 세계에서 자가 동력 차량으로 생산된 최초의 차였다. 그전까지는 주로 말이 끄는 마차에 모터를 달았다. 벤츠가 만든 자동차에는 앞바퀴가 하나뿐이어서 조종이 쉬웠다.

4 Elis, 2010에서 카를 벤츠는 '발명을 끝내는 것'이 아니라 '발명하는 것'을 좋아한 사람으로 묘사된다.

5 Matthews, 1960.

6 Scharff, 1992, pp. 22-23 참조.

7 더 자세한 내용은 예를 들어 Mom, 2004, pp. 276-284나 Scharff, 1992, pp. 35-50 참조.

8 Scharff, 1998, p. 79에 인용.

9 1899년 벨기에인인 카미유 제나치Camille Jenatzy가 벨기에 전기차인 '라 자메 콩탕트La Jamais Contente'를 이 속도로 운전했다.

10 포프-웨이벌리Pope-Waverley의 광고. Scharff, 1992, p. 35 참조.

11 앤더슨 일렉트릭 카 컴퍼니Anderson Electric Car Company의 광고. Scharff, 1992, p. 38에서 인용됨.

12 몽고메리 롤린스Montgomery Rollins의 주장. Scharff, 1992, p. 42에서 인용됨.

13 미국 잡지 《여성의 가정 동반자Women's Home Companion》의 자동차 칼럼니스트 칼 H. 클라우디. Scharff, 1992, p. 41에서 인용됨.

14 Scharff, 1992, p. 53 참조.

15 이른바 '밀고 당기는 손잡이push-pull tiller'였다.

16 "디트로이트 일렉트릭은 특히 단정한 숙녀에게 매력적이다. 이 전기차를 타는 여성은 자기 화장실을 티 하나 없이 깔끔하게, 자기 머리 모양을 온전하게 유지할 수 있다." 디트로이트 일렉트릭의 광고. Scharff, 1992, p. 38에서 인용됨.

17 챌펀트가 1916년에 한 말. Mom, 2004, p. 279에서 인용됨.

18 "전기차를 숙녀용 차라고 했다. 언덕을 오를 수 없을 거라고, 충분히 빠르게 달릴 수 없을 거라고 했다." FM 페이커FM Feiker의 말. Mom, 2004,

p. 280에서 인용됨.

19 "여자 같은 것 또는 여자 같다는 평판을 얻은 것은 미국 남성의 눈에 들지 못한다. 어떤 남성이 일반적인 신체적 의미에서 '혈기 왕성'하고 '남성미'가 넘치든 그렇지 않든 간에, 어쨌거나 그 남성의 이상은 그렇다. 자동차든 색깔이든 여성이 좋아한다는 사실만으로도 남성의 관심을 너그러운 관용으로 바꿀 수 있다. 물론 이 논리를 전기차에 적용하는 것은 터무니없다. 전기차는 여성의 차인 만큼 남성의 차이기도 하다." 1916년 《일렉트릭 비히클》에 실린 〈남자가 원하는 자동차The Kind of Car a Man Wants〉 중에서. Mom, 2004, p. 281에서 인용됨.

20 여기에는 불확실한 점이 많다. 이 이야기는 Boyd, 1957, p. 68에 나오는데, 이 책은 카터가 사망하고 수십 년이 지난 후에 쓰인 것이다. 게다가 이 책은 카터를 나이 든 남성으로 묘사하는데, 사망 당시 그의 나이는 44세였다. 그러나 카터의 죽음이 크랭크 시동과 관련이 있다는 사실은 합의가 된 것으로 보인다.

21 Boyd, 1957, p. 54.

22 미국의 엔지니어인 찰스 두리아Charles Duryea의 말. Scharff, 1992에서 인용됨.

23 Casey, 2008, p. 101.

24 Scharff, 1992, p. 63에 인용된 광고 문구.

25 "우리는 여성의 영향력이 휘발유차의 디자인에서 해마다 점점 더 뚜렷하게 드러나는 변화의 주요 원인이라는 결론을 내릴 수밖에 없다." "더 두텁고 부드러운 시트 덮개, 더 안락한 승차감, 더 우아하고 아름다운 라인, 더 간소한 제어 장치, 시동을 걸고 타이어에 바람을 넣는 작업을 거의 자동으로 수행하는 능력은 모두 더 여린 성별의 편의를 봐준 증거다." "휘발유차는 매해 점점 더 전기적으로 변하고 있다." 《일렉트릭 비히클》 기사에서 발췌. Mom, 2004, p. 282에서 인용됨.

26 Mom, 2004, p. 293.

27 이는 하이스 몸이 논한 '문화적 요인'에 대한 나의 해석이며, 그가 말한 문화적 요인은 거의 다 젠더 및 젠더 관념과 연결되어 있다.

28 Madrigal, 2011 참조.

29 이 아이디어는 1세기 후 이스라엘의 사업가 샤이 애거시Shai Agassi가 만약 전기차의 배터리가 문제라면 빠르고 쉽게 배터리를 교체할 수 있는 사회 기반 시설을 지어야 한다고 주장하며 재등장했다. 이번에는 로봇을 이용해 다 쓴 배터리를 대략 5분 안에 완충된 배터리로 교체했다. 이 프로젝트는 거의 10억 달러의 자금을 모았으나 각종 문제가 발생하며 곧 파산했다.

3장

1 de Monchaux, 2011, pp. 118-124.

2 Dean, 1987, pp. 7-23.

3 de Monchaux, 2011, pp. 123-124.

4 우주복이 가진 문제에 대한 더 자세한 설명은 St. Clair, 2018, pp. 223-246(카시아 세인트 클레어, 《총보다 강한 실》, 2020) 참조.

5 de Monchaux, 2011, pp. 198-199.

6 Aldrin, 2009, p. 44에서 인용됨.

7 de Monchaux, 2011, pp. 209-224.

8 Churchill, 2005, p. 645.

9 Beevor, 1998, p. 28(앤터니 비버, 《피의 기록, 스탈린그라드 전투》, 2012).

10 이 숫자는 Schwartz, 1998에서 나왔다.

11 미국이 1942년에서 1945년 사이 제2차 세계대전에서 사용한 폭탄과 지뢰, 수류탄의 총비용은 315억 달러였다. 관련 자료는 Schwartz, 1998 참조. 미국이 사용한 탱크의 총비용은 640억 달러였다. 전부 1996년의 달러 가치로 계산했다.

12 미국의 생산성은 감소했다. Field, 2018, https://www.scu.edu/business/economics/research/working-papers/field-wwii/ 참조. 제2차 세계대전이 혁신에 미친 부정적 영향에 대해서는 Alexopoulos, 2011, pp. 1144-1179 참조.

13 기술이 전쟁에서 아무 역할도 맡지 않는다는 뜻이 아니라, 군사적으로

개발된 기술이 보통 가장 결정적인 요소는 아니라는 것이다. 그러나 그 기술을 사용할 수 있는 국가의 능력은 중요하다. 예를 들어 Boot, 2006 참조. 이 책에서 저자는 30년 전쟁 중 스웨덴이 브라이텐펠트와 뤼첸에서 거둔 승리에서 화약이 맡은 역할에 대해 설명한다. 물론 이 전투는 1600년대에 일어났고 화약은 훨씬 이전부터 존재한 기술이었다. 핵심 요인은 화약의 발명이 아닌 사용에 있었다.

14 "과학이 전쟁 중에 빠르게 진보한다고 가정하는 것은 실수다. 과학의 특정 분야는 특별한 자극을 받을지도 모르지만, 전체적으로 보면 지식 발전의 속도는 느려진다." 1948년 9월 영국과학진흥협회British Association for the Advancement of Science 회장 연설. Edgerton, 2006, p. 215에서 인용됨.

15 Stanley, 1993, pp. 9-10 참조.

16 Haas, R., Watwon, J., Buonasera, T., Southon, J., Chen, J. C., Noe, S., Smith, K., Llave, C. V., Eerkens, J., Parker, G., 'Female Hunters of the Early Americas', *Science Advances*, 4 Nov. 2020, https://advances. sciencemag.org/content/6/45/eabd0310.

17 Nyberg, 2009, https://www.diva-portal.org/smash/get/diva2:999200/ FULLTEXT01.pdf에서 인용됨.

18 여자 친구의 이름은 에밀리 뒤 샤틀레Émilie du Châtelet였고, 그 금융 상품은 미래의 수입을 재정적으로 보증하는 일종의 현대적 파생 상품이었다. 샤틀레는 이 상품으로 큰돈을 벌었고 그 돈으로 볼테르를 감옥에서 빼냈다.

19 St. Clair, 2018, pp. 29-34.

20 Öberg, 1996, pp. 285-289.

21 Sommestad, 1992 참조.

22 Pook, 2019, https://www.stylist.co.uk/life/womens-textiles-crafts-female-skills-sexism-not-seen-as-art-anni-albers-tate/233457에서 논한 실제 사례에 기초한다.

23 예를 들어 Merritt, 1991, pp. 235-306 참조.

24 Funderburg, 2000, https://www.inventionandtech.com/content/

making-teflon-stick-1.

25 de Monchaux, 2011, pp. 211-212.

4장

1 스티비츠의 강의에 대한 묘사는 Campbell-Kelly and Williams, 1985에 실린 무어 스쿨 강의 기록에 기초한다.

2 "그리고 미래의 자동 컴퓨터의 가치와 그러한 기계를 만들어야 하는 이유에 대한 제 의견을 여러분께 전달하게 되었습니다." Campbell-Kelly and Williams, 1985, p. 4.

3 Campbell-Kelly and Williams, 1985, p. 11.

4 Campbell-Kelly and Williams, 1985, p. 13.

5 스코틀랜드국립도서관National Library of Scotland 디지털 갤러리에서 Scottish Science Hall of Fame(https://digital.nls.uk/scientists/index.html 의 'James Watt [1736-1819]') 참조.

6 *Allehanda.se*, 2005.

7 Grier, 2005 참조.

8 Comrie, 1944, pp. 90-95.

9 가스파르 드 프로니Gaspard de Prony가 애덤 스미스의 《국부론》에서 노동 분업에 대해 읽고 이런 식으로 업무를 쪼갤 수 있음을 깨달았다고 한다. 예를 들어 Grier, 2005, p. 36 참조.

10 Kwass, 2006, pp. 631-659.

11 Grattan-Guinness, 1990, pp. 177-185.

12 Grier, 2005, pp. 112-13.

13 "컴퓨터 대다수가 여성이지만, 아프리카계 미국인과 유대인, 아일랜드인, 장애인, 빈곤층도 컴퓨터로 일한다." Grier, 2005, p. 276.

14 Grier, 2005, p. 214.

15 Grier, 2005, p. 276.

16 Lewin, 2001, p. 76.

17 Smith, 1998, p. 7.

18 Smith, 1998, pp. 25-26.

19 Tarlé, 1937, p. 66에서 인용됨.

20 Abbate, 2012, p. 21.

21 미국의 에니악 컴퓨터가 세계 최초의 전자 컴퓨터라는 심각한 오해가 있는데, 2년 먼저 나온 영국의 콜로서스 컴퓨터가 오랫동안 기밀이었기 때문이다. Copeland, 2006, p. 101 참조.

22 "…… 그러니 기계도 사실 일종의 학생일 뿐이었죠…… 이러한 이유로 뻔뻔하게 말하자면, 저는 세계에서 가장 뛰어난 코더입니다." Copeland, 2006, p. 70에서 인용됨.

23 Hicks, 2017, p. 21.

24 Hicks, 2017, pp. 93-94.

25 Bradley, 1995, pp. 17-33.

26 Hicks, 2018, pp. 48-57.

27 2020년 4월 7일에 저자와 나눈 인터뷰.

28 튜링 전문가인 잭 코플랜드Jack Copeland는 튜링의 죽음이 정말 자살이었는가에 의문을 제기한다. 경찰은 먹다 남긴 사과에 독극물의 흔적이 있는지 검사하지 않았다. 코플랜드는 튜링의 죽음이 사고였을 수 있다고 믿는다.

29 예를 들어 Hoke, 1979, pp. 76-88 참조.

30 예를 들어 Zimmeck, 1995, pp. 52-66 참조.

31 그의 메모는 https://gizmodo.com/exclusive-heres-the-full-10-page-anti-diversity-screed-1797564320에서 읽을 수 있다.

5장

1 비팔크의 질병에 관한 묘사는 그가 1949년 룬드에서 소아마비 치료를 받았을 때의 진료 기록에 기초한다. 이 기록에 접근할 수 있게 도와준 스코네 지역 아카이브Skåne regional archive의 선임 아카이브 관리자 안니

케 페데르센Annike Pedersen에게 감사드린다.

2 Axelsson, 2004, p. 68.

3 Medicinhistoriska Sällskapet Westmannia에서 출간한《아이나 비팔크와 보행 보조기Aina Wifalk och rollatorn》집필에 사용한 자료를 너그러운 마음으로 제공해 준 커스틴 랑나르Kerstin Rännar와 마르가레타 마클Margareta Machl에게 큰 감사를 전한다.

4 군나르 에크만의 첫 번째 도안 복사본을 제공해 준 마르가레타 마클과 커스틴 랑나르에게 큰 감사를 전한다.

5 Willis, 2015 참조.

6 여기에는 몇 가지 다른 버전이 있다. 나는 마르가레타 마클과 커스틴 랑나르가 비팔크의 삶을 조사하며 알아낸 버전을 택했다. 자세한 내용은 2020년 1월 14일 베스테로스에서 두 사람과 나눈 인터뷰에서 나왔다.

7 Adler, 1973, p. 162 참조. 2010년에 캐리 월리스Carey Wallace는 이 사건을 주제로 소설(*The Blind Contessa's New Machine*, Pamela Dorman Books, New York, 2010)을 썼다.

8 *Googlers*, 2018, https://www.blog.google/inside-google/googlers/vint-cerf-accessibility-cello-and-noisy-hearing-aids/.

9 McGrane, 2002 참조.

10 Levsen, 2014, pp. 69-78.

11 UNSGSA, 2018, p. 12. 자료 출처는 Global Banking Alliance for Women 2017, Women's World Banking/Cambridge Associates, 2017.

12 그러나 무자녀 여성이 무자녀 남성보다 돈을 더 많이 버는 국가는 몇 개 있다.

13 Heller, 2017, pp. 11-14.

14 Nicholas, 2019.

15 그러나 로스 베어드Ross Baird 등의 지적처럼, 오늘날 우리는 '유니콘', 즉 고래가 아닌 10억 달러 이상의 가치를 낼 수 있는 회사를 사냥한다.

16 Olsson Jeffery, 2020.

17 British Business Bank, 2019, https://www.british-business-bank.co.uk/wp-content/uploads/2019/02/British-Business-Bank-UK-

Venture-Capital-and-Female-Founders-Report.pdf.

18 예를 들어 Skonieczna and Castellano, 2020, https://ec.europa.eu/
info/sites/info/files/economy-finance/dp129_en.pdf, p. 5 참조.

19 예를 들어 Clark, 2019, https://techcrunch.com/2019/12/09/us-vc-
investment-in-female-founders-hits-all-time-high/?guccounter=1
참조.

20 자료 출처는 National Association of Women Business Owners
의 Women Business Owner Statistics, https://www.nawbo.org/
resources/women-business-owner-statistics.

21 Sherman, 2019.

22 구글이 받은 총 투자금은 3600만 달러였다. 보이는 2019년에만 8500만
달러를 받았다. 자료 출처는 herman, 2019와 O'Hear, 2011.

23 Hinchliffe, 2020, https://fortune.com/2020/03/02/female-founders-
funding-2019/ 참조.

24 이 주장은 Brandel and Zepada, 2017, https://medium.com/zebras-
unite/zebrasfix-c467e55f9d96에서 전개된다.

25 1998년에 유틀란트의 그로스텐성에서 열린 자인-비트겐슈타인-벨레부
르크의 알렉산드리아 공주Princess Alexandra of Sayn-Wittgenstein-Berleburg
의 결혼식이었다.

6장

1 Robehmed, 2018, https://www.forbes.com/sites/forbesdigital-
covers/2018/07/11/how-20-year-old-kylie-jenner-built-a-900-million-
fortune-in-less-than-3-years/#696d992daa62.

2 2020년 《포브스》는 카일리 제너의 '억만장자' 칭호를 철회했다. Peterson-
Whithorn and Berg, 2020, https://www.forbes.com/sites/chase
withorn/2020/05/29/inside-kylie-jennerss-web-of-lies-and-why-
shes-no-longer-a-billionaire/#46ab247d25f7 참조.

3 카일리 제너의 어머니인 크리스 제너는 미국 풋볼 선수 O. J. 심슨O. J. Simpson의 변호인으로 명성을 얻은 로버트 카다시안Robert Kardashian 과 결혼한 뒤 코트니와 킴, 클로이, 롭을 낳았다. 그 후 브루스 제너Bruce Jenner와 결혼해 두 딸 켄달과 카일리를 낳았다. 브루스 제너는 2017년에 트랜스젠더로 커밍아웃하고 케이틀린 제너Caitlyn Jenner로 이름을 바꾸 었다.

4 @KylieJenner, 21 February 2018.

5 Badkar, 2018.

6 Packer, 2011에서 인용됨.

7 애플은 노동력의 오직 20퍼센트만 여성이고 그들 대부분이 백인이었던 여러 기업 중 하나다.

8 저자의 전작인《잠깐 애덤 스미스 씨, 저녁은 누가 차려줬어요?》참조.

9 Zhang, 2017, pp. 184-204.

10 이 용어는 Wissinger, 2015에서 정의되었다.

11 Duffy, 2017, p. 19에서 인용됨.

12 Kaijser and Björk, 2014.

13 이에 대한 더 자세한 논의는 Sussman, 2000 참조.

14 10월 행진이라는 이름으로도 알려진 베르사유 여성 행진을 말한다. 1789년 10월 5일에 있었던 이 행진에서 주로 여성으로 구성된 6000명 이상의 사람들이 파리에서 베르사유에 있는 왕궁까지 행진했다. 왕은 항복한 뒤 굶주린 대중에게 왕실 저장고 문을 열었고, 파리로 돌아가 튀 일리궁전에 연금되었다.

15 1917년 3월 8일, 페트로그라드의 거리에서 여성들이 빵을 달라며 시위 를 벌였다. 이 시위는 러시아 2월 혁명의 도화선이 되었고, 세계 여성의 날이 3월 8일이 된 이유이기도 하다.

16 르 봉 마르셰는 1838년에 설립되었고 1852년에 아리스티드 부시코 Aristide Boucicaut가 개조했다. 세계 최초의 백화점 중 하나로 간주되며 오늘날까지 계속 영업 중이다.

17 고정 가격 시스템은 이미 파리의 일부 가게에서 시행되고 있었다. Tamilia, 2007, p. 229 참조.

18 "믿음이 흔들리며 교회가 점차 텅 비어 가는 동안, 그의 백화점이 텅 빈 영혼 속에서 교회를 대체했다. 여성들은 그를 찾아가 할 일 없는 시간들을, 한때 예배당에서 보냈던 그 불안하고 떨리는 시간을 보냈다. 그것은 애타는 열정의 반드시 필요한 배출구이자, 다시 시작된 신과 남편의 투쟁이자, 아름다움이라는 신성한 내세를 믿으며 끊임없이 새로워지는 육체 숭배였다." Émile Zola, *The Ladies' Delight*, trans. Robin Buss, Penguin Classics, London, 2001, p. 415(에밀 졸라, 《여인들의 행복 백화점》, 2018).

19 "나는 여성들이 혼자서 외출하고 싶어 하던 바로 그 시기에 런던에 왔다. 그들은 백화점에 와서 자신의 꿈을 일부 실현했다." Willson, 2014, p. 109에서 인용됨.

20 Hund and McGuigan, 2019, pp. 18-35.

21 슬라이스Slyce가 한 예다.

22 Ritzer and Jurgenson, 2010, pp. 13-36 참조.

23 예를 들어 우리가 이상적인 주부상과 연결 짓곤 하는 빅토리아 시대 영국에서 노동계급 여성은 나가서 일해야 했다. 여성들은 농장 일에서 셔츠 생산에 이르기까지 모든 분야에서 하루에 10~15시간씩 일했다. 그리고 여기에 더해 집안일까지 했다.

24 예를 들어 Van Cleaf, 2015, pp. 247-264 참조.

25 처칠은 같은 날 영국 하원에서 이 말을 다시 한번 반복했다.

26 2001년 9월 17일, 부시 대통령이 워싱턴 DC 이슬람 센터에서 한 연설. 〈이슬람은 평화다〉, https://georgewbush-whitehouse.archives.gov/news/releases/2001/09/20010917-11.html.

27 Standing, 1999, pp. 583-602.

28 Lord, 2014.

7장

1 Zarkadakis, 2015, pp. 28-47.

2 〈창세기〉 2:7.

3 Riskin, 2017, pp. 44-61.

4 Cobb, 2020, pp. 145-156(매튜 코브, 《뇌 과학의 모든 역사》, 2021).

5 Hubbard, 1950, p. 41.

6 "······ 또한 살면서 사이언톨로지를 통해 다른 이들을 도왔습니다." 'Celebrity Scientologists and Stars Who Have Left the Church', *US Weekly*, 18 June 2020, https://www.usmagazine.com/celebrity-news/pictures/celebrity-scientologists-2012107/23623-2/에서 인용됨.

7 테그마크는 2019년 11월 22일에 열린 세계과학축제World Science Festival 의 세미나 '바이오닉이 되느냐 마느냐: 불멸과 초인주의에 관하여To Be or Not to Be Bionic: On Immortality and Superhumanism'에서 이에 대해 논했다. 호킹의 논의에 관해서는 예를 들어 Neal, 2013, https://www.vice.com/en_us/article/ezzj8z/scientists-are-convinced-mind-transfer-is-the-key-to-immortality 참조.

8 Taleb, 2007, pp. xxi-xxii(나심 니콜라스 탈레브, 《블랙 스완》, 2018).

9 2020년 4월 5일에 저자와 나눈 인터뷰.

10 예를 들어 Rosenblat, 2018(알렉스 로젠블랏, 《우버 혁명》, 2019) 참조.

11 Scheiber, 2019.

12 Plesner, 2020, pp. 23-24에 기초했다.

13 Nilsson, 2020.

14 Temperton, 2018.

15 택배 회사인 DPD는 프랑스 정부 소유다. 바로 앞의 제임스 템퍼튼James Temperton의 기사에 자기 대신 일할 사람을 찾지 못해 출근했다가 사망한 DPD 노동자의 사례가 등장한다.

16 Berger, Frey, Levin, and Rao Danda, 2019, pp. 429-477.

8장

1 Williams, 2009, pp. 38-41.

2 Stockton, 2015, https://www.wired.com/2015/09/mind-bending-physics-tennis-balls-spin/.

3 Gleick, 2004, pp. 81-82(제임스 글릭, 《아이작 뉴턴》, 2008).

4 폴라니의 역설은 Autor, 2014에서 이처럼 경제적으로 논의된다.

5 Cummings, 2020, http://hal.pratt.duke.edu/sites/hal.pratt.duke.edu/files/u39/2020-min.pdf.

6 함부르크에서 열린 카스파로프의 시합 묘사는 Kasparov, 2017, pp. 1-5에 기초했다(가리 카스파로프, 《딥 씽킹》, 2017).

7 Kasparov, 2017, p. 2.

8 "AI는 데이터에 기반한 예측의 측면에서 인간의 능력을 압도하지만, 여전히 호텔 직원처럼 청소를 하지는 못한다. AI는 사고 능력은 훌륭하지만 손가락을 움직이는 데는 서툴다." Lee, 2018, p. 166(리카이푸, 《AI 슈퍼파워》, 2019).

9 이 유명한 주장은 로봇 연구자 한스 모라벡이 한 것으로, '모라벡의 역설'이라 불린다. 이 역설은 고등 수학이나 체스처럼 우리 인간이 힘들어하는 일, 익히는 데 오랜 시간이 걸리는 일을 로봇은 쉽게 해낸다고 상정한다. 반면 걷거나 문 열기, 자전거 타기, 땅따먹기처럼 우리가 쉽게 여기는 일을 로봇은 힘들어한다. 이 모든 것은 신체 지능과 관련이 있으며, 우리는 진화 과정에서 주변 환경과 상호작용하며 몸으로 이러한 것들을 배웠다. "그러나 증거가 쌓여 감에 따라 지능 검사나 체커 게임에서 성인 수준의 문제 해결 능력을 가진 컴퓨터는 만들기 비교적 쉽지만 지각이나 이동 능력의 측면에서 한 살배기 아기의 능력을 갖춘 컴퓨터는 만들기 어렵거나 불가능하다는 것이 분명해지고 있다." Moravec, 1988, p. 15(한스 모라벡, 《마음의 아이들》, 2011). 그러나 모라벡이 기계가 점차 거의 완벽하게 인간을 대체할 것이라 확신했다는 점을 덧붙여야 한다. 그는 자신이 1988년에 제기한 이 역설을 결국 극복할 수 있으리라 믿었다.

10 Frey and Osborne, 2017, pp. 254-280.

11 이 주장은 Bootle, 2019(로저 부틀, 《AI 경제》, 2020)에 나온다.

12 "AI 초기에 선택된 프로젝트들을 볼 때, 지능은 교육 수준이 높은 남성 과학자들이 어려워하는 문제로 가장 잘 표현된다고 여겨졌다." Brooks,

2003, p. 36(로드니 A. 브룩스, 《로드니 브룩스의 로봇 만들기》, 2005).

13 Brooks, 1990, pp. 3-15.

14 Yalom, 2005.

15 Wallace, 2016(데이비드 포스터 월리스, 《끈이론》, 2019).

16 "Racist Serena Williams cartoon 'nothing to do with race,' paper says", CNN, 2018, https://www.kjrh.com/news/national/serena-williams-cartoon-racist.

9장

1 엥겔스는 1842년 10월 베를린에서 막 군 복무를 마쳤다.

2 Hunt, 2009, pp. 63-64(트리스트럼 헌트, 《엥겔스 평전》, 2010).

3 Schumpeter, 1976, p. 76(요제프 알로이스 슘페터, 《자본주의 사회주의 민주주의》, 2016).

4 Engels, 1993(프리드리히 엥겔스, 《영국 노동계급의 상황》, 2014).

5 예를 들어 Brynjolfsson and McAfee, 2014(에릭 브린욜프슨·앤드루 맥아피, 《제2의 기계 시대》, 2014) 참조.

6 예를 들어 Ford, 2016 참조(마틴 포드, 《로봇의 부상》, 2016).

7 Frey, 2019, p. 11(칼 베네딕트 프레이, 《테크놀로지의 덫》, 2019).

8 Frey, Berger and Chen, 2018, pp. 418-442.

9 Harari, 2016, pp. 369-381(유발 하라리, 《호모 데우스》, 2017).

10 TED 콘퍼런스의 티켓 가격은 1만 달러이지만, 5000달러에 구매하는 것도 가능하다.

12 이어지는 단락은 Engels, 1993, pp. 154-157(프리드리히 엥겔스, 《영국 노동계급의 상황》, 2014)에 기초한다.

13 *The Economist*, 2019.

14 Das and Kotikula, 2019.

15 (남아시아를 제외한) 전 세계 모든 지역에서 여성이 서비스 부문을 장악하고 있으며, 전 세계에서 남성이 제조업을 장악하고 있다.

16 Allen, 2009, pp. 418-435 참조.

17 Zagorsky, 2007, pp. 489-501.

18 예를 들어 Richardson and Norgate, 2015, pp. 153-169 참조.

19 Frey and Osborne, 2013.

20 Arntz, Gregory and Zierahn, 2016.

21 이 두 수치는 미국 노동 시장에 관한 것이다.

22 Frey and Osborne, 2013은 체계화되지 않은 환경에서 신체적 업무를 수행하는 능력, 창의성과 복잡한 추론 능력 등의 인지 능력, 사회적 지능이라는 세 지점에서 문제가 발생할 것이라고 본다. Nedelkoska and Quintini, 2018도 이와 매우 유사한 지점들을 논한다.

23 Webb, 2019는 그러므로 여성 중심 산업은 자동화의 위험이 훨씬 적다는 사실을 보여 준다.

24 Webb, 2019는 자동화의 위험을 세 범주로 나누는데, 바로 로봇으로 자동화되는 직업과 새로운 소프트웨어로 대체되는 직업, AI로 대체되는 직업이다. 이 세 범주 모두 여성 중심 산업에서 그 위험/가능성이 훨씬 적었다.

25 Asaf Levanon and England, 2009, pp. 865-891.

26 Hegewisch, Childers and Hartmann, 2019, https://www.researchgate.net/profile/Ariane_Hegewisch/publication/333517425_Women_Automation_and_the_Future_of_Work/links/5cf15aca4585153c3daa1709/Women-Automation-and-the-Future-of-Work.pdf.

27 예를 들어 Reardon, 2019, https://www.nature.com/articles/d41586-019-03847-z 참조.

28 미국 의료 체제에서 이 논의와 관련된 봉급 같은 수치는 유럽과 달리 '시장에 의해 조종'될 것이라고 생각한다. Walter, 2019 참조.

29 경제학자들은 이 이야기를 즐겨 한다. 예를 들어 World Bank Group, 2019, p. 18 참조.

30 국가 개입에 관한 이 주장은 칼 베네딕트 프레이가 2019년 저서에서 한 것이다.

31 Hobsbawm, 1952, pp. 57-70 참조.

10장

1   예를 들어 Barnett, 2015, pp. 46-48 참조(신시아 바넷, 《비》, 2017).

2   《악령학Daemonologie》이라는 제목의 이 책은 1597년에 발표되었다.

3   교황 인노켄티우스 7세Innocent VII가 1484년에 공표한 《마녀교서 Summis desiderantes affectibus》에 쓰여 있다.

4   예를 들어 Fagan, 2000(브라이언 페이건, 《기후는 역사를 어떻게 만들었는 가》, 2002) 참조.

5   Oster, 2004, pp. 215-228.

6   Swain, 2002, pp. 73-88.

7   Miguel, 2005, http://emiguel.econ.berkeley.edu/assets/assets/ miguel_research/44/_Paper__Poverty_and_Witch_Killing.pdf.

8   이 주장은 Follett, 2017에 나온다.

9   Chaudhuri, 2012.

10 남편을 떠나보낸 직설적인 여성, 혼외 임신을 한 여성이 그 예다. 1990년 대 가나의 일부 지역에서도 유사한 메커니즘이 발견되는데, 가나 여성 들이 주술을 부렸다는 혐의를 받은 것은 사회에서 질병이나 사고의 책 임을 돌릴 사람이 필요하다는 이유였다. 사람들은 보통 마을 바깥에 사 는, 말을 거침없이 하는 여성을 데려다가 마녀로 낙인찍었다. Whitaker, 2012.

11 그는 이 책을 야콥 슈프랭거Jakob Sprenger와 함께 썼다.

12 Stephens, 2002, pp. 36-37 참조.

13 1538년에 스페인 종교재판은 이 책의 내용을 전부 믿지 말라고 경고했 다.

14 Federici, 2004, pp. 186-187(실비아 페데리치, 《캘리번과 마녀》, 2011).

15 Christian, 2017.

16 Leeson and Russ, 2018, pp. 2066-2105.

17 이 주제에 관해 가장 잘 알려진 페미니즘 작품은 아마 Merchant, 1983(캐롤린 머천트, 《자연의 죽음》, 2005)일 것이다.

18 '석유 남성성petro masculinity'이라는 용어가 이 생각을 요약한다. 예를 들

어 Daggett, 2018, pp. 25-44 참조.

19 Muro, Tomer, Shivaram and Kane, 2019.

20 Kuehn, 2013.

21 Davenport-Hines, 2015, p. 138에 인용된 존 메이너드 케인스의 표현.

22 Conniff, 2014, https://www.smithsonianmag.com/history/alchemy-may-not-been-pseudoscience-we-thought-it-was-180949430/.

23 그레타 툰베리, 2019년 9월 25일 뉴욕 UN에서.

24 Mann, 2018.

25 Mann, 2018, p. 8.

26 마이컬슨이 시카고대학교 라이어슨물리연구소에서 한 1894년 연설.

참고문헌

Abbate, Jane, *Recoding Gender: Women's Changing Participation in Computing*, MIT Press, Cambridge, Massachusetts, 2012.

Adler, Michael H., *The Writing Machine*, George Allen & Unwin, London, 1973.

Aldrin, Buzz, *Magnificent Desolation: The Long Journey Home from the Moon*, Bloomsbury Publishing, London, 2009.

Alexopoulos, Michelle, 'Read All about It!! What Happens Following a Technology Shock?', *American Economic Review*, vol. 101, no. 4, June 2011.

Allan May, John, 'Come What May: A Wheel of an Idea', *Christian Science Monitor*, 4 October 1951.

Allehanda.se, 'Fråga Gösta: hur många hästkrafter har en häst? (에스타에게 물어보세요: 말 한 마리의 마력은 얼마나 될까?)', 27 October 2005.

Allen, Robert, 'Engels' Pause: Technical Change, Capital Accumulation, and Inequality in the British Industrial Revolution', *Explorations in Economic History*, vol. 46, no. 4, 2009.

Arntz, Melanie, Gregory, Terry and Zierahn, Ulrich, 'The Risk of Automation for Jobs in OECD Countries: A Comparative Analysis', *OECD Social, Employment and Migration Working Papers*, no. 189, OECD Publishing, Paris, 2016.

Asaf Levanon, Paula and England, Paul Allison, 'Occupational Feminization and Pay: Assessing Causal Dynamics Using 1950–2000 U.S. Census Data', *Social Forces*, vol. 88, no. 2, December 2009.

Autor, David, 'Polanyi's Paradox and the Shape of Employment Growth', NBER Working Papers 20485, National Bureau of Economic Research, Inc., 2014.

Axelsson, Per, *Höstens spöke: De svenska polioepidemiernas historia* (가을 의 유령: 스웨덴 소아마비 대유행의 역사), dissertation, Umeå University, Carlsson, Stockholm, 2004.

Badkar, Mamta, 'Snap slips after Kylie Jenner tweet', *Financial Times*, 22 February 2018.

Baird, Ross, *The Innovation Blind Spot: Why We Back the Wrong Ideas and What To Do About It*, Benbella Books, Texas, 2017.

Barnett, Cynthia, *Rain: A Natural and Cultural History*, Crown Publishing, New York, 2015. [신시아 바넷, 《비》, 오수원 옮김, 21세기북스, 2017]

Beevor, Antony, *Stalingrad*, Viking, London, 1998. [앤터니 비버, 《피의 기록, 스탈린그라드 전투》, 조윤정 옮김, 다른세상, 2012]

Berger, Thor, Frey, Carl Benedikt, Levin, Guy and Rao Danda, Santosh, 'Uber Happy? Work and Well-being in the "Gig Economy"', *Economic Policy*, vol. 34, no. 99, July 2019.

The Bible, Genesis.

Boot, Max, *War Made New: Technology, Warfare, and the Course of History—1500 to Today*, Gotham Books, New York, 2006.

Bootle, Roger, *The AI Economy: Work, Wealth and Welfare in the Robot Age*, Nicholas Brealey Publishing, London, 2019. [로저 부틀, 《AI 경제》, 이경식 옮김, 세종연구원, 2020]

Boyd, Thomas Alvin, *Charles F. Kettering: A Biography*, Beard Books, Washington, 1957.

Bradley, Harriet, 'Frames of Reference: Skill, Gender and New Technology in the Hosiery Industry', *Women Workers and the Technological*

Change in Europe in the Nineteenth and Twentieth Centuries, ed. Gertjan Groot and Marlou Schrover, Taylor & Francis, London, 1995.

Brandel, Jennifer and Zepada, Mara, 'Zebras Fix What Unicorns Break', *Medium*, 8 March 2017. www.medium.com.

British Business Bank, 'UK Venture Capital and Female Founders', report, 2019.

Brooks, Rodney, 'Elephants Don't Play Chess', *Robotics and Autonomous Systems*, vol. 6, no. 1–2, 1990.

—, *Flesh and Machines: How Robots Will Change Us*, Vintage, London, 2003. [로드니 A. 브룩스, 《로드니 브룩스의 로봇 만들기》, 박우석 옮김, 바다출판사, 2005]

Brynjolfsson, Erik and McAfee, Andrew, *The Second Machine Age: Work, Progress, and Prosperity in a Time of Brilliant Technologies*, Norton & Company, New York, 2014. [에릭 브린욜프슨·앤드루 맥아피, 《제2의 기계 시대》, 이한음 옮김, 청림출판, 2014]

Bulliet, Richard W., *The Camel and the Wheel*, Columbia University Press, New York, 1990.

—, The *Wheel: Inventions and Reinventions*, Columbia University Press, New York, 2016. [리처드 불리엣, 《바퀴, 세계를 굴리다》, 소슬기 옮김, MID, 2016]

Campbell-Kelly, Martin and Williams, Michael R (ed.), 'The Moore School Lectures: Theory and Techniques for Design of Electronic Digital Computers', *The Moore School Lectures (Charles Babbage Institute Reprint)*, MIT Press, Cambridge, Massachusetts; Tomash Publishers, Los Angeles, 1985.

Casey, Robert, *The Model T: A Centennial History*, Johns Hopkins Press, Baltimore, 2008.

Chaudhuri, S., 'Women as Easy Scapegoats: Witchcraft Accusations and Women as Targets in Tea Plantations of India', *Violence Against Women*, vol. 18, no. 10, 1213–1234, 2012.

Christian, Cornelius, 'Elites, Weather Shocks, and Witchcraft Trials in Scotland', Working Papers 1704, Brock University, Department of Economics, 2017.

Churchill, Winston, *The Gathering Storm*, Penguin Classics, London, 2005.

Clark, Kate, 'US VC Investment in Female Founders Hits All-time High', *TechCrunch*, 9 December 2019.

Cobb, Matthew, *The Idea of the Brain: A History*, Profile Books, London, 2020. [매튜 코브, 《뇌 과학의 모든 역사》, 이한나 옮김, 심심, 2021]

Comrie, Leslie, 'Careers for Girls', *The Mathematical Gazette*, vol. 28, no. 28, 1944

Conniff, Richard, 'Alchemy May Not Have Been the Pseudoscience We All Thought It Was', *Smithsonian Magazine*, February 2014.

Copeland, Jack, 'Colossus and the Rise of the Modern Computer', *Colossus: The Secrets of Bletchley Park's Codebreaking Computers*, Oxford University Press, New York, 2006.

Coventry Evening Telegraph, 'Portable Porter Has Arrived', 24 June 1948.

Cummings, Missy, 'Rethinking the Maturity of Artificial Intelligence in Safety-critical Settings', *AI Magazine*, 2020.

Daggett, Cara, 'Petro-masculinity: Fossil Fuels and Authoritarian Desire', *Millennium*, vol. 47, no. 1, 2018.

Das, Smita and Kotikula, Aphichoke, *Gender-based Employment Segregation: Understanding Causes and Policy Interventions*, International Bank for Reconstruction and Development/The World Bank, 2019.

Davenport-Hines, Richard, *Universal Man: The Lives of John Maynard Keynes*, Basic Books, New York, 2015.

Dean, Warren, *Brazil and the Struggle for Rubber: A Study in Environmental History*, Cambridge University Press, Cambridge, 1987.

Duffy, Brooke Erin, *(Not) Getting Paid to Do What You Love: Gender, Social Media and Aspirational Work*, Yale University Press, New Haven/

London, 2017.

The Economist, 'Men Still Pick "Blue" Jobs and Women "Pink" Jobs', 16 February 2019.

Edgerton, David, *Warfare State: Britain, 1920–1970*, Cambridge University Press, Cambridge, 2006

Elis, Angela, *Mein Traum ist länger als die Nacht* (나의 꿈은 밤보다 길다), Hoffmann und Campe Verlag, Hamburg, 2010.

Engels, Friedrich, *The Condition of the Working Class in England*, Oxford University Press, Oxford, 1993. [프리드리히 엥겔스, 《영국 노동계급의 상황》, 이재만 옮김, 라티오, 2014]

Fagan, Brian, *The Little Ice Age*, Basic Books, New York, 2000. [브라이언 페이건, 《기후는 역사를 어떻게 만들었는가》, 윤성옥 옮김, 중심, 2002]

Federici, Silvia, *Caliban and the Witch: Women, the Body and Primitive Accumulation*, Autonomedia, New York, 2004. [실비아 페데리치, 《캘리번과 마녀》, 성원 외 옮김, 갈무리, 2011]

Field, Alexander J., 'World War II and the Growth of US Potential Output', working paper, Department of Economics, Santa Clara University, May 2018.

Follett, Chelsea, 'How Economic Prosperity Spared Witches', *USA Today*, 28 October 2017.

Ford, Martin, *The Rise of the Robots: Technology and the Threat of Mass Unemployment*, Basic Books, New York, 2016. [마틴 포드, 《로봇의 부상》, 이창희 옮김, 세종, 2016]

Frey, Carl Benedikt and Osborne, Michael, *The Future of Employment: How Susceptible are Jobs to Computerisation?*, Oxford Martin School, Oxford, 2013.

Frey, Carl Benedikt, Berger, Thor and Chen, Chinchih, 'Political Machinery: Did Robots Swing the 2016 US Presidential Election?', *Oxford Review of Economic Policy*, vol. 34, no. 3, 2018.

Frey, Carl Benedikt, *The Technology Trap: Capital, Labor, and Power in the*

Age of Automation, Princeton University Press, Oxford, 2019. [칼 베네딕트 프레이, 《테크놀로지의 덫》, 조미현 옮김, 에코리브르, 2019]

Funderburg, Anne Cooper, 'Making Teflon Stick', *Invention and Technology Magazine*, vol. 16, no. 1, summer 2000.

Gasser, Aleksander, 'World's Oldest Wheel Found in Slovenia', Government Communication Office of the Republic of Slovenia, March 2003. www.ukom.gov.si.

Gladwell, Malcolm, 'Creation Myth', *The New Yorker*, 9 May 2011.

Gleick, James, *Isaac Newton*, HarperCollins, London, 2004. [제임스 글릭, 《아이작 뉴턴》, 김동광 옮김, 승산, 2008]

Googlers, 'Vint Cerf on Accessibility, the Cello and Noisy Hearing Aids', 4 October 2018.

Grattan-Guinness, I, 'Work for the Hairdressers: The Production of de Prony's Logarithmic and Trigonometric Tables', *Annals of the History of Computing*, vol. 12, no. 3, summer 1990.

Grier, David Allen, *When Computers Were Human*, Princeton University Press, Princeton/Oxford, 2005.

Harari, Yuval Noah, *Homo Deus: A Brief History of Tomorrow*, Vintage, London, 2016. [유발 하라리, 《호모 데우스》, 김명주 옮김, 김영사, 2017]

Hegewisch, Ariane, Childers, Chandra and Hartmann, Heidi, *Women, Automation and the Future of Work*, Institute For Women's Policy Research, 2019.

Heller, Nathan, 'Is Venture Capital Worth the Risk?', *The New Yorker*, 20 January 2020.

Hicks, Mar, *Programmed Inequality: How Britain Discarded Women Technologists and Lost Its Edge in Computing*, MIT Press, London, 2017.

—, 'When Winning Is Losing: Why the Nation that Invented the Computer Lost its Lead', *Computer*, vol. 51, no. 10, 2018.

Hinchliffe, Emma, 'Funding for Female Founders Increased in 2019—but only to 2.7%', *Fortune*, 2 March 2020.

Hobsbawm, E. J., 'The Machine Breakers', *Past & Present*, no. 1, 1952.

Hoke, Donald, 'The Woman and the Typewriter: A Case Study in Technological Innovation and Social Change', *Business and Economic History*, vol. 8, 1979.

Hubbard, L. Ron, *Dianetics: The Modern Science Of Mental Health*, Hermitage House, 1950.

Hund, Emily and McGuigan, Lee, 'A Shoppable Life: Performance, Selfhood, and Influence in the Social Media Storefront', *Communication, Culture and Critique*, vol. 12, no. 1, March 2019.

Hunt, Tristram, *Marx's General: The Revolutionary Life of Friedrich Engels*, Holt Paperbacks, New York, 2009. [트리스트럼 헌트, 《엥겔스 평전》, 이광일 옮김, 글항아리, 2010]

Jansson, Elisabeth, 'Ainas idé blir exportprodukt (아이나의 아이디어가 수출 상품이 되다)', *Metallarbetaren*, no. 35, 1981.

Kaijser, Eva and Björk, Monica, *Svenska Hem: den sanna historien om Fröken Frimans krig* (스웨덴 가정: 미스 프리만의 전쟁의 실제 이야기), Latona Ord & Ton, Stockholm, 2014.

Kasparov, Garry (with Mig Greengard), *Deep Thinking: Where Artificial Intelligence Ends and Human Creativity Begins*, John Murray Press, London, 2017. [가리 카스파로프, 《딥 씽킹》, 박세연 옮김, 어크로스, 2017]

Kuehn, Daniel, 'Keynes, Newton and the Royal Society: the Events of 1942 and 1943', Notes Rec. 6725–6736, 2013.

Kwass, Michael, 'Big Hair: A Wig History of Consumption in Eighteenth Century France', *The American Historical Review*, vol. 111, no. 3, 2006

Lee, Kai-Fu, *AI Superpowers: China, Silicon Valley and the New World Order*, Houghton Mifflin Harcourt, Boston, 2018. [리카이푸, 《AI 슈퍼파워》, 박세정 외 옮김, 이콘, 2019]

Leeson, Peter T and Russ, Jacob W, 'Witch Trials', *The Economic Journal*, vol. 128, no. 613, 2018.

Leisner, Barbara, *Bertha Benz: Eine starke Frau am Steuer des ersten Automobils* (베르타 벤츠: 최초의 자동차를 운전한 강한 여성), Katz Casimir Verlag, Gernsbach, 2014.

Levsen, Nils, *Lead Markets in Age-Based Innovations: Demographic Change and Internationally Successful Innovations*, Springer Gabler, Hamburg, 2014.

Lewin, Ronald, *Ultra Goes to War: The Secret Story*, Penguin Classic Military History, London, 2001, first published by Hutchinson & Co., London, 1987.

Lord, Barry, *Art & Energy: How Culture Changes*, American Alliance of Museums Press, Washington, DC, 2014.

Madrigal, Alexis C., 'The Electric Taxi Company You Could Have Called In 1900', *The Atlantic*, 15 March 2011.

Mann, Charles C., *The Wizard and the Prophet: Science and the Future of Our Planet*, Picador, New York, 2018.

Marçal, Katrine, *Who Cooked Adam Smith's Dinner?*, trans. Saskia Vogel, Portobello Books, London, 2015.

Matthews, Kenneth Jr., 'The Embattled Driver in Ancient Rome', *Expedition Magazine*, vol. 2, no. 3, 1960.

McGrane, Sally, 'No Stress, No Press: When Fingers Fly', *New York Times*, 24 January 2002.

Merchant, Carolyn, *The Death of Nature: Women, Ecology, and the Scientific Revolution*, HarperCollins, New York, 1983. [캐롤린 머천트, 《자연의 죽음》, 전규찬 외 옮김, 미토, 2005]

Merritt, Deborah J., 'Hypatia in the Patent Office: Women Inventors and the Law, 1865–1900', *The American Journal of Legal History*, vol. 35, no. 3, July 1991.

Miguel, Edward, 'Poverty and Witch Killings', *Review of Economic Studies*, vol. 72, no. 4, 1153–1172, 2005.

Mom, Gijs, *The Electric Vehicle: Technology and Expectations in the*

Automobile Age, Johns Hopkins University Press, Baltimore, 2004.

de Monchaux, Nicholas, *Spacesuit: Fashioning Apollo*, MIT Press, Cambridge, Massachusetts, 2011.

Moravec, Hans, *Mind Children: The Future of Robot and Human Intelligence*, Harvard University Press, London, 1998. [한스 모라벡, 《마음의 아이들》, 박우석 옮김, 김영사, 2011]

Muro, Mark, Tomer, Adie, Shivaram, Ranjitha and Kane, Joseph, 'Advancing Inclusion Through Clean Energy Jobs', *Metropolitan Policy Program*, Brookings, April 2019.

Neal, Meghan, 'Scientists Are Convinced Mind Transfer is the Key to Immortality', *Tech By Vice*, 26 September 2013.

Nedelkoska, Ljubica and Quintini, Glenda, 'Automation, Skills Use and Training', *OECD Social, Employment and Migration Working Papers*, no. 202, OECD Publishing, Paris, 2018.

Nelson, Libby, 'The US Once Had More than 130 Hijackings in 4 Years. Here's Why They Finally Stopped', *Vox*, 29 March 2016.

Nicholas, Tom, *VC: An American History*, Harvard University Press, New York, 2019.

Nilsson, Johan, '500 svenskar döda efter att ha smittats inom hemtjänsten (자택 간호 서비스 감염으로 스웨덴인 500명 사망)', *TT*, 6 May 2020.

Nixon, St. John C., *The Invention of the Automobile: Karl Benz and Gottlieb Daimler* (1936), new digital edition by Edizioni Savine, 2016.

Nyberg, Ann-Christin, *Making Ideas Matter: Gender, Technology and Women's Invention*, dissertation, Luleå Tekniska Universitet, 2009.

Öberg, Lisa, *Barnmorskan och läkaren* (조산사와 의사), Ordfront, Stockholm, 1996.

O'Hear, Steve, 'Voi Raises Another $85M for its European E-scooter Service', *TechCrunch*, 19 November 2011.

Olsson Jeffery, Miriam, 'Nya siffror: Så lite riskkapital går till kvinnor—medan miljarderna rullar till män (새로운 수치: 수십 억이 남성에게 흘러

드는 동안 여성에게는 극히 적은 벤처 캐피털만 주어지는 현상에 대하여)', *DI Digital*, 9 July 2020.

Oster, Emily F, 'Witchcraft, Weather and Economic Growth in Renaissance Europe', *Journal of Economic Perspectives*, vol. 18, no. 1, 2004.

Packer, George, 'No Death, No Taxes: The Libertarian Futurism of a Silicon Valley Billionaire', *The New Yorker*, 21 November 2011.

Peterson-Whithorn, Chase and Berg, Madeline, 'Inside Kylie Jenner's Web of Lies —and Why She is no Longer a Billionaire', *Forbes*, 1 June 2020.

Plesner, Åsa, *Budget ur balans: En granskning av äldreomsor\-gens ekonomi and arbetsmiljö* (불균형한 예산: 노인 돌봄의 경제와 근무 환경에 대한 보고서), Arena Idé, Stockholm, 2020.

Pook, Lizzy, 'Why the Art World is Finally Waking Up to the Power of Female Craft Skills', *Stylist*, 2019. www.stylist.co.uk.

Reardon, Sara, 'Rise of Robot Radiologists', *Nature*, 18 December 2019.

Richardson, Ken and Norgate, Sarah H, 'Does IQ Really Predict Job Performance?', *Applied Developmental Science*, vol. 19, no. 3, 2015.

Ridley, Matt, *How Innovation Works*, 4th Estate Books, London, 2020.

Riskin, Jessica, *The Restless Clock: A History of the Centuries-Long Argument Over What Makes Living Things Tick*, University of Chicago Press, Chicago and London, 2017.

Ritzer, George and Jurgenson, Nathan, 'Production, Consumption, Prosumption: The Nature of Capitalism in the Age of the Digital "Prosumer"', *Journal of Consumer Culture*, vol. 10, no. 1, 2010.

Robehmed, Natalie, 'How 20-Year-Old Kylie Jenner Built a $900 Million Fortune in Less than 3 Years', *Forbes*, 11 July 2018.

Rosenblat, Alex, *Uberland: How Algorithms Are Rewriting the Rules of Work*, University of California Press, Oakland, 2018. [알렉스 로젠블랏, 《우버 혁명》, 신소영 옮김, 유엑스리뷰, 2019]

Scharff, Virginia, *Taking the Wheel: Women and the Coming of the Motor Age*, University of New Mexico Press, New York, 1992.

—, 'Femininity and the Electric Car', *Sex/Machine: Readings in Culture, Gender, and Technology*, ed. Patrick D Hopkins, Indiana University Press, Bloomington/Indianapolis, 1998.

Scheiber, Noam, 'Inside an Amazon Warehouse, Robots' Ways Rub Off on Humans', *New York Times*, 3 July 2019.

Schumpeter, Joseph A., *Capitalism, Socialism and Democracy*, Harper Torchbooks, New York, 1976. [요제프 알로이스 슘페터, 《자본주의 사회주의 민주주의》, 이종인 옮김, 북길드, 2016]

Schwartz, Stephen, 'The U.S. Nuclear Weapons Cost Study Project', Brookings Institute, 1 August 1998. www.brookings.edu.

Sharkey, Joe, 'Reinventing the Suitcase by Adding the Wheel', *New York Times*, 4 October 2010.

Sherman, Leonard, '"Blitzscaling" Is Choking Innovation and Wasting Money', *Wired*, 7 November 2019.

Shiller, Robert, *The New Financial Order*, Princeton University Press, New Jersey, 2003. [로버트 실러, 《새로운 금융질서》, 황해선 옮김, 민미디어(어진소리), 2003]

—, *Narrative Economics: How Stories Go Viral and Drive Major Economic Events*, Princeton University Press, Princeton/Oxford, 2019. [로버트 쉴러, 《내러티브 경제학》, 박슬라 옮김, 알에이치코리아, 2021]

Skonieczna, Agnieszka and Castellano, Letizia, 'Gender Smart Financing: Investing In & With Women: Opportunities for Europe', European Commission Discussion Paper 129, July 2020.

Smith, Michael, *Station X: The Codebreakers of Bletchley Park*, Channel 4 Books, London, 1998.

Sommestad, Lena, *Från mejerska till mejerist: En studie av mejeriyrkets maskuliniseringsprocess* (우유 짜는 여자에서 우유 짜는 남자로: 낙농업의 남성화 연구), Arkiv Förlag, Stockholm, 1992.

Standing, Guy, 'Global Feminization Through Flexible Labor: A Theme Revisited', *World Development*, vol. 27, no. 3, Elsevier, 1999.

Stanley, Autumn, *Mothers and Daughters of Invention: Notes for a Revised History of Technology*, Scarecrow Press, London, 1993.

St. Clair, Kassia, *The Golden Thread: How Fabric Changed History*, John Murray Press, London, 2018. [카시아 세인트 클레어, 《총보다 강한 실》, 안진이 옮김, 윌북, 2020]

Stephens, Walter, *Demon Lovers: Witchcraft, Sex, and the Crisis of Beliefs*, University of Chicago Press, Chicago, 2002.

Stockton, Nick, 'The Mind-Bending Physics of a Tennis Ball's Spin', *Wired*, 9 December 2015.

Sussman, Charlotte, *Consuming Anxieties: Consumer Protest, Gender & British Slavery, 1713–1833*, Stanford University Press, Stanford, 2000.

Swain, John, 'Witchcraft, Economy and Society in the Forest of Pendle', *The Lancashire Witches: Histories and Stories*, ed. Robert Poole, Manchester University Press, Manchester, 2002.

Syed, Matthew, *Rebel Ideas: The Power of Diverse Thinking*, John Murray Press, London, 2019.

Taleb, Nassim Nicholas, *The Black Swan: The Impact of the Highly Improbable*, Allen Lane, London, 2007. [나심 니콜라스 탈레브, 《블랙 스완》, 차익종 외 옮김, 동녘사이언스, 2018]

—, *Antifragile: Things that Gain from Disorder*, Penguin Books, London, 2012. [나심 니콜라스 탈레브, 《안티프래질》, 안세민 옮김, 와이즈베리, 2013]

Tamilia, Robert, 'World's Fairs and the Department Store 1800s to 1930s', *Marketing History at the Center*, vol. 13, 2007.

Tarlé, Eugene, *Bonaparte*, Knight Publications, New York, 1937.

Tatler, 'Looking at Luggage', 25 January 1961.

Temperton, James, 'The Gig Economy is Being Fuelled by Exploitation, Not Innovation', *Wired Opinion*, 8 February 2018.

The Times, 'The Look of Luggage', 17 May 1956.

UNSGSA, *Annual Report to the Secretary-General*, 2018. www.unsgsa.org.

Van Cleaf, Kara, '"Of Woman Born" to Mommy Blogged: The Journey from the Personal as Political to the Personal as Commodity', *Women's Studies Quarterly*, vol. 43, no. 3/4, 2015.

Vogel, Steven, *Why the Wheel is Round: Muscles, Technology and How We Make Things Move*, University of Chicago Press, Chicago, 2016.

Wallace, David Foster, 'Roger Federer as Religious Experience', *String Theory: David Foster Wallace on Tennis*, Library of America, New York, 2016. [데이비드 포스터 월리스, 《끈이론》, 노승영 옮김, 알마, 2019]

Walter, Michael, 'Radiologists Earn $419K per Year, up 4% from 2018', *Radiology Business*, 11 April 2019

Webb, Michael, 'The Impact of Artificial Intelligence on the Labor Market', paper, Stanford University, 6 November 2019

Whitaker, Kati, 'Ghana Witch Camps: Widows' Lives in Exile', *BBC News*, 1 September 2012.

Williams, Serena (with Daniel Paisner), *My Life: Queen of the Court*, Simon & Schuster, New York, 2009.

Willis, Göran, *Charter till solen: När utlandssemestern blev ett folknöje* (태양을 향한 전세기: 해외여행이 취미 생활이 되었을 때), Trafik-Nostalgiska Förlaget, Stockholm, 2015.

Willson, Jackie, *Being Gorgeous: Feminism, Sexuality and the Pleasures of the Visual*, I. B. Tauris, London, 2014.

Wilson, Terry P., *The Cart that Changed the World*, University of Oklahoma Press, Norman, 1978.

Wissinger, Elizabeth A., *This Year's Model: Fashion, Media, and the Making of Glamour*, NYU Press, New York, 2015.

World Bank Group, 'The Changing Nature of Work', World Development Report 2019, 2019.

Yalom, Marilyn, *The Birth of the Chess Queen: A History*, Harper Perennial, New York, 2005.

Zagorsky, Jay L., 'Do You Have to be Smart to be Rich? The Impact of IQ on Wealth, Income and Financial Distress', *Intelligence*, vol. 35, no. 5,

2007.

Zarkadakis, George, *In Our Own Image: Will Artificial Intelligence Save or Destroy Us?*, Rider, London, 2015.

Zhang, L, 'Fashioning the Feminine Self in "Prosumer Capitalism": Women's Work and the Transnational Reselling of Western Luxury Online', *Journal of Consumer Culture*, vol. 17, no. 2, 2017.

Zimmeck, Meta, 'The Mysteries of the Typewriter: Technology and Gender in the British Civil Service, 1870–1914', *Women Workers and the Technological Change in Europe in the Nineteenth and Twentieth Centuries*, ed. Gertjan Groot and Marlou Schrover, Taylor & Francis, London, 1995.

Zola, Émile, *Au Bonheur des Dames* (The Ladies' Delight), trans. Robin Buss, Penguin Classics, London, 2001. [에밀 졸라, 《여인들의 행복 백화점》, 박명숙 옮김, 시공사, 2018]

독자 북펀드에 참여해 주신 분들

강서희	남청수	안혜영	정민지
강승화	남혁우	양윤서	정새벽
강아름	노혜윤	양희윤	정은아
강현석	뉴스피크	어슬렁	정인경
강혜정	란	에코보리	조남식
경희령	레나 이동은	여자1	조수희
고영민	몽탐누나	영나	조원동 솔티펭귄
곽도연, 곽경연	문서호	영화사 낭	조현정
곽문정	박나현	오상엽	주현석
구수정	박다해	오요한	지리학자 김이재
글월마야	박동수	오현화	창반
금미향	박선경	옥지혜	채은
김규린	박세희	왕지원	최유리
김나래	박수현	워터	최제니
김나영	박시은	원요셉	최지이
김동석	박영수	유유현	하유정
김민수	박은정	윤형욱	한미경
김보경	박정민	이규민	함지윤
김빛	박정임	이다솜	혜
김수경	박지아	이동윤	헤미니스트
김수미	박지혜	이미경	홍석범
김시우	박혜리	이예령	황미란
김아미	변수현	이은정과 남정우	효인
김엘림	봄날의 햇살	이정은	范書美,劉秋艶
김용수	서지혜	이정은	BEAN.
김유나	섬강	이주희	jinjoo
김윤진	손예빈	이지용	lyrics64
김지안	송규란, 민혜진	이지우	M
김지연	송시홍	이하명	Molamola
김지유	송연욱	이현희	polyjean
김지희	신미선	이효진	YIPPIE
김현미	신서영	임동빈	zero
김혜선	신은경	장순주	
김희정	신정인	장현비	
깐난	안강회	전혜진